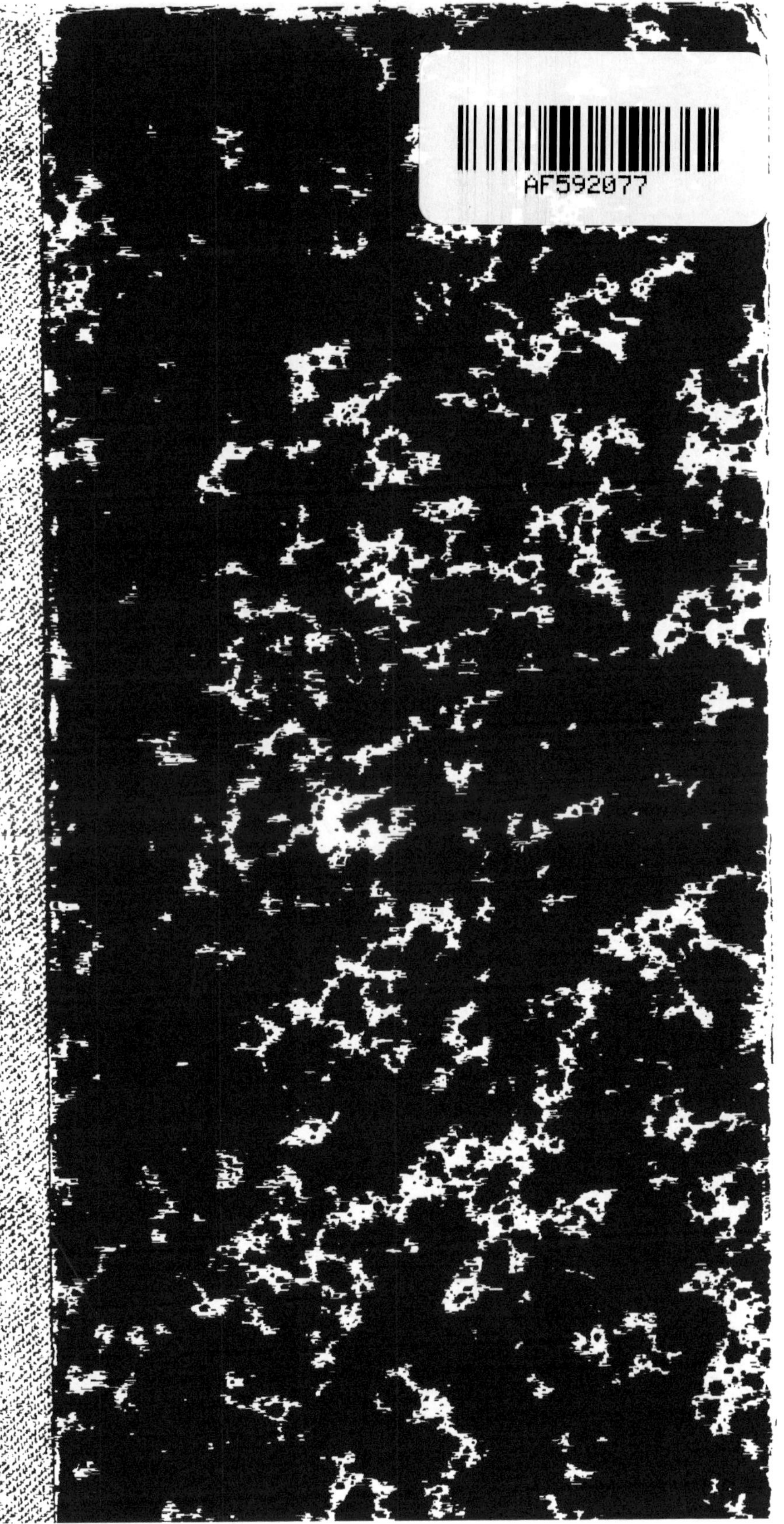
AF592077

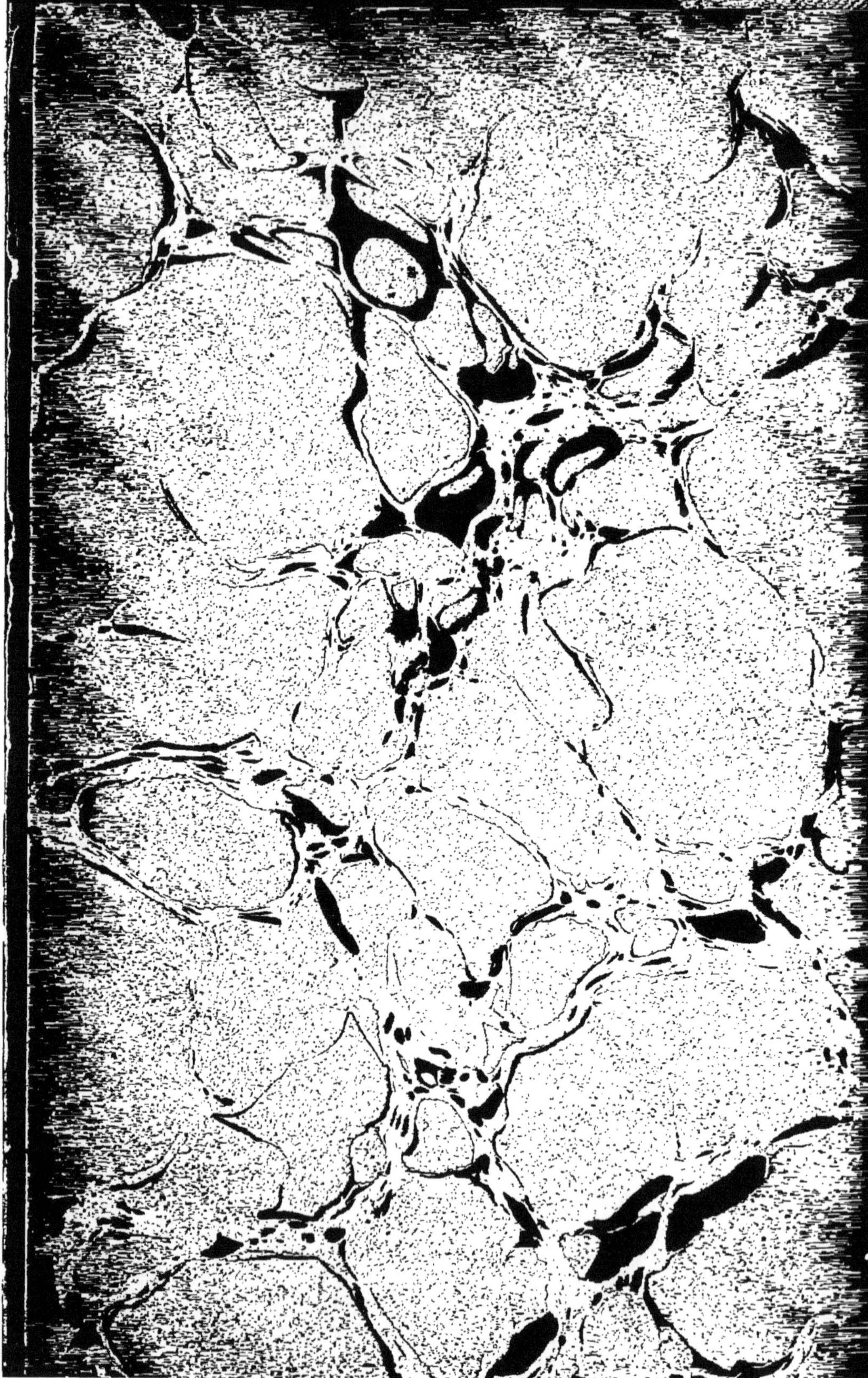

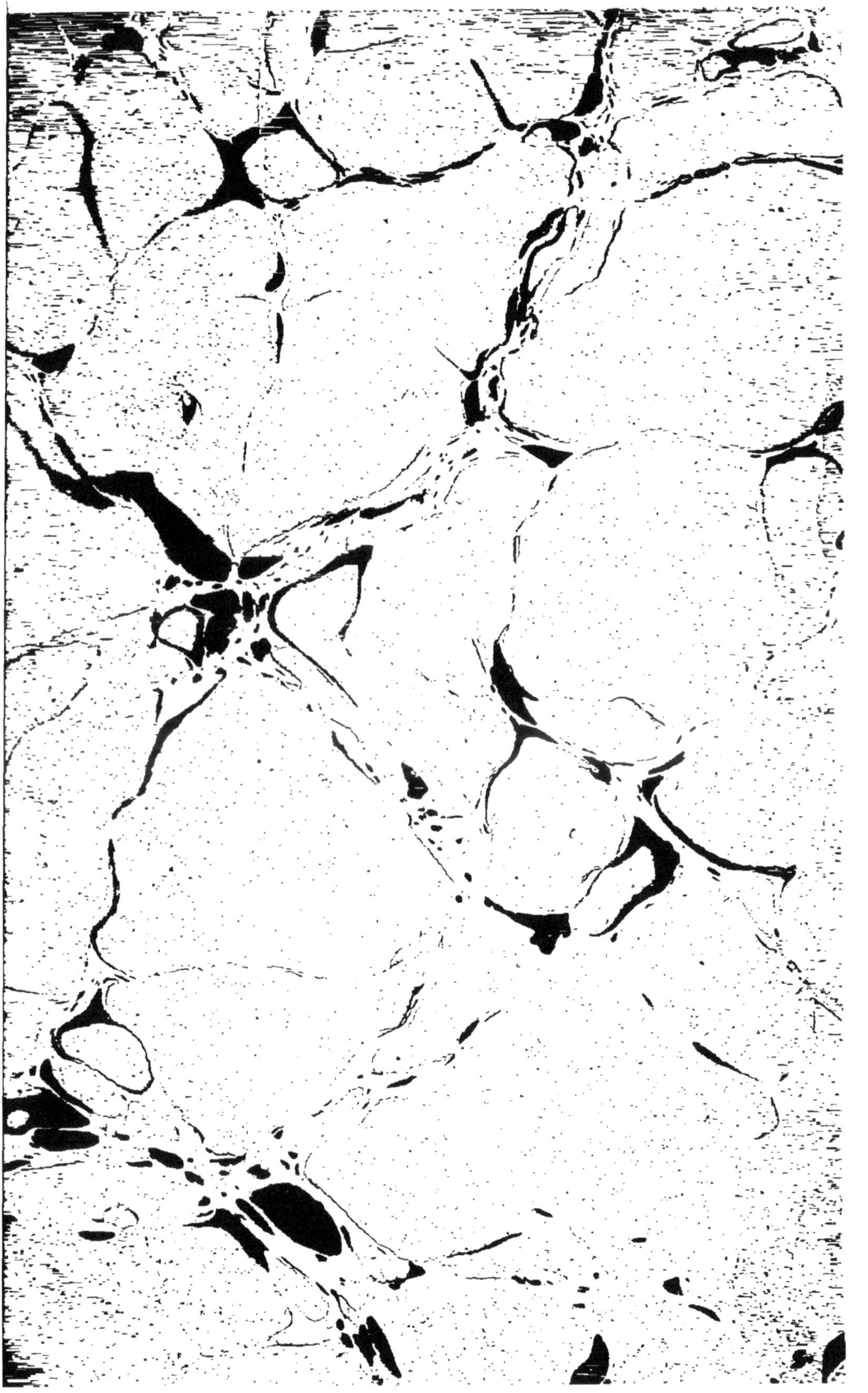

# NOS CRUAUTÉS

ENVERS

# LES ANIMAUX

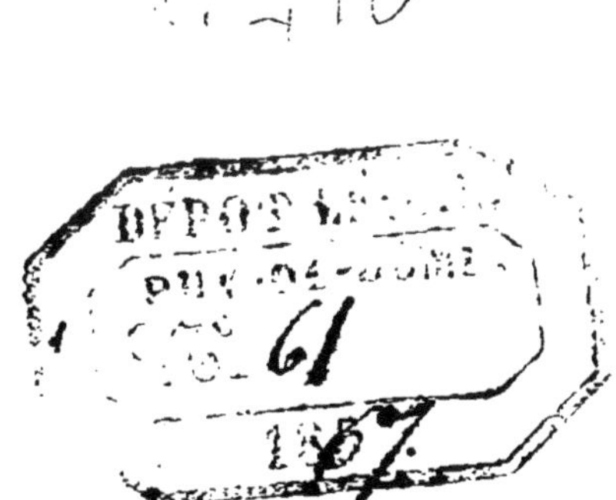

NOS

# CRUAUTÉS

ENVERS

# LES ANIMAUX

AU DÉTRIMENT DE L'HYGIÈNE
DE LA FORTUNE PUBLIQUE ET DE LA MORALE


PAR LE DOCTEUR H. BLATIN

Vice-Président de la Société protectrice de l'Enfance
Vice-Président de la Société protectrice des Animaux
Membre de la Commission d'hygiène du 6e arrondissement
Et de la Société médicale d'Emulation
Membre honoraire de la Société médico-chirurgicale
Et des Sociétés protectrices de Bruxelles, Vienne, Hambourg, Trieste
Membre correspondant de plusieurs Sociétés médicales et scientifiques
Chevalier de la Légion-d'Honneur.


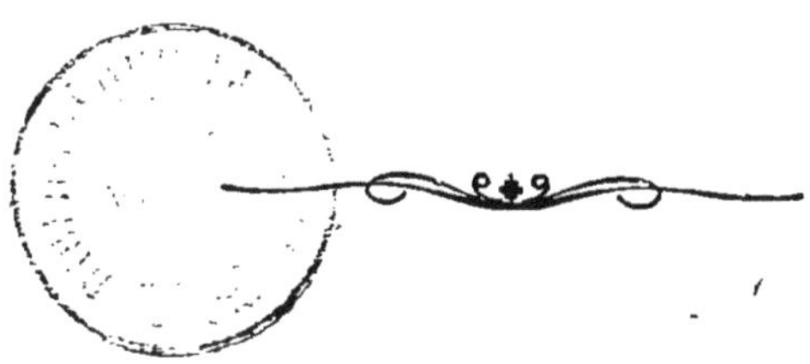


PARIS
LIBRAIRIE DE L. HACHETTE ET Cie
BOULEVARD SAINT-GERMAIN, N° 77

1867

# ERRATUM.

|  |  | |
|---|---|---|
| Page 117, | ligne 1, | au lieu de *capadores*, lisez *capeadores*. |
| — 119, | — 123, 125, | au lieu de *officionados*, lisez *afficionados*. |
| — 120, | — 12, | au lieu de *Freynet*, lisez Freyniet. |
| — 145, | — 26, | au lieu de *pinçon*, lisez pinson. |
| — 215, | — 28, | au lieu de *spectacles*, lisez spectateurs. |
| — 237, | — 9, | au lieu de *femmes*, lisez fumeurs. |
| — 241, | — 3, | au lieu de *rentrer*, lisez entrer. |
| — 262, | — 2, | au lieu de *colonel* du 2ᵉ, lisez commandant. |
| — 272, | — 23, | au lieu de nos *patriotes*, lisez compatriotes. |
| — 282. | — 8, | au lieu de il *traverse*, lisez il traversera. |
| — 299, | — 11, | au lieu de *Bréchat*, lisez Bréhal. |

# PRÉFACE.

Persuadé que la barbarie est aussi de l'ignorance, et que beaucoup de cruautés envers les animaux subsistent à la faveur du silence que l'on garde autour d'elles, je viens exposer publiquement des faits de sauvagerie peu honorables pour l'espèce humaine : j'espère qu'une fois connus et appréciés, ils paraîtront intolérables chez un peuple civilisé.

Aucun de ces faits n'est d'ailleurs nécessaire — au moins de la façon dont ils se pratiquent aujourd'hui, —à cet intérêt inexorable qui s'appelle l'alimentation et le besoin publics. Je montrerai qu'au contraire, ils tendent tous au gaspillage, à la destruction de nos ressources.

J'indiquerai çà et là, mais j'indiquerai seulement, le moyen d'augmenter notre bien-être.

Dans ce livre, où j'aborde beaucoup de questions diverses, je me suis efforcé de ne rien rapporter d'inutile ou d'inopportun; car, je le sais, plus d'un abus, plus d'un mal, n'est pas immédiatement susceptible de réforme, de guérison. Alors l'honnête homme craint d'ajouter l'inutilité de ses plaintes et doléances à la fatalité de la situation ; il ne s'expose pas à émousser le sentiment public ; il se résigne, en attendant des jours meilleurs.

Avant d'écrire cet abrégé de *nos cruautés envers les animaux*, je me suis interrogé ; j'ai voulu m'enquérir par tous les moyens si les abus que j'avais à signaler étaient encore nécessaires, dans toute leur brutalité ; si enfin ma pitié pour les animaux devait coûter quelque chose aux sérieux intérêts des sociétés humaines.

J'ai reçu de tous côtés les réponses les plus satisfaisantes à cet égard ; et l'on m'affirme que j'aurais pu être plus rigoureux dans mes peintures, plus sévère dans mes jugements, sans sortir du vrai ni du juste.

Cela est la vérité ; mais lorsqu'on a formé ce vœu dans son esprit et dans son cœur, « *qu'il ne soit plus commis une seule iniquité.... ni envers les hommes ni envers les animaux,* » on doit éviter jusqu'à l'apparence d'une exagération qui s'achemine toujours vers l'injustice.

Ma foi dans le triomphe de la cause est absolue : « Oui, le devoir de l'homme envers les animaux est de les traiter comme des amis malheureux. » Il semble que ni la religion, ni la poésie, ni la philosophie, ni l'économie politique ne sauraient rien ajouter ou retrancher à cette règle de conduite. Quand le sacrifice de la vie de ces créatures nous est devenu nécessaire, notre droit sur elles ne va que jusqu'à la mort ; tout ce que nous imaginons au-delà nous fait descendre d'un degré au-dessous de la brute ; tout ce que nous tentons au-delà mérite un châtiment.

Je l'espère fermement, ces principes feront désormais partie de l'éducation élémentaire. Le cœur avant l'esprit : il n'y a pas de vraie civilisation sans cela.

Quelques personnes vont tout de suite m'objecter l'existence des animaux nuisibles. Je leur réponds que le droit de légitime défense qui existe d'individu à individu, existe, à plus forte raison, de l'homme à l'animal. Mais la défense la plus efficace n'est jamais la plus cruelle ; et le droit que nous reconnaissons tous n'implique nullement la barbarie.

Or, c'est contre la barbarie, les tortures, les procédés cruels ou ineptes que j'entends m'élever ici.

Une autre objection m'est faite : « Les animaux souffrent peu, quand ils souffrent ; dans tous les cas, ils ne connaissent pas la plus grande de toutes les souffrances, la douleur morale. »

Voici ma réponse : Les mille efforts qu'ils font pour fuir, leurs gémissements, leurs cris, leurs mouvements désordonnés, leur effroi, leur dépérissement, tout démontre qu'ils éprouvent vivement, pour la plupart, les sensations physiques. Est-ce que vous n'entendez que le langage articulé ? Quand le petit enfant est blessé, quand il est malade, quand il a besoin d'aliments, il ne dit pas : « Je souffre, j'ai faim. » Le petit enfant s'agite, il crie, il pleure, et vous cherchez aussitôt à le soulager. L'angoisse des animaux est-elle moins évidente, et ne la comprenez-vous pas ? Où donc est la dissemblance ? « Il y a, dit Charron, grand voisinage et cousinage entre l'homme et les animaux. »

Quant aux sensations morales, peut-on douter qu'ils les connaissent ? Souvent ils les expriment si éloquemment ! La vache qu'on sépare de son veau, brame et se lamente ; l'oiseau dont on a ravi les petits, jette des cris plaintifs. Dans leur voix, dans leurs regards et leur agitation, ne voyez-vous pas les signes de la souffrance qu'une mère éprouve en perdant son enfant ?

« Le cheval, le bœuf, le chien pleurent ; ils ont des larmes de désespoir, dit Madame Georges Sand, comme le cerf aux abois ; mais ils ont aussi des pleurs de douleur et de tendresse. »

L'animal captif, qui refuse toute nourriture et se laisse mourir de faim, éprouve-t-il moins la souffrance morale que le jeune conscrit qui meurt de nostalgie en regrettant sa chaumière ?

Tout homme qui observe et qui pense, accorde aux animaux, en outre de l'instinct, une intelligence.

L'instinct les dispense d'une foule de préoccupations qui nous assiégent, et nous égarent ; ils vont droit au but ; leur instinct, c'est leur génie.

Leur intelligence se montre surtout dans la manifestation de leurs sympathies et antipathies; sur ce terrain, l'animal nous donne parfois des leçons étonnantes de vivacité et de profondeur. « Ce chien qui a perdu son maître, qui l'a cherché dans tous les chemins, avec des cris douloureux; qui entre dans la maison, agité, inquiet; qui descend, qui monte, qui va de chambre en chambre; qui trouve enfin le maître qu'il aime, et qui lui témoigne sa joie par la douceur de ses cris, par ses sauts, par ses caresses, » répondez à Voltaire, est-il susceptible de souvenirs, de sentiments, d'idées?

La Fontaine a dit des enfants : « Cet âge est sans pitié. » Cela n'est pas tout à fait exact : ce n'est pas un instinct de cruauté, c'est un besoin incessant de connaître qui pousse l'enfant. Il plume un oiseau, estropie une pauvre petite bête, comme il démantibule son polichinelle, comme il éventre son violon, et bouche à dessein sa trompette. C'est pour voir, c'est pour savoir.

L'homme est un grand enfant, qui maltraite souvent les animaux *pour voir*,.... machinalement. Pour une infinité de gens, rien n'est en sûreté, parmi les êtres vivants, de ce qui est assez petit pour être détruit, et de ce qui se trouve à portée de leurs pieds ou de leurs mains.

Il faut désapprendre le mal aux uns et aux autres, et leur apprendre la pitié.

Condorcet disait à sa fille : « Ne rends point malheureux les animaux qui t'appartiennent; ne dédaigne point de t'occuper de leur bien-être ; ne sois pas insensible à leur naïve et sincère reconnaissance; ne cause à aucun des douleurs inutiles, c'est une véritable injustice, c'est un outrage à la nature dont elle nous punit par la dureté de cœur que l'habitude de cette cruauté ne peut manquer de produire. »

Préceptes sages et bien nouveaux, au temps où ce philosophe, ami de l'humanité, les inculquait à son enfant; car plus d'un demi-siècle devait s'écouler avant qu'on cherchât à faire pénétrer dans l'esprit public le sentiment de la compassion et du devoir envers ces humbles créatures. Il fallait instituer en quelque sorte un enseignement de morale naturelle et pratique, en dehors des idées reçues, enseignement qu'on résume en ces deux mots : *Justice et Charité.*

Ainsi l'ont pensé quelques hommes de cœur, qui se sont réunis, en 1845, à la suite du congrès médical de France, pour organiser l'association appliquée à la défense des victimes de la barbarie et de la sottise humaines, pour fonder la *Société protectrice des animaux.*

Accueillie d'abord par l'indifférence et le sarcasme, elle se voit bientôt entourée d'estime et de sympathie. Elle trouve, un peu plus tard, une consécration officielle dans la loi du 2 juillet 1850, la loi Grammont, qu'un brave général a fait adopter. En 1862, un décret impérial signé par un ministre à la hauteur des plus hautes fonctions, M. Rouher, auquel j'offre ici l'humble hommage de ma reconnaissance, déclare d'utilité publique la Société qui, par la persuasion, les encouragements, les récompenses, prévient les sévices et le manque de soins dont les espèces animales ont à souffrir; qui rend ainsi d'éminents services à l'agriculture, et moralise les populations.

Toute la presse est sympathique à cette œuvre, qui compte aujourd'hui plus de deux mille adhérents. C'est peu ! Il faut qu'elle s'étende et se généralise. Il y va de nos intérêts et de notre honneur; car la civilisation ne consiste pas dans les choses extérieures, si belles et si bonnes qu'elles soient pour le goût et la sensualité; la véritable civilisation d'un peuple, c'est son cœur.

Il le comprenait bien ainsi, le digne président de la Société protectrice, qui rédigea le programme servant d'introduction à nos statuts, Pariset... Ce nom, si cher à l'humanité, rappelle un poète, un historien, un orateur, un naturaliste, un médecin. La tendre pitié fut la vocation, l'inspiration, le génie, la gloire et la noblesse de cet *homme de rien*, fils d'un cloutier de village, qui, au milieu des honneurs, se rappelait d'abord sa famille. « Pauvre mère, s'écriait-il, je la vois encore parmi nos grands chemins, avec ses gros souliers ferrés, il y a de cela plus de soixante ans; et moi tout petit, je trottais à côté d'elle..... Si jamais je fais le voyage de Nantes, écrivait-il en 1827, j'irai revoir l'arrière-boutique où j'ai tant souffert, et la chambre à coucher où j'ai tant ri avec La Fontaine et Voltaire. »

Est-ce dans ces auteurs favoris qu'il a puisé, tout enfant, son amour pour les animaux ? Peut-être. Le fabuliste en fait des personnages si raisonnables parfois, si fort à notre image ; il intéresse si bien au ménage de ses amis, celui qui avait oublié l'heure du dîner, parce qu'il venait de l'enterrement d'une fourmi, et parce qu'il avait reconduit la famille à la maison mortuaire. — Et Voltaire, dont l'immense esprit était bien fait pour comprendre l'esprit des bêtes, écrivait si naïvement à d'Argental : « En me promenant dans mes prairies, je caresse mes bœufs qui me font des mines. »

Quels qu'aient été ses maîtres, Pariset, qui sut tout embrasser dans une commune bienveillance, relève surtout de sa volonté et de son propre cœur. Après s'être offert à tous les fléaux, à toutes les épidémies, pour arracher des victimes, il couronna sa carrière de dévouement par ses efforts en faveur de la protection des animaux. Deux fois donc, deux fois gloire à lui ! Il est de ceux dont la vie et la mort devraient être incessamment racontées dans les villes et les campagnes. « Parti de bien bas, il s'est élevé bien haut. » A l'amour du prochain, il a joint l'amour des êtres qui nous servent. Il est de ceux dont parlait le ministre Duruy, dans une solennité récente, aux applaudissements enthousiastes d'un auditoire ému (1).

(1) Distribution des récompenses aux sociétés savantes. — Mai 1865.

La cause des animaux a, depuis quelques années, trouvé d'éloquents défenseurs ; j'en nommerai quelques-uns dont les écrits pleins d'attrait et de sens ont reçu les récompenses que la Société protectrice accorde à ses utiles coopérateurs : le docteur Fée, dont j'envie le titre heureux et bien rempli : ***Les misères des animaux ;*** M. Oscar Honoré, qui a mis toute son âme à peindre ***Le cœur des bêtes ;*** M. Bourguin, dont la douce et instructive morale s'est produite sous la plume de ***Monsieur Lesage ;*** l'abbé Chardon, qui indique les devoirs de l'homme en baptisant son livre : ***Roi et non tyran ;*** M. Meunier et M. Maret-Leriche, qui plaidaient, chacun, avec entrain et conviction, les droits de leur ami ***Le chien;*** Arthur Mangin, peintre érudit du ***Monde aérien*** et des ***Mystères de l'Océan ;*** Madame Anaïs Ségalas, qui, chaque année, détache pour nous, de son écrin de poète, d'étincelantes strophes, comme ses ***Ouvriers du bon Dieu.***

Tant de plumes vaillantes ont signé d'excellentes pages dans la presse ou dans le bulletin mensuel de la Société, que je ne puis en donner la liste ; mais je nommerai du moins mes amis, Agénor Bardoux, de Montcalm-Gozon, Richard (du Cantal), Leblanc, Charlier, Magne, Decroix, Delattre, Hervieux, Piton du Gault, Mazelhier Blatin, Dumont (de Monteux), Munaret, de Beaupré, Godin, Lobligeois, Duméril, Carteaux, Joly, Cordier, Arthur de Pont, Sausse-Villiers, Dehais, Pigeaux, Defranoux.

Oui,—c'est ma foi profonde,—il est réservé à notre époque d'abolir la torture pour les animaux. Oui, ces êtres qui souffrent physiquement tout le mal qu'il plaît à l'homme de leur faire ; ces êtres qui éprouvent aussi la douleur morale, puisqu'ils ont le don touchant des larmes, nous devons leur faire l'application, à tous, et même aux plus infimes créatures animées, de ce qu'un philosophe charmant a dit, dans un sens moins général : « La grande affaire de la vie, c'est la douleur que l'on cause. »

Rien ne saurait absoudre un méchant incorrigible : mieux vaut la bête qui se ravise, et qui souvent nous aime, nous sert et nous *protège*, dès que nous cessons de l'effaroucher.

# I

## MARTYROLOGE DU CHEVAL.

§ I. La charge excessive. — § II. L'homme et la bête. — § III. Corrections improvisées. — § IV. Les chevaux qui se vengent. — § V. Un peintre et un cardinal poussant à la roue. — Le cable remorqueur. — Les bons charretiers.

### § I.

« Sois humain envers l'animal qui te seconde dans tes travaux, modère sa charge, adoucis son labeur. »

Voilà le principe, voilà la règle et le devoir. Je plains l'homme qui les ignore ; je condamnerais, si j'étais juge, celui qui les oublie ou ne les pratique pas.

Surmener, surcharger, il semble que ce soit, au contraire, le mot d'ordre d'un grand nombre de propriétaires et de conducteurs d'animaux.

Et ce n'est certes pas de l'exagération ; je n'en veux pour preuve que les innombrables pétitions qui nous parviennent sur cette question : *la surcharge*.

Est-il possible de formuler, d'une manière un peu générale, et cependant assez exacte, le fardeau que doit supporter ou traîner une bête de somme ?

Son âge, sa conformation, sa taille et son poids, son ardeur naturelle, l'état des routes et des harnais, la saison et le climat, la disposition du véhicule, le genre de nourriture et d'autres circonstances encore, sont autant d'éléments sérieux à peser et compenser avant de répondre.

C'est ce qu'a fait une commission instituée par la Société protectrice des animaux, et dont la conclusion peut se résumer ainsi : Il y a surcharge toutes les fois qu'un cheval, employant manifestement sa force, se trouve arrêté sur la route par le poids qu'il porte ou qu'il traîne.

Si l'autorité, prenant cette règle pour base, faisait dresser un procès-verbal de contravention contre tout charretier qui ne peut avancer dans la rue ou gravir une côte, le maître, responsable, exigerait qu'on limitât la charge, en prévision des accidents de terrain, au lieu de la forcer.

Cela est bien simple ; mais le plus souvent les agents détournent les yeux, quand un brutal martyrise son attelage pour en obtenir un travail au-dessus de ses forces. — Entre l'arbre et l'écorce, ils ne veulent pas mettre le doigt.

Il faudrait, au nom de la sécurité publique, que tous les chevaux de travail qui seraient hors d'âge, exténués ou blessés, fussent conduits à la fourrière, s'ils sortaient attelés ou montés. Cette sage mesure est appliquée aux chevaux du transport en commun ; pourquoi ne pas l'étendre à tous les autres ?

J'ai dit qu'il faudrait verbaliser : mais cela ne ferait pas avancer la voiture. Qu'on diminue la charge, en la déposant sur la voie publique, toutes les fois que cela sera possible, ou qu'on exige un cheval de renfort.

L'amende doit atteindre le conducteur, et principalement le propriétaire de l'animal. En Angleterre, maître et charretier portent la même peine. Le délinquant peut être condamné à payer jusqu'à cent vingt-cinq francs, ou à faire trois mois de travail forcé — *hard labour* — dans une maison de correction. Les Anglais ont la main dure, et certes je ne demande pas qu'on les imite dans leur sévérité.

Dans quelques cas, et ici je les approuve, outre l'amende imposée, les magistrats ordonnent l'abattage des bêtes hors de service. En 1859, cent quarante-cinq propriétaires condamnés ont été relevés de leur peine, pour avoir consenti à sacrifier leurs chevaux usés ou infirmes.

En Allemagne, les Sociétés protectrices, celle de Hambourg entre autres, ont quelquefois prévenu les sévérités de la loi qui venge les animaux des cruautés de l'homme, en achetant des chevaux maltraités pour les revendre à des maîtres plus humains, ou les faire abattre, au profit de la consommation alimentaire ; bon exemple que notre Société protectrice s'empressera de suivre, quand la prospérité de ses finances lui permettra ce double acte de charité.

## § II.

En 1780, le moraliste Mercier écrivait, dans son *Tableau de Paris* : « Rien n'égale la brutalité, la stupidité et la barbarie du charretier..... Toujours fouettant et jurant, si le cheval fait un écart, il le redresse à grands coups de fouet, et il frappe tout ce qui se trouve dans la ligne circulaire que décrit son aveugle et impitoyable bras... Ce fouet va chercher l'homme le plus éloigné, qui, distrait et pensif, s'avance dans la rue, et lui emporte une oreille ou lui coupe le visage. »

Nous avons eu, nous croyons avoir beaucoup de progrès accomplis depuis 1780. Le charretier a-t-il progressé, lui aussi ? A-t-il marché, même à petite vitesse, dans une voie meilleure ?

MM. Bodin et Dumont (de Monteux) ne sont pas précisément de cet avis. Ils sont même, pour le charretier, d'une inflexibilité de jugement que je voudrais adoucir : « Contemporain des temps de barbarie, disent-ils, il est resté le type de la saleté par le costume, de la grossièreté par les paroles, de la férocité par les actions..... Pour exercer son métier, il n'a pas à subir les lenteurs de l'apprentissage ; il ne lui faut qu'une blouse, une pipe et un fouet. S'il est assez adroit pour couper la peau de son cheval, il va passer maître. Dans cette confrérie, trop souvent ouverte à des fainéants et à des ivrognes, on est dispensé de toute garantie à l'endroit des soins qu'exigent les animaux, et des simples notions qu'il conviendrait d'avoir pour la direction de leurs forces motrices.

« Si la corde se casse, il frappe avec le manche,
» Et si le fouet se casse, il frappe avec le pied ;
» Et le cheval sanglant, hagard, estropié,
» Baisse son cou lugubre et sa tête égarée.
» On entend sous les coups de la botte ferrée
» Sonner le ventre nu du pauvre être muet.
» Il râle ; tout-à-l'heure encore il remuait ;
» Mais il ne bouge plus et sa force est finie,
» Et les coups furieux pleuvent ; son agonie
» Tente un dernier effort ; son pied fait un écart ;
» Il tombe, et le voilà brisé sous le brancard. »

Et voilà l'histoire journalière des rues de Paris — *l'enfer des chevaux.* — On ne voit que cela ; si bien que certaines personnes ont fini, de guerre lasse, par trouver cela sinon naturel, du moins inévitable.

Au portrait qui précède, à cette peinture du charretier, opposons l'esquisse du cheval, faite en deux lignes par Buffon :

« Le cheval se livre sans réserve, sert de toutes ses forces, s'excède, et même meurt pour mieux obéir. »

Voilà pourquoi M. Oscar Commettant peut ajouter : « Le cheval est de tous les esclaves le plus opprimé, le plus battu, le plus humilié. »

Quel contraste !

Et maintenant, de ces deux êtres, dont l'un ne boit que de l'eau, *quel est la brute?*

Dans Simon de Nantua, la question est posée, mais non résolue :

« Une voiture pesamment chargée, attelée d'un cheval et conduite par un homme, avait à gravir une côte escarpée ; la bête sous le harnais tirait avec courage ; l'homme, armé d'un fouet, frappait avec vigueur..... Le char n'avançait guère ; parfois il reculait. — Hue ! criait le charretier. — Je voudrais avancer, pensait le cheval. — Ah ! brigand, tu ne veux pas marcher !... L'exhorté ne répondait rien, et n'en tirait pas mieux. Les forces de la bête s'épuisaient, et son compagnon frappait toujours... Tous deux avaient des jambes, tous deux des dents, et tous deux du fer à leur service, l'un aux pieds, en demi-cercle, l'autre aux mains, en lame de couteau. L'un lance un coup de pied, l'autre le reçoit sans se plaindre ; l'un mord l'oreille de son voisin, l'autre secoue la tête et ne dit rien ; l'un frappe de son fer dans le ventre de son collègue, l'autre pousse un gémissement ; l'un fait jaillir une étincelle, et allume la paille au pied du second ; l'autre brûle, bondit, et retombe épuisé ; l'un crie, frappe en furieux, tandis que la victime tâche d'échapper au feu ; l'un écume de rage, l'autre de fatigue ; l'un est rouge de colère, l'autre de son sang. Quel est l'un, quel est l'autre ? Quelle est la bête brute ? Quel est l'animal raisonnable ? »

Il est beaucoup question aujourd'hui d'écoles professionnelles, et je m'en réjouis. Ne serait-ce pas le moment d'exiger qu'un homme duquel va dépendre le sort, la vie des animaux les plus utiles, connût quelque chose au-delà de la force et de la brutalité? Notez que les passants sont fort intéressés dans la question. Un charretier maladroit, dans nos rues, où circulent soixante mille voitures, est une cause d'accidents de toute sorte.

Voyez cet abruti, ne sachant ni *démarrer*, ni *louvoyer*, ni *tourner*, ni *soutenir*, ni *biner* ou prendre du renfort; par désœuvrement, par contenance, par distraction ou pour se faire la main, au départ et pendant la marche, à la montée comme à la descente, il harcèle la pauvre bête qui, selon la remarque de Destut de Tracy, fait souvent plus de réflexions pour obéir à son maître que celui-ci n'en fait pour la mener.

## § III.

On se rappelle qu'un élève de l'École polytechnique, passant rue Coq-Héron, eut l'œil arraché par le fouet d'un de ces hommes incorrigibles. Vainement la police, qui veille à la sécurité de la rue, a voulu les astreindre à l'emploi du fouet-cravache, le *stick*, en usage chez nos voisins, les Anglais : ils continuent de nous couper la figure, de menacer nos yeux, de déchirer leurs chevaux, et d'effrayer les attelages par le claquement de leur mêche à nœud.

On aurait tort pourtant de supposer que la police

est complètement impuissante : je m'empresse de citer quelques sévices suivis de répression : Dans une carrière, à St-Denis, un charretier voyant son cheval en tourmenter un autre, s'arme d'une bûche de sapin et lui en assène un coup si violent sur la tête, que la bête tombe sur les genoux, et succombe presque immédiatement. Cet assommage a été puni par un an de prison.

A Romainville, un vieux limonier ne pouvait monter la côte ; que fait son conducteur ? Il prend une longe de cuir, la passe dans la bouche du cheval, et serre si fortement la langue contre la mâchoire, qu'un morceau de cette langue, ayant huit centimètres de longueur, est coupé, et tombe sur la route. Pour sa défense devant le tribunal, le charretier allègue l'exemple de ses camarades : « J'ai fait cela, dit-il, parce que je le leur ai vu faire, quand les chevaux ne voulaient pas tirer. »

Il a été condamné à une amende de 15 francs, et à trois jours de prison.

Au mois de mars 1862, dans la rue de Montmorency, un cheval traînant une voiture trop chargée s'était abattu ; le brancard l'écrasait ; il restait à terre. Après l'avoir accablé de coups, le charretier prit de la paille, et la jeta, toute flambante, sous le ventre de l'animal qui, poussant un long gémissement, fit un vain effort pour se relever. La foule indignée frémissait autour de ce misérable. Il fut conduit en prison, puis jugé et condamné sévèrement en police correctionnelle.

Cet homme, qui abuse lâchement de la force de son bras, trouve parfois des gens que l'indignation rend assez énergiques pour lui donner, en passant, une correction méritée. Un attroupement s'était formé rue de La Harpe, il y a vingt-huit ans environ, autour d'un cheval qui ne pouvait gravir la pente, depuis supprimée. La rage du charretier était extrême, et c'était, pour les badauds, un spectacle amusant, dont le peuple s'indignerait aujourd'hui. J'arrive, non sans peine, au premier rang, poussé par la pitié, par la colère. La tavelle qui servait d'arme contondante au charretier, fait tomber mon chapeau : soudain, je saute à la cravate de ce furieux, je l'étreins, je glisse lestement ma jambe entre les siennes ; voilà l'homme à terre, et mon genou sur lui.

La vivacité de mon attaque en avait triplé la puissance ; l'hercule, surpris, n'avait pas lutté. Je le laissai se relever, et je m'esquivai pour échapper à l'ovation de la foule, qui m'aurait porté en triomphe. — Un instant après, je vis arriver un cheval de renfort.

Près du théâtre du Gymnase, un lourd chariot se trouvait arrêté sur la chaussée glissante, où trois vigoureux percherons ne pouvaient tenir pied. Le conducteur les relevait à coups de manche de fouet sur la tête et sur les membres :

« Imbécile, brutal ! C'est comme ça que tu fais ton métier, s'écria M. M..., ancien officier de cavalerie, qui possède, et fait valoir, en Picardie, une exploitation agricole importante ; ces bêtes, ahuries par ta violence, ne peuveut agir. »

L'homme fit mine de répondre par un coup de fouet ; mais l'interlocuteur le prévint par un coup de canne bien appliqué.

« Tiens cela, continua-t-il, en jetant son manteau au charretier ; je vais t'apprendre comment on gouverne des chevaux. »

Il prit les rênes, tira d'abord à droite, puis à gauche, et quelques instants après la côte était franchie.

Le monsieur reprit tranquillement son manteau des mains du charretier, et lui remit 5 francs, en disant : « Voilà pour le coup de canne ; que cela te serve de leçon et t'apprenne à être plus humain et moins maladroit. »

Bonne et paternelle leçon, qui punit et dédommage : mais la suivante a le double mérite d'être plus complète et donnée par un *pair* du délinquant :

Le 8 août 1866, sur le boulevard Saint-Michel, un charretier conduisant une voiture lourdement chargée et attelée de cinq chevaux, s'acharnait sans motifs sur le limonier, qu'il accablait de coups. L'exaspération des spectateurs était à son comble. On cherchait vainement — comme toujours en pareille occurence — un sergent de ville, lorsqu'un autre charretier, qui arrivait en sens contraire, indigné de cette cruauté, brisa le fouet, instrument du supplice, et administra à ce brutal une correction très-applaudie.

Là ne devait pas se borner le châtiment. Le propriétaire des chevaux, qui était resté en arrière, étant arrivé et ayant appris ce qui venait de se passer, congédia sur-le-champ l'indigne conducteur, et partit avec son attelage.

## § IV.

Si les chevaux meurtris ou estropiés criaient comme les chiens, ce serait dans les rues un concert déchirant à ne pas s'entendre ; mais ils souffrent d'ordinaire en silence, ou leur plainte n'est qu'un gémissement d'angoisse résignée.

Quelquefois l'animal, exaspéré par l'injustice du châtiment ou surexcité par la douleur, devient furieux, et se venge. Plus d'un brutal conducteur a porté la peine du talion. J'ai vu sur la place publique une scène effrayante, où, sans l'intervention rapide des passants, il y aurait eu mort d'homme. Un cheval de tombereau, battu violemment et sans raison, s'était précipité, l'œil en feu, sur le charretier, l'avait saisi par le bras, à belles dents, et l'avait renversé; puis il s'était agenouillé sur son ennemi pour l'étouffer. Aux crix du malheureux, on détourna la bête acharnée, mais non sans peine. Il avait trois côtes rompues, et l'os du bras gauche broyé ne tenait plus que par la peau.

Le fermier de *Pierre Chavin* raconte une scène plus triste encore : « Dans mon pays, dit-il, il passe des charrettes de Provence ; j'en ai rencontré une à la frontière. Le conducteur voulait aller plus loin ; le cheval de devant refusait de marcher. Les coups de fouet lui coupaient le cuir, sans le faire avancer. J'engageai l'homme à dételer la bête rétive. «Non, me répondit-il, furieux ; il faut qu'elle marche.» Là-dessus, il tira son couteau, et la piqua sur les flancs, puis il la saisit par les naseaux, et lui donna des coups de bâton sur la tête. Le cheval se dressa sur ses pieds de derrière, foula cet homme par terre, et lui enfonça ses sabots dans la poitrine. »

On ne brûle plus, et on n'excommunie plus aujourd'hui, comme au moyen-âge, l'animal qui a occasionné un accident grave, même la mort d'une personne. Les autorités, tant civiles que religieuses, n'interviennent plus. Seul. le propriétaire est responsable du dommage. S'il n'est pas inquiété ou s'il a réglé les dommages avec la partie civile, il se défait de la bête méchante, en cachant son défaut. M. Bretagne, ancien magistrat, demande, avec raison, pourquoi l'animal dangereux ne serait pas saisi par l'autorité, et envoyé à la boucherie, s'il était propre à la consommation, et, dans le cas contraire, à l'équarrisseur ; ou bien, ce qui serait moins rigoureux, marqué bien visiblement à l'oreille, au moyen d'un emporte-pièce. Un trou pour la bête qui mord ; deux pour celle qui rue ; trois pour celle qui s'emporte, et réunit les trois vices : voilà certainement une mesure prémonitoire efficace et fort applicable, et qui n'est pas sans précédents. L'autorité militaire fend l'oreille à ses chevaux de réforme, pour les signaler aux officiers de remonte, dans l'intérêt du trésor.

J'appuie la proposition, en me basant, comme M. Bretagne, sur ce qu'il faut d'abord protéger l'homme; et puis, parce que « si des mesures sont prises contre les animaux vicieux, les bons en profiteront, et même ceux qui ne sont qu'à moitié bons, car, grâce aux mesures indiquées, ils renouvelleront beaucoup moins les accidents dont ils finissent, au bout du compte, par subir la responsabilité. »

## § V.

Tous les charretiers dont nous blâmons l'emportement habituel, ne sont pas nés méchants; mais ils sont devenus violents et sans pitié par le mauvais exemple, et parce que le propriétaire du cheval exige, le plus souvent, un travail excessif. Combien de fois n'en avons-nous pas entendu dire, avec abattement, quand on leur reprochait des sévices envers leurs bêtes :

« Nous ne pouvons rester dans la rue : la charge est trop lourde; c'est la faute du maître ; mais il faut obéir ou perdre notre place. »

Alors on leur vient en aide : les gens du peuple ne sont pas les derniers; mais, dans bien des cas, de beaux messieurs donnent l'exemple.

On rapporte que Géricault, le célèbre peintre rouennais, fit, un jour, près du Louvre, à l'égard d'un pauvre charretier qui maltraitait rudement ses chevaux, une double et utile besogne : d'abord il réclama vivement; mais n'obtenant que des injures et des menaces, il se précipita sur l'homme, et le fit, en deux coups de main, rouler par terre. Le charretier reconnaissant la supériorité de la force, se leva tranquillement, et dit à son vigoureux interlocuteur : « Puisque vous êtes si fort, vous devriez bien pousser à la roue. » Géricault ne se fit pas prier; il aida notre homme, et l'équipage eut bientôt franchi la pente de la rue.

Un archevêque de Reims intervint efficacement aussi, mais sans la correction préalable, dans un chemin défoncé, d'où le cheval ne pouvait tirer sa charrette. Le conducteur assommait la bête. « Je m'approchai, dit le cardinal Gousset, promettant secours et délivrance, pourvu qu'il ne tuât pas le pauvre animal : nous poussâmes ensemble à la roue; je dis au charretier de faire hue ! et le cheval partit du premier coup. »

Les chemins communaux sont généralement en très-mauvais état, surtout pendant l'hiver. Même avec des charges légères, les animaux s'y enfoncent jusqu'au ventre dans les fondrières, et font, pour s'en tirer, des efforts impuissants. Enfin, s'ils y parviennent, sous une grêle de coups de fouet ou de bâton, mouillés par la sueur et la boue, ils resteront exposés à toutes les intempéries, tandis que le conducteur ira se rafraîchir au cabaret. Puis, il faut regagner le temps perdu : la main avinée est lourde ; guidées par un maître ivre, sans yeux et sans raison, les pauvres bêtes iront quelquefois se culbuter dans le précipice. Que de catastrophes ont pour origine la station à la porte du marchand de vin !

Plusieurs de nos rues ont une pente trop rapide. Des chevaux de renfort y seraient nécessaires, et leur emploi devrait être obligatoire, je le répète, pour toute voiture trop chargée, en attendant qu'on installe un câble remorqueur, dans une gouttière fendue, à fleur du pavé. Ce câble sans fin, enroulé sur un double tambour, serait animé par une machine à vapeur fixe, ou par un manège, d'un mouvement de translation ascendante et descendante ; on y accrocherait, à l'aide d'un anneau disposé à cet effet et s'adaptant à l'essieu, d'un côté les voitures qui graviraient la pente, de l'autre celles qui marcheraient en sens inverse, et qui serviraient de contre-poids. Ce moyen simple et peu coûteux, dont l'emploi diminuerait les fatigues des chevaux, l'encombrement de la voie et les accidents, sera mis à l'étude par la Société protectrice des animaux.

Je suis tout prêt à le reconnaître : il y a d'honorables exceptions parmi les charretiers, et le nombre de ces exceptions tend heureusement à s'accroître. La Société protectrice des animaux rencontre çà et là de braves voituriers dignes d'éloges, d'encouragements et de récompenses. « Observez, dit le docteur Lortet, ce voiturier que son cheval suit comme un chien, attentif à sa voix et à son geste, au poil luisant, marchant d'un pas égal, et traînant un lourd fardeau. Si son cheval l'aime, il n'est pas moins aimé de sa femme et de ses enfants. Mais l'autre? — L'autre, celui qui frappe son cheval, est aussi la terreur de sa famille : ivre de vin ou de colère, il a toujours un fouet, un bâton... parfois un couteau à la main. »

J'en ai vu, de ces hommes compatissants, et je leur ai donné la main de bon cœur. Maîtres ou serviteurs, ils veillent attentivement aux besoins de leur attelage. Ils l'excitent de la voix dans les passages difficiles; ils lui parlent, et ils sont compris.

C'était certainement un bon homme, ce muletier des environs de Madrid, dont parle M. de Villemessant. On montait une côte très-raide, et de temps en temps le conducteur venait ouvrir la porte de la voiture, qu'il refermait aussitôt le plus bruyamment qu'il pouvait. Impatientés de ce manége, les voyageurs lui en demandèrent enfin la raison. « Messieurs, dit-il, c'est qu'en entendant refermer la porte, les pauvres bêtes croient qu'un de vous descend, et cela les soulage. »

## II

### LES MÉTIERS DU CHEVAL.

Le Fardier. — Le Camion. — Le Tonneau d'arrosage. — Le Rouleau compresseur. — Le Fourgon de déménagement. — Fiacre et Remise. — La Diligence espagnole. — Le Halage. — Le Tombereau du terrassier. — Résumé des misères du cheval.

Ces lourds véhicules à deux roues, fardiers, diables ou trinqueballes, auxquels, disait Paganel, il faudrait pour moteurs des éléphants, sont fort dangereux pour les limoniers. Quand l'équipage, qui se compose ordinairement de quatre ou cinq vigoureux chevaux de volée, tire sur les traits, la charge mal équilibrée pèse lourdement sur le brancard ; quand la traction cesse, la voiture bascule en arrière, et la sous-ventrière soulève le cheval attelé. J'ai vu périr, à quelques mois d'intervalle, deux beaux limoniers de première force. L'un fut enlevé de terre par le basculement de l'énorme voiture. Il criait et se débattait misérablement ; le collier glissa jusque sous la gorge, et l'étrangla. L'autre eut les reins brisés sous le poids de la dossière. Ce ne fut qu'un gémissement douloureux, aigu. La bête frémit sur ses jambes, urina du sang, et tomba morte.

Mais trop souvent les chevaux de gros trait sont moins heureux que ceux qui meurent sur place. S'ils s'abattent sur le pavé plombé, poli par le fer ou le verglas, on les force, à grands coups, à se relever. Quelquefois ils y parviennent : et l'on voit de pauvres bêtes, dont le flanc bat, secoué par le frisson de la souffrance, traîner sur trois jambes meurtries leur cuisse cassée ou leur pied écrasé, qui pend, et s'acheminer ainsi jusqu'au clos d'équarrissage.

Quand exigera-t-on impérieusement, pour ces dangereuses voitures, un *tuteur* ou *jambe de force*, qui préserverait les jambes du cheval s'il vient à s'abattre, et le corps des passants ?

Heureusement, la suppression de ces véhicules est décidée : les moëllonnières affectées au transport des blocs de pierre seront désormais de solides charriots.

Il faudra pourtant conserver les gigantesques trinqueballes pour enlever les troncs d'arbres et les longues poutres qu'on suspend, à l'aide de chaînes, au-dessous de l'essieu.

Les *camions*, qui servent au transport des plus lourds colis, exigent d'énormes efforts de traction : leurs roues, qui ont à peine un rayon de quinze à vingt centimètres, s'engagent dans les creux du pavé; la limonière, violemment secouée, heurte et meurtrit l'épaule du cheval. Si la facilité du chargement exige que le tablier du charriot soit aussi bas, pourquoi ne pas lui adapter un essieu coudé, qui permettrait de donner aux roues un plus grand diamètre, sans exhausser le camion.

Quel dur et abrutissant métier que celui du cheval condamné au collier d'un manége ! Les yeux bandés, il tourne, dans un court rayon, au bout d'un bras de cabestan ; il sue, il tire sans interruption, sans relâche, tout un jour. Son pas monotone a la régularité d'un engrenage : l'animal s'est fait machine ; il fonctionne comme elle. Qu'il essaie de s'arrêter, un lourd bâton, qu'un cran retenait, s'abaissera subitement sur son échine. Heureuse combinaison du cheval automate et du gourdin surveillant !

Que ce soit un bien, que ce soit un mal, — la question ne me regarde pas ici,— mais il est de fait qu'en France on attend l'exemple d'en haut. On imite volontiers l'administration.

Eh bien ! l'administration fera ce qui convient à la dignité du nouveau Paris, en ne permettant plus que l'on fasse traîner, par des rosses lamentables, des voitures qui se parent de ce titre : *Service municipal.*

Il y a, dans ce contraste, de quoi étonner, — pour ne pas dire plus, — les étrangers et la civilisation.

Les conducteurs de ces pauvres bêtes arrosent aussi volontiers le pantalon des passants que le macadam des boulevards. C'est une justice à leur rendre ; mais ils devraient user un peu pour eux-mêmes de l'eau qu'ils prodiguent ainsi. En général, ils sont malpropres et peu doux, quoique jeunes. Ils n'égayent pas du tout la vue des promeneurs. En outre, les chevaux usés *veulent être battus ;* ceux qui les mènent font, à ce métier, l'apprentissage de la brutalité.

La ville, dans ses nouveaux cahiers des charges, pourrait se montrer plus exigeante. Elle en a le droit.... J'allais dire le devoir.

L'empierrement des quais, des boulevards et d'autres voies publiques exige une pression qu'on exécute à l'aide d'un cylindre de fonte roulant. Huit ou dix robustes chevaux, formant un attelage, traînent, du matin au soir, et même pendant la nuit, l'énorme et encombrante machine. Ils font peu de besogne, ils la font mal et bien péniblement. Sur ces cailloux de silex mouvants, tranchants, leurs pieds se blessent à la fourchette, au paturon. J'en ai plus d'une fois examiné. Ils étaient chauds, gonflés, saignants, certainement douloureux.

Que les gens routiniers, par calcul ou par sottise, veuillent bien se résigner : les moteurs animés sont, dès aujourd'hui, remplacés par la vapeur. Le travail se fait mieux et plus économiquement. Le rouleau compresseur qui fonctionne, depuis quelques mois, en brûlant de la houille, sans que les chevaux circulant s'en effraient, applanit parfaitement la chaussée ; il la rend très-compacte ; il opère plus vite que le système ancien. L'engin locomobile pèse environ 10,000 kilogrammes ; sa manœuvre est facile ; il avance, il recule, il obéit à son conducteur sans autre bruit que le grincement du cailloutis sous le cylindre. Encore un des bienfaits de la mécanique intelligente au profit des animaux.

A ce large fourgon, chargé de tout le matériel d'un ménage parisien qui change de demeure, il faudrait atteler deux vigoureux chevaux. Examinez la pauvre bête qui le traîne. Elle est fourbue, couronnée, blessée en vingt endroits. Les os et le bâton ont troué sa peau. Ses jambes gonflées la supportent à peine. Quel est son maître inhumain ? C'est le *déménageur*, dont les immenses toiles peintes couvrent les murs. C'est lui qu'on accuse d'acheter à vil prix, sur le chemin de la voirie, des *carcans* destinés à l'équarrisseur. C'est lui qui les attèle, avec des bouts de cordes, à des charriots délabrés ; c'est lui qui les livre, le ventre vide, à des conducteurs d'occasion ; c'est lui qui les fait accabler de coups, sans pitié, jusqu'à ce qu'ils aient achevé sa besogne, puis les renvoie, mourants de fatigue et de faim, au clos d'équarrissage.

Sans remonter jusqu'au type traditionnel du cheval de fiacre, d'il y a vingt ans, les étrangers, qu'avait attirés à Paris l'exposition de 1855, se rappellent, avec dérision, les pauvres bêtes aux flancs creux, au poil long et terne, aux jambes arquées, dont l'allure, accélérée par le fouet, ne pouvait dépasser les vulgaires piétons. Ces chevaux des voitures de place, exténués par la fatigue et la faim, étaient alors intempestivement soumis à l'essai des aliments hâchés. La ration insuffisante, avalée avec précipitation, déterminait des troubles graves dans les fonctions digestives, — une indigestion compliquant la faim, — d'où résultait la météorisation, souvent mortelle. Ce fut pour un habile vétérinaire, M. Charlier, l'occasion de sauver un grand nombre de ces animaux, gonflés comme des ballons, en faisant pratiquer la ponction de l'intestin, opération analogue à celle qui débarrasse l'estomac ou *rumen* des bêtes à cornes, — je parle des vaches et des bœufs, — quand un développement énorme de gaz menace de les étouffer.

Aujourd'hui, la cavalerie de la compagnie des voitures de Paris est dans un assez bon état, et fait bien son service. Une meilleure nourriture a lustré le poil et rebondi le flanc des chevaux.

Si bien que le portrait tracé de main de maître, par Méry, dans l'*Univers illustré*, quoique d'hier, n'est plus ressemblant. Il a cependant un grand *air de famille*, et l'on peut en juger :

« Le cheval de fiacre est déjà vieux, lorsqu'il commence sa carrière entre deux lanternes numérotées. Il lui reste une légère couche d'épiderme sur les os : on aperçoit le squelette à travers ce léger tissu. Les poils ont été fauchés par le temps et le fouet ; on découvre çà et là un bloc de mousse voilant une cicatrice, un furoncle, une rugosité hideuse. Les genoux, cent fois couronnés, ont perdu leurs protubérances charnues ; la croupe a mis les angles à la place des contours ; la queue n'a gardé que l'arrête ;

les quatre pieds ont perdu l'aplomb symétrique ; ils restent dans la position désordonnée où les a placés le temps de repos ; le col décrit la ligne horizontale, et n'a plus assez de vigueur pour soutenir une tête apesantie par une somnolence perpétuelle. C'est le fantôme d'un cheval somnambule, dans sa plus parfaite dégradation. »

Oui, tel il était encore, il y a peu d'années, traînant le fiacre ou le coucou. Maintenant, l'ensemble des chevaux de place est certainement moins déplorable, et les cochers ont moins de sérieux prétextes pour les accabler de coups, après avoir volé leur avoine.

Tout irait assez bien sans la longueur démesurée des courses. Ils arrivent des fortifications, il faut y retourner ; leur galère, c'est l'annexion. — L'heure du chemin de fer va sonner ; la gare est à trois kilomètres de distance ; mais on triple le *pour-boire*, — cela donne de la vigueur au bras du cocher, — et l'on brûle la route. Enfin, on touche au but ; l'attelage essoufflé va prendre du repos... Bath ! un train *exprès* vient d'arriver ; un voyageur pressé saute dans la voiture... ; on l'attend à l'autre bout de Paris. L'habitude d'aller vite sur les voies ferrées le rend exigeant ; il s'indigne d'une lenteur qu'il croit volontaire ; il jure qu'il va supprimer le pour-boire. L'effet suit la menace. Le cocher furieux injurie la pratique, et se venge sur ses chevaux. — Déplorables ricochets ! Espérons que le cadran compteur viendra bientôt !

Si le sort du cheval de fiacre est amélioré, — quoi

qu'en disent les détracteurs, — le contraire a lieu pour celui de remise.

A part un petit nombre de voitures convenablement attelées, propres et marchant bien, que voit-on dans les rues? Des chevaux ruinés, aux flancs creux, comme les salières de leurs orbitres; des cochers grossiers et cruels. Ils ont, les misérables, pour donner aux pauvres bêtes une vigueur apparente, inventé la *place pour le coup de fouet,* une plaie faite à l'épaule, à l'aide d'une pâte caustique et dissimulée sous une couche de cambouis, une plaie incessamment avivée par le bourreau qui frappe juste, et fait, à chaque pas, tressaillir la bête.

Dès que le jour baisse, la ville est envahie par des centaines de ces hideux coupés qu'on nomme, ainsi que leurs cochers, des *jockos*, et qui n'oseraient affronter le grand jour. Pendant la nuit, ils stationnent sur l'emplacement affecté aux voitures de place. Vous voulez un fiacre, ou bien un coupé à gros numéro, vous voilà dans la voiture, je vous plains, madame; vous irez lentement, vous serez rançonnée, volée, peut-être battue, mais à coup sûr insultée, si vous osez faire une réclamation.

L'âne et le mulet ne sont pas mieux traités que le cheval. Sous prétexte que l'un est paresseux, et qu'il a la peau dure, on lui enfonce un clou dans les chairs; l'autre est têtu, fantasque; on le mène à coups de pied ou de bâton, ce qui finit par le rendre vicieux et méchant.

C'est en Afrique surtout qu'on charge l'âne outre mesure, qu'on le blesse pour le faire avancer. Le nègre féroce, qui d'ordinaire est son conducteur, lui met souvent l'oreille en lambeaux. Et pourtant il n'y a pas, en Algérie, d'animal qui travaille davantage, qui soit plus sobre et plus patient.

De l'Arabe à l'Espagnol la transition est facile, surtout en matière de cruautés envers les animaux. Parlons seulement ici de ses mules :

« Il ne les bat jamais, me disait un touriste, enthousiaste admirateur du peuple aux castagnettes, et de ses courses de taureaux ; il sait le nom de chacune ; il leur parle ; elles dressent l'oreille, s'agitent, pressent l'allure ; elles vont à la voix. »

Ces bêtes ont une bonne mémoire ; voici la leçon qui a été gravée sur leur échine : le muletier fait sortir une mule de l'écurie ; il la baptise aussitôt, en lui administrant une volée de coups de bâton, et vociférant le nom choisi pour elle. Dès-lors, il suffira qu'il prononce, d'un ton irrité, ces magiques syllabes, pour rappeler la bastonade ; et la bête détalera comme si le diable était à ses trousses.

Ce n'est pas à la voix seule que marche un attelage de diligence, qui compte de dix à seize chevaux ou mulets, attachés deux à deux, à la file. Trois conducteurs sont nécessaires pour guider cette longue attelée qui gravit au galop les montées les plus raides, qui court à fond de train, à la descente, et ne se ralentit pas au tournant dangereux. Le *majoral*, assis à l'avant de la voiture, tient les rênes des deux limoniers ; le *delantero* est à cheval sur l'une des bêtes, en tête de l'équipage ; le *zagal* est sur les flancs, menant le reste de la bande, courant à côté des mulets, presqu'aussi vite qu'eux, et grimpant, par intervalle, sur un siége étroit à sa portée.

« C'est un homme alerte, robuste, disposé à tout entreprendre avec emportement, pour accélérer le train qu'il harcèle. »

Ainsi le peint M. Blatin (Mazelhier), dans une lettre qu'il m'adressait, en 1859, sur son voyage en Espagne.

« Des scènes grotesques et odieuses se passent entre le *zagal* et ses mulets. Le grotesque, ce sont les jurements, les invectives, les cris gutturaux, les trépignements, les contorsions ; bientôt il joue du bâton, et longtemps. S'il a un fouet, il frappe avec le manche ; il frappe partout, à la tête, aux oreilles, aux flancs et sous le ventre ; de la pointe, il cherche un endroit douloureux, une plaie à raviver ; sa colère s'exhalte, elle arrive au paroxisme ; il saisit la bête à la bride, au collier ; il s'y cramponne, il s'y suspend ; emporté par elle, il l'accable de coups de poings, de coups de pieds, il l'attaque aux lèvres, aux yeux ; épuisé de fatigue, il retourne à son siége, criant et júrant encore, la voix enrouée ; mais il y reste à peine ; il n'a pas épuisé sa fureur. »

Le *delantero*, le *majoral* le secondent de leur mieux, en se servant du fouet.

« En Espagne, le premier piéton de la grande

route, le berger qui garde ses moutons, le cultivateur qui travaille son champ, s'il aperçoit une diligence, se donne le plaisir de la faire rouler plus vite ; armé de pierres ou d'un bâton, il suit, en courant, l'attelage et le frappe. — On remercie, on encourage ce *zagal* suppléant, et c'est le *zagal* en titre qui, se plaçant au-dessus d'une basse jalousie, a la bouche la plus remplie de *gracias*.

» La voiture passe-t-elle dans un village, quelle aubaine pour les enfants ! Les plus jeunes, à peine sevrés, tendent leurs points crispés contre les mules ; et les grands font escorte à coups de bâton ou de pierre, et leurs clameurs suivent de loin les malheureux animaux. »

Voilà comment on traite les mulets en Espagne ; et l'on se plaint de leur méchanceté ! « L'homme apparaît, la bête tremble ; il approche, elle se jette vivement de côté ; il frappe, elle rue ; il l'assomme, elle mord. Quoi de plus naturel ? C'est le cas de légitime défense. »

Le halage des bateaux emploie un grand nombre de chevaux dont l'état est déplorable. La traction oblique et constante qui rend leur marche pénible, paralyse une partie de leur puissance musculaire, et exige un effort continu, sans trêve. Parfois l'attelage entraîné par le courant est culbuté, perdu, si le conducteur ne peut couper instantanément le câble remorqueur.

Point de repos à l'écurie, même pour le repas ou le

sommeil; c'est en marchant que le cheval de halage mange, boit et dort. Parfois il crève en traînant la galère.

Les maladies sont fréquentes parmi ces animaux surmenés. Beaucoup sont atteints ou menacés de la morve.

M. Charles Roth, chargé par le Sous-préfet de Cambrai d'examiner les chevaux haleurs de son arrondissement, les a trouvés dans le dernier degré d'avilissement et de misère, mal nourris, vieux, décharnés, écorchés et presque mourants sous le harnais. Il demande avec instance, avec justice, que l'entrepreneur du halage fournisse la preuve qu'il a un nombre de chevaux proportionnel à la force du tonnage; que ces animaux soient sains, en bon état, et qu'on limite à douze heures, par jour, la durée de leur travail.

Des essais, qui paraissent heureux, montrent qu'on peut remplacer, pour le halage, les chevaux par une locomobile. Sur la rivière de l'Oise, à Compiègne, un entrepreneur a remorqué des bateaux avec la plus grande facilité, moins dispendieusement et plus vite qu'avec un attelage.

Depuis qu'on a commencé la démolition du vieux Paris, et qu'on en fait sortir de terre un tout neuf, très-beau, — mais un peu cher, — ce qu'on a tué de chevaux, pour exécuter les travaux des fouilles et des terrassements, se compte par milliers. Nulle part la brutalité ne s'exerce avec un plus révoltant ensemble que dans ces chantiers où les grands tombereaux, chargés par-dessus les hausses, enfoncent leurs roues jusqu'au moyeu ; où les rampes sont si rapides ; où le charretier ne se décide à atteler des chevaux de renfort qu'après avoir épuisé la vigueur de son bras à frapper sur l'attelage. Souvent il suffirait d'un coup de pioche pour enlever l'obstacle; d'une cale ou d'un coup de main pour démarrer ; on ne le donnera pas, on ne calera pas la roue; on ne placera pas sur le sol mouvant ou détrempé des madriers qui rendraient la traction facile, économique. Ceux qu'arrêtent le bruit des coups et des cris, ne peuvent voir, sans s'indigner, cette violence et cette stupide routine. On invoque la police ; elle se cache ou ferme les yeux ; elle aurait trop de besogne, s'il fallait sévir partout où l'homme commet des barbaries. Il existe, au siége de la Société protectrice des animaux, un énorme dossier de réclamations contre ces actes impunis.

Cesser d'introduire les chevaux dans les fouilles, voilà le seul moyen d'empêcher qu'ils y soient martyrisés. C'est pour cela qu'un prix de 400 francs a été proposé pour l'appareil servant à exécuter, sans moteurs animés, et d'une manière économique, les terrassements et l'enlèvement des déblais.

Est-ce tout pour les misères du cheval ? Non. Il est une des victimes familières du vivisecteur et du vétérinaire en apprentissage ; il pend quelquefois, suspendu par un Poitevin quelconque, sous la nacelle d'un ballon perdu ; il est livré, vivant, en pâture aux sangsues; dans le cirque, éventré par la corne du taureau, il traîne ses entrailles sanglantes ; au steeple-chasse, on l'estropie ; à la guerre, — honte à la guerre civile ! — s'il est blessé gravement, au lieu de l'achever sur place, on l'abandonne à la lente agonie de la faim. Dans certaines armées européennes, on est plus cruel encore : on lui coupe les jarrets pour le mettre hors de service. Si l'on ajoutait à tant d'odieux traitements et de souffrances les millions d'accidents qui blessent ou tuent les chevaux employés à la surface de la terre, travaillant dans les mines, embarqués sur les navires, transportés dans les wagons, brûlés dans les incendies, on aurait un martyrologe immense, et l'on rougirait peut-être de notre civilisation bâtarde, qui dégrade, avilit, torture, mutile, assassine « la plus noble conquête » de l'homme sur le règne animal.

# III

## LES COURSES DE CHEVAUX.

§ I. Grande vitesse et grande folie.—Le maquignonnage effréné. — L'entraînement à l'anglaise. — La race des jockeys. — La course au clocher. — § II. Retour au bon sens.

### § I.

« Les courses de chevaux ont été instituées dans le but de perfectionner la race, et de conserver aux types leur pureté d'origine. »

C'est possible : mais les courses sont-elles bien sûres d'avoir encore quelque chose de pur à nous montrer? M. Richard (du Cantal) répond :

« Au commencement de l'établissement des courses, en Angleterre, l'amélioration des races était l'unique but proposé. On excluait de la reproduction tout individu qui n'était pas fortement musclé et construit en père... Plus tard, quand on en fit une spéculation à tout prix, les beaux modèles disparurent du turf. »

Le comte de Montendre dit à ce sujet : « De nombreuses tromperies s'y exercent ; l'achat et la vente des chevaux et des poulains, tout ce qui se rattache à l'industrie et même à l'escroquerie, y atteint une sorte de perfection, et y est pratiqué avec une rare impudence. »

M. Magne, directeur de l'Ecole impériale d'Alfort, ajoute : « Les courses, en Angleterre, donnent lieu aux plus basses intrigues, à des friponneries, à des actes criminels : ce sont des charlatans qui prônent un cheval n'ayant aucune valeur, pour le faire vendre cher ; ce sont des entraîneurs, des jockeys, qui rendent des chevaux malades, qui les empoisonnent avec de l'arsenic, qui les engourdissent avec l'opium, qui s'entendent entr'eux, qui font les maladroits pour laisser gagner celui qui a fait les plus grands sacrifices pour payer ces friponneries... »

La course de vitesse est pour les chevaux de pur sang le *criterium* de la force. « En l'empruntant aux Arabes, les turfmen de l'Angleterre ont imaginé, dit M. Eugène Gayot, quelque chose qui était inconnu de ces orientaux : ils ont inventé l'abus, et nous n'avons rien eu de plus pressé, nous qui copions servilement nos voisins, que d'arriver tout d'un trait à l'usage immodéré. »

L'épreuve est si violente qu'il n'y a pas de cheval qui puisse la subir, pendant toute la durée du parcours, avec toute l'intensité de la vitesse dont il est capable.

Le vainqueur sera-t-il au moins le meilleur coureur, le plus rapide ? — j'admets que MM. les jockeys n'aient pas triché. — Non, dans plus d'un cas, c'est une *furia* d'un instant, ne prouvant rien, qui aura battu par hasard de plus rapides coureurs. « Il nous est arrivé, dit M. Léon Gatayes, de huer certains vainqueurs d'hippodrome ne touchant guère le but les premiers que pour s'être sauvés à la *désespérade* devant la souffrance de leurs jarrets. »

On fait courir des poulains de deux ans, plus jeunes même, et on les éreinte. Ceux qui résistent aux préparatifs, — au *training*, — à toutes ses exigences, forment de brillantes exceptions. Ce sont, je le veux bien, des chevaux de grand prix, d'énergiques jouteurs ; mais l'athlète, épuisé par des efforts d'action sans mesure, atteint d'usure prématurée, ne sera qu'un reproducteur incapable ou nuisible. Les célébrités dans l'espèce chevaline, aussi bien que dans l'espèce humaine, ne peuvent suffire à la conservation, au maintien de la race.

M. Hector Malot, rendant compte d'une course extravagante, s'exprime ainsi : « Que vaudront à trois ans les chevaux qui auront fourni, à deux ans, un pareil travail ? Que vaudront-ils à quatre ? Lorsqu'on les prendra pour la reproduction, quelles qualités pourront-ils transmettre à leurs descendants ? Tout est là cependant. Si les courses ne servent pas à former et à choisir de bons reproducteurs, il faut supprimer les courses, ou les garder comme spectacle, et les organiser comme les cirques forains. »

Aujourd'hui tant d'argent s'engage sur l'hippodrome, que le prix du cheval lui-même devient insignifiant devant le chiffre des enjeux (1). Qu'importe le plus beau, le plus noble animal ? Parlez-nous du jockey le plus habile... ou le plus roué.

Le cheval de course n'est plus qu'une valeur cotée à cette bourse en plein vent qu'on appelle le turf, et où la hausse, la baisse, les mouvements de reprise sont adroitement travaillés, comme lorsqu'il s'agit ailleurs de valeurs mobilières, immobilières, industrielles, etc.

Je n'attaque pas le fait triomphal d'un pur-sang battant ses adversaires d'une demi-longueur, d'une longueur de tête, d'une longueur de museau ; je fais allusion à des maquignonnages attestés par les précautions même que l'on est obligé de prendre pour les éviter autant que possible.

On se demande d'abord quel rapport il y a entre le perfectionnement de la race, la conservation d'origine et les procédés, les conditions de l'entraînement à l'anglaise.

J'ai parlé de *célébrités :* le plus souvent elles sont difformes. On façonne un cheval en lévrier ; on élève sa taille et sa croupe, on allonge ses jambes, on étire ses muscles locomoteurs, sans songer à les grossir ; on dispose toute la machine pour une grande vitesse

(1) Un pari monstre est engagé sur le derby de 1867, si l'on en croit l'*Événement,* par le duc de Hamilton, contre *Hermitt,* cheval appartenant à M. Chaplin, pour lequel le capitaine Nachell engage 150,000 francs contre quatre millions.

de quelques minutes. C'est un tour de force ; il en résulte un échassier. Et comment s'y prend-on ? On choisit un jeune cheval de noble origine, et on le purge : — on le purge jusqu'à irriter les intestins, puis, dans cette situation intestinale, on le soumet à des courses folles, à des sauts merveilleux, — sans parler du régime.

David Law écrivait, au sujet du système appliqué à la race anglaise de pur-sang, que l'entraînement lui fait un tort immense : « Il use les facultés du poulain, avant qu'il ait atteint toute sa croissance et son entier développement ; il altère, par une surexcitation extrême, la vigueur de l'économie animale ; il tend à créer beaucoup de maladies, et abrège la durée de la vie... »

Tout cheval entraîné a son jockey, — squelette poreux, peau desséchée, taille de Lilliput : voilà le type. — On en fabrique surtout en Angleterre ; il y a des familles de jockeys dont on perfectionne aussi la race, dans le sens de la maigreur et du parcheminage.

On a beau porter la jaquette de soie orange et la toque de velours, c'est une triste profession. « Quel est celui, dit le général de Pointe de Gevigny, qui, n'en faisant pas son métier, voudrait s'assujétir à vivre à l'état de squelette, pour faire chaque jour, avec son cheval, une promenade de trois à quatre kilomètres en cinq minutes ! » Sans compter les petits profits, les jambes ou les bras cassés, le plongeon dans la rivière ou tête piquée dans un mur.

Si le jockey doit peser le moins possible, il y a quelqu'un de moins pesant que le jockey le plus sec, le plus rabougri, c'est personne. Laissez donc courir les chevaux en liberté, ou convenez que l'habileté de main du jockey entre pour une très-grande part dans le prétendu ***perfectionnement de la race*** et dans la pureté du type.

Les courses plates ont lieu sur un terrain sans obstacles. Les steeple-chases, au contraire, et les courses au clocher se pratiquent à travers des terrains naturellement ou artificiellement accidentés, où l'on trouve, en vingt endroits, l'occasion de s'estropier ou de se tuer, au choix, hommes et bêtes.

Mais ces obstacles ne suffisent pas encore : il se trouvera des gens assez... hardis pour organiser et accomplir un steeple-chase au clair de la lune :

L'*International* de Londres rapporte que, pendant la nuit du 26 août 1866, deux officiers d'un régiment de lanciers, suivis de vingt-cinq de leurs amis à cheval, sont partis, à fond de train, d'Aldershot, près du fort Redan, pour cette course extravagante. Par-dessus leur uniforme, ils portaient une chemise blanche. La lune, entourée d'un brouillard, éclairait faiblement ces fantômes bondissant à travers les haies et les fossés. Hourrah! Les chevaux tombent et se relèvent. Le péril redouble au pied d'une barrière qu'ils refusent d'abord de franchir, et qui vole bientôt en éclats sous leurs sabots. Enfin les deux concurrents touchent le but, vivants. Qu'importe que M. Ed. ait gagné d'une longueur d'encolure ?

C'est l'espoir d'assister à quelque accident terrible, à quelque émouvante catastrophe qui attire la foule ! Plus la vie des hommes et des chevaux est mise en péril par l'accumulation des obstacles, plus l'attrait est vif pour les spectateurs.

Sommes-nous donc assez blasés ou cruels pour qu'il faille émoustiller nos sens par la vue d'un homme écrasé sous le poids de son cheval ? « Tout l'intérêt de ce spectacle, dit M. Villemot, repose sur un sentiment de férocité.... Le cœur humain a, dans ses cavernes, des sentiments qu'on n'oserait trop analyser. »

Est-ce un spectacle bien moral que celui qui viole à l'égard des chevaux, sacrifiés sans utilité, la loi protectrice des animaux, et qui met en si grand péril la vie humaine ?

La fête équestre organisée à Lyon, dans un but de bienfaisance, comptera, par le deuil de plusieurs familles, dans les annales funèbres du sport : deux jeunes et brillants officiers y perdent misérablement la vie; trois autres y reçoivent de graves blessures. Quand le bon sens public trouvera-t-il donc que c'est payer trop cher le plaisir de voir des cavaliers lancés comme des fous à l'assaut d'une banquette irlandaise ?

## § II.

Autant ces excentricités, ces jeux de casse-cou sont blâmables, cruels, contraires au progrès hippique, autant sont utiles les courses de simple vitesse, loyalement pratiquées et sans excéder les forces de l'animal de pur sang ou de demi-sang, adulte, et pour lequel seul elles doivent être réservées.

Plus utiles encore sont les courses au trot, qui ont pour but principal le dressage du cheval de service, telles qu'on les a faites à Mondoubleau, et dont le fondateur, M. Éphraïm Houël, n'a jamais songé à faire abolir les courses au galop, comme on l'a prétendu.

« Les courses à fond de train, a dit sagement M. Delamarre, amèneront avant peu la ruine totale de nos chevaux, tandis que les autres relèveront rapidement nos races françaises. »

Une Société d'encouragement s'est formée en France, sous les auspices de riches propriétaires, de véritables amateurs, pour l'amélioration du cheval français de demi-sang. Elle aura des courses qui ne ressembleront en rien à ce qu'on voit à La Marche, à Chantilly, pas plus qu'à Epsom, courses folles dont M. Victor Borie, qui traite en maître les questions d'économie rurale, a rendu compte dans l'*Illustration*.

« J'ai l'honneur, dit-il, d'être membre de la Société qui protége les animaux contre la brutale bêtise des hommes. La première fois que j'ai vu entrer, dans ce qu'on appelle le pesage, un pauvre cheval essoufflé, frémissant sur ses jambes, sabré par la cravache, éventré à coups d'éperons, ruisselant, à la lettre, de sueur et de sang, j'aurais sommé les gendarmes de dresser procès-verbal, si je n'avais pas craint de me montrer ridicule, en me montrant logique. »

Je n'ai pas assez l'esprit chagrin pour craindre que l'opinion raisonnable tarde longtemps à triompher : elle a pour parrains des hommes compétents, s'il en fût, dont je ne citerai qu'un petit nombre : Burgsdorf, l'Anglais Darville, MM. de Montendre, Eugène Gayot, Richard (du Cantal), Urbain Leblanc, de Pointe de Gevigny, Crompton, Alfred de Lavalette, Léon Gatayes.

Elle aura pour adhérents tous les membres de notre Société protectrice, tous ceux enfin qui, de sang-froid, examineront les devoirs de l'homme envers les plus utiles et les plus nobles animaux.

# IV.

## LE CHEVAL ET LES SANGSUES.

§ I. Les cloaques de la Gironde. — Procédé barbare et lucratif. — Rosses et maquignons. — Vingt milliers de victimes. — § II. L'hygiène publique et l'intérêt privé. — Doléances cupides. — § III. Les éleveurs honnêtes. — Pétition contre les autres.

### § I.

Les choses que je vais raconter dans ce chapitre se passent de notre temps; elles ont pour auteurs des hommes qui sont nos contemporains, à nous si fiers de l'adoucissement de nos mœurs.

Oui, nous penchons tous, d'esprit, de cœur ou d'intérêt bien entendu, vers les idées, les sentiments et les pratiques d'humanité. Il en résulte beaucoup de compassion et de pitié pour les animaux qui nous sont utiles; les autres, ceux que nous regardons comme nuisibles, à tort ou à raison, gagnent aussi plus ou moins à cette disposition, à cette tendance caractéristique de notre temps.

Mais elle souffre encore d'affreux démentis, de hideux contrastes; et, çà et là, par cupidité ou par ignorance, des individus blessent cruellement les sentiments qui composent le trésor de l'humanité, et pratiquent la barbarie.

Je vais en donner la preuve, en parlant de l'élevage et de l'industrie des sangsues, principalement dans quelques parties du département de la Gironde. Je n'imagine pas, j'analyse ce que des témoins désintéressés ont écrit, signalant le mal avec courage, pour qu'on s'en indignât et qu'on lui portât remède. J'indiquerai, en passant, quelques adoucissements de détail apportés au vieil et barbare état des choses. Je souhaite que le lecteur s'aperçoive de la différence.

Dans le récit, j'ai cherché vainement la cause de certains faits, tant ils sont en dehors de toute logique et de toute nature. J'ai évité la déclamation, toujours voisine de l'injustice, et ce que je vais raconter est encore incroyable.

Les sangsues médicinales étaient jadis abondantes dans beaucoup de localités de la France, et suffisaient à tous les besoins. Le dessèchement d'un grand nombre de marais, des pêches trop multipliées, intempestives, qui ne laissaient point à ces annélides le temps de se reproduire, ayant rendu rares ces utiles bestioles, la Hongrie et les provinces reculées de l'Orient furent mises à réquisition. Mais les frais de transport et la mortalité causée par le voyage, en faisaient déjà presque un article de luxe, trop cher pour les malades pauvres. Or, s'il est une égalité sacrée, c'est bien celle de l'application des remèdes indispensables ou jugés nécessaires.

Survint un système, une mode, un engouement, une fureur. La sangsue passe à l'état de panacée universelle... mais pas inépuisable malheureusement; l'importation ne suffit plus aux demandes.

L'industrie attentive et alerte avisa. C'était un devoir de multiplier les sangsues; c'était le vœu de l'humanité; l'industrie le réalisa à sa manière, c'est-à-dire en se préoccupant avant tout du bénéfice, cette fin qui justifie tant de moyens, aux yeux de certaines gens.

On sait que les annélides se nourrissent d'insectes aquatiques, d'infusoires qui pullulent dans les terrains marécageux, du mucus des herbes, du sang des grenouilles, des salamandres, des poissons. Tel est leur régime ordinaire, auquel s'ajoute parfois, comme un supplément recherché, le sang qu'elles puisent aux veines des animaux de diverses tailles, chevaux, ânes, mulets, vaches, et même des oiseaux aquatiques venus accidentellement à leur portée.

Si donc on les laisse à elles-mêmes, les sangsues vivent, se nourrissent, croissent et se multiplient selon le vœu de la nature. Mais il faut du temps. Les sangsues étant demandées par le commerce, il fallut *faire* des sangsues, en quelque sorte; et les gros bénéfices appaisant de petits scrupules, on vit surgir une industrie nouvelle et barbare.

Voilà les spéculateurs à l'œuvre; il leur faut des

victimes vivantes : on choisit le cheval, « la plus noble conquête que l'homme ait jamais faite. » O dérision sauvage ! il faut des marais, on crée des cloaques, aux portes de Bordeaux ; inondant des terrains conquis à grands frais et à grand peine sur le fleuve et fertilisés par le colmatage, on les emplit de sangsues. Cela fait, on force des milliers de chevaux à s'enfoncer dans ces bourbiers infects.

« Au bruit que ces animaux font dans l'eau, à l'ébranlement du sol, les sangsues comprennent qu'une proie vivante a pénétré dans leur domaine. Elles sortent aussitôt de leurs retraites ; on les voit, dit M. Louis Vayson, accourir à la curée, se précipiter sur les jambes de leurs victimes, s'y attacher, s'y gorger, et toutes, grosses et petites, s'y succéder sans interruption, tant qu'on laisse ces animaux livrés à leur avidité sanguinaire.... Les plus petites, celles qui ont à peine quelques mois d'existence, sont tout aussi avides que les grosses : leurs machoires ont déjà assez de force pour entamer le cuir des plus vieux chevaux ; toutefois, si elles trouvent des plaies saignantes, formées et puis abandonnées par les vieilles sangsues, elles s'y logent de préférence, souvent même plusieurs à la fois, pour aspirer le fluide nourricier. »

Les secousses, les ruades, rien ne peut détacher ces vampires avant qu'ils soient complétement assouvis. Ils sucent même après la mort des chevaux.

M. Auguste Jourdier ajoute à ces détails : « Une fois entrés dans les *barails* (ce sont les compartiments du marais), les victimes sont couvertes bientôt, dans toute la partie des membres qui est submergée, d'une nuée de sangsues. On les ramène ensuite dans un maigre pâturage, où elles essaient de refaire péniblement le sang qui vient de leur être enlevé. On leur fait subir ce supplice jusqu'à cinq et six fois par mois. C'est navrant à voir, aux époques du martyre, qui sont communément du commencement d'avril au 15 juin, et du commencement d'octobre au 15 novembre. C'est à cette dernière époque qu'on emploie le moins de ménagements; car il reste tout un hiver à passer pour atteindre la campagne suivante, et alors les frais de nourriture qu'on a en perspective font souvent passer sur une question d'humanité. »

Il existe à la Bastide, ajoute M. Jourdier, des écuries ouvertes d'une manière permanente au commerce des *chevaux à sangsues*. Tous les chevaux ne sont pas jugés dignes des tortures qui les attendent dans les *barrails*. Un cheval aveugle, par exemple, et incapable de se conduire, pourrait s'y noyer, et devenir ainsi une perte pour l'entreprise ; on le refuse. Il en est de même des rosses trop épuisées, de celles qui ont des eaux aux jambes, des plaies chroniques et d'autres avaries débilitantes. Eh bien ! il y a des maquignons fort habiles à dissimuler ces vices rédhibitoires, qui réussissent à faire admettre comme bons des animaux de rebut, et à se défaire ainsi avantageusement, c'est-à-dire à un prix infime, de leur infâme marchandise.

Le nombre des chevaux sacrifiés pour le gorgement

des sangsues, s'est élevé, dans le seul département dont Bordeaux est la capitale, au chiffre incroyable de plus de *dix-huit mille*, pour une seule année, d'après un document publié par un honorable médecin, alors secrétaire, aujourd'hui président du Conseil d'hygiène et de salubrité de la Gironde. Voilà ce qu'il écrivait en 1853 : « A la vue de ces pauvres animaux qui traversent en si grand nombre les rues de notre cité, on ne peut se défendre d'un sentiment de commisération, lorsqu'on les suit, par la pensée, jusqu'au milieu des marais : presque tous vieux, tarés, infirmes, succombent bientôt d'épuisement. »

M. Léon Busquet, qui a publié *sur l'hirudiculture* un manuel pratique, y donne l'explication de cette fin si rapide, et, sans compter les victimes, il reconnaît que leur nombre est effrayant : «Conduits à Bordeaux pour être vendus aux éleveurs, habituellement, dit-il, ces chevaux sont restés quatre ou cinq jours presque privés de nourriture, pendant le long trajet qu'ils viennent de faire ; la plupart sont exténués de fatigue et de faim. C'est en cet état qu'ils sont livrés en pâture à la voracité des annélides. »

Il ajoute que dans les vastes marais de la Gironde les sangsues de tout âge sont confondues pêle-mêle. Il arrive inévitablement que les grosses, qui n'ont aucun besoin de nourriture, en absorbent inutilement. « Aussi la mortalité des chevaux est-elle beaucoup plus considérable qu'elle ne devrait l'être : c'est ce qui fait que leur valeur va toujours croissant. »

Les chevaux devenant rares, par suite de ce gaspillage et des épizooties, on songea aux ânes et aux vaches. Mais celles-ci se débarrassaient de leurs vampires au moyen de leur langue rude ; quant aux ânes, leur pied étroit s'enfonçait trop dans la vase, ils risquaient de s'y engloutir tout entiers. On imagina, pour ces animaux, de renfermer chacun de leurs membres dans une chausse ou sac de toile garni de sangsues qu'on avait retirées du marais. De cette façon, on put régler un peu la perte du sang des victimes ; mais elles n'en succombaient pas moins à la peine. Un des spéculateurs a perdu tous les ânes qu'il avait soumis à cette torture.

Tout semble organisé pour martyriser ou faire périr misérablement de pauvres bêtes, tout, jusqu'aux *gardes-pêche*, auxquels on accorde, « à titre de gratification, » les morts payés trois francs par l'équarrisseur.... « Intéresser le garde à la mortalité des chevaux, c'est, dit M. Busquet, une aberration tellement monstrueuse, qu'on se demande quel est le plus insensé, de celui qui a introduit ce pitoyable usage, ou de celui qui ne sait pas s'y soustraire...... Nous affirmons que nous avons vu souvent des chevaux, alors qu'ils ne faisaient encore aucun service dans le marais, mourir de *faim* pendant l'hiver, de *soif* pendant l'été. Est-ce le résultat de *l'intérêt* du garde ou de sa négligence ? Peut-être de l'un et de l'autre. »

## § II.

Que deviennent tous ces cadavres? M. Levieux répond : « Les propriétaires soigneux et intelligents exigent qu'on les enterre à une assez grande profondeur, à distance; d'autres les font ensevelir dans le marais même, où ils les recouvrent d'une si mince couche de terre que les miasmes résultant de la putréfaction ne tardent pas à se répandre au loin; quelques-uns les livrent au courant de la rivière voisine; ceux-ci les donnent en pâture aux chiens de garde, dont la férocité devient très-grande; ceux-là les abandonnent dans la vase; mais la plupart les vendent à des équarrisseurs nomades, qui les dépouillent et les dépècent.

Un jour, M. Boué, maire de Cussac, compte, des rives du fort Médoc au chenal de Beycheville, — distance de trois ou quatre kilomètres,—dix-sept chevaux morts, charriés par les flots ou jetés sur la grève. Il demande au Conseil d'hygiène si les miasmes exhalés par ces cadavres ne peuvent nuire à la santé des hommes occupés tout le jour à récolter le foin, et si l'eau corrompue de la rivière, la seule que puisse avoir la population riveraine, est sans danger pour la santé.

En 1854, le préfet du département transmet aux

maires les ordres les plus sévères pour veiller à ce que les animaux, qui meurent dans les marais, soient immédiatement enlevés et transportés au loin, dans des lieux solitaires, où ils doivent être profondément enfouis. Néanmoins les réclamations des communes affectées d'épidémies dangereuses ne cessent pas encore, et le Conseil d'hygiène publique et de salubrité de la Gironde s'adresse, de rechef, en **1855**, au Préfet, M. de Mentque, pour obtenir qu'il soit défendu d'introduire des chevaux dans les marais à sangsues, « en vue des inconvénients graves qui se rattachent à leur séjour prolongé dans les bassins, sur un sol marécageux, incessamment piétiné par eux, et convertien bourbiers d'autant plus fâcheux, qu'ils sont arrosés du sang de ces animaux, à mesure que les sangsues se détachent de leurs jambes couvertes de blessures béantes. »

Le **12** mars **1855**, M. Yvoy, vice-président de la Société d'agriculture de la Gironde, donne spontanément à la Commission sanitaire les renseignements qui suivent : « Les animaux déjà malades et faibles que les éleveurs de sangsues entretiennent sur leurs marais, ne résistent pas longtemps au traitement qu'on leur fait subir, et ils meurent en grand nombre.... Il m'est arrivé, en traversant les marais de Parempuyre, de voir au moins vingt chevaux morts ou couchés pour ne plus se relever. »

Le **22** février **1857**, le maire de Parempuyre expose que des milliers de carcasses de chevaux sont déterrées par des industriels pour en exploiter les os. Le Préfet, considérant que cette exhumation présente de graves dangers pour la santé publique, arrête que les cadavres des animaux enfouis par les éleveurs de sangsues ne pourront être exhumés qu'après dix ans, en vertu d'une autorisation du maire de la commune.

Ces tristes détails sont extraits en partie des ***Études hygiéniques sur l'élève des sangsues***, par le docteur Levieux, membre correspondant de la Société protectrice; je les trouve confirmés dans les pétitions pressantes que les populations des Chartrons et de Bacalans, et notamment le clergé des paroisses de Saint-Louis et de Saint-Martial adressent au Conseil municipal de Bordeaux, et où je lis :

« Depuis trois ou quatre ans, Monsieur le maire, que des marais à sangsues ont été établis sur notre territoire, dans les anciens marais qui forment une ceinture au nord, des épidémies continuelles sévissent au milieu de nous, et font de nombreuses victimes. C'est surtout cette année, — 28 juin 1853, — que la mortalité est venue jeter l'effroi dans notre population. La fièvre typhoïde a exercé parmi nous de terribles ravages, et la voix publique, unie à celle des hommes de l'art, a reconnu pour cause à ces fléaux l'établissement des marais à sangsues. »

Une Commission, désignée par l'autorité administrative, reconnaît l'exactitude des faits allégués. Dans la réunion du Conseil municipal, le rapporteur, M. Duthil, donne lecture de la pétition, et ajoute : « Cet exposé a profondément ému votre Commission d'administration locale. Il est à sa connaissance que le piétinement incessant des animaux destinés à nourrir les sangsues a converti la couche superficielle et passablement résistante du marais en un bourbier, d'où s'échappent des gaz léthifères d'autant plus abondants que le sol est plus fréquemment remué par le trépignement des animaux exposés aux morsures des sangsues. Il est également à la connaissance de votre Commission, que la mortalité des quadrupèdes introduits, l'an dernier, dans ces marais, a été considérable, et que la difficulté de retirer de ces cloaques les animaux morts est extrême. »

Le Conseil, considérant que le fléau signalé et reconnu peut s'étendre dans des proportions effrayantes, si un prompt remède n'y est apporté, émet le vœu que les marais à sangsues soient rangés parmi les établissements insalubres de première classe.

Dans une autre délibération, il demande qu'il soit formellement interdit aux éleveurs d'introduire, à aucune époque de l'année, des chevaux ou autres animaux dans les bassins à sangsues.

Aux portes même de Bordeaux, on a le spectacle le plus navrant. « C'est une large surface marécageuse, dont les fossés de ceinture regorgent d'une eau rougeâtre et sanguinolente, foyer de miasmes méphitiques, tellement délétères, qu'après être resté un certain temps dans ces localités, la respiration cesse de s'exécuter d'une manière normale. » (*Études hygiéniques*, page 53.)

Tristement célèbres par les épidémies qui ravagèrent, à plusieurs reprises, les populations aux XIV<sup>e</sup>, XV<sup>e</sup> et XVI<sup>e</sup> siècles, les marais de la Gironde étaient encore, en 1808, malgré d'immenses efforts et d'incessants sacrifices pour opérer leur desséchement, des lieux où les habitants étaient décimés par des fièvres graves, où les animaux mouraient de la fièvre charbonneuse, quand Napoléon affecta une somme de 50,000 francs à leur assainissement. Le sol, qui ne produisait que des joncs, put être asséché, raffermi, cultivé. Les excellents terrains où l'exploitation maraîchère et agricole prospérait naguère, maintenant inondés presque constamment, réduits à l'état de fange où s'enfonce, sans effort, une perche de trois ou quatre mètres, sont, au mépris de toutes les lois de l'hygiène et de la compassion, couverts de chevaux étiques, attendant une mort misérable.

On comprendra sans peine que des affections épizootiques se développent parmi des animaux accumulés sur un étroit espace et exposés à tant de causes délétères. Dans les communes de Montferrand et d'Ambès, les chevaux sont atteints du charbon, de la pustule maligne et du farcin. On sait que ces terribles maladies sont communicables de l'animal à l'homme, aussi bien que la morve, comme l'a démontré l'éminent docteur Rayer. En serait-il de même de la gale? M. A. Sanson, observateur sans parti pris, sans préjugés, en cite des exemples, que M. Dupont, de Bordeaux, confirme ainsi dans le *Journal des vétérinaires du Midi* :

« L'autorité fut informée que, dans les villages de Franquefort et de Parempuyre, il régnait une épidémie et une épizootie de gale. Je reçus la mission de visiter les lieux, et de vérifier les faits. Je constatai l'épizootie sur la presque totalité des chevaux. Ils présentaient, à peu près tous, les symptômes suivants : peau dénudée de poils sur toute l'encolure, les épaules, les coudes, les ars, la face interne des cuisses, les jarrets ; plissures et sillons très-prononcés du derme ; irrégularité de la surface cutanée ; vésicules confluentes ; plaques épidermiques se détachant au moindre frottement ; épaississement, sécheresse et rigidité de la peau ; démangeaison et prurit intense ; maigreur ; des *acarus scabiei* — le pou caractéristique — en grande quantité sur quelques animaux, très-difficilement perceptibles et en petit nombre sur d'autres ; c'était bien la gale. »

L'habile vétérinaire ajoute : « Dans le rayon de nos marais à sangsues, le nombre des hommes infectés par le contact incessant des animaux galeux a été considérable, depuis quatre à cinq ans. »

Aux plaintes des populations malades, aux pressantes réclamations des hygiénistes et de ceux qu'offensent d'horribles cruautés, les spéculateurs opposent une énergique résistance. Des intérêts brutaux essaient de s'attacher à la philanthropie, comme la sangsue s'attache au cheval, et de l'épuiser. Ils osent invoquer le salut public, en d'autres termes le salut de leurs concitoyens; ils font transmuter, au profit de l'humanité, le *peu* de sang que le couteau de l'équarrisseur ferait répandre en pure perte.

Pour peu que ce raisonnement plein d'esprit et de maquignonnage ne convainct pas, ils ajoutent des considérations économiques, la plus-value donnée à cinq mille hectares de terrains peu productifs auparavant. Ils prennent violemment à partie le savant secrétaire du Conseil sanitaire : au lieu de le réfuter sérieusement, ils crient à l'exagération; aux mesures que l'autorité locale croit urgentes, ils opposent une fin de non-recevoir; leur exploitation échappe au décret du 15 octobre 1810, sur les ateliers insalubres, attendu qu'elle est agricole et non industrielle. Ils allèguent aussi les gros chiffres — cinquante millions — engagés dans l'entreprise. C'est leur ruine qu'on demande : ils se préparent à l'exil. « Déjà, qu'on y songe, des éleveurs de la Gironde, découragés par de sourdes menaces, sont allés demander en Irlande une hospitalité paisible qu'ils ne pouvaient plus obtenir au sein de leur patrie. »

La vérité est que l'excès même de l'exploitation à outrance commence à porter ses fruits : les sangsues marchandes se vendaient, en 1848, 1849 et 1850, de 300 à 400 francs le mille ; mais la production dépassant les besoins de la consommation, en 1859, 1860 et 1861, les prix tombent à 40 fr. le mille, et même plus bas (1). Voilà ce qui ruine et décourage beaucoup

(1) Ils étaient, en 1864, de 120 à 130 francs.

de monde ; voilà ce qui fait abandonner beaucoup de marais.

Quelques éleveurs honnêtes et intelligents entourent de précautions conservatrices les chevaux et les autres grands mammifères qu'ils emploient pour l'alimentation des annélides. Ce sont ces exceptions qu'on s'empresse de montrer aux visiteurs, pour dissimuler les côtés hideux de l'industrie inventée par les frères Béchade. Chez le docteur Rollet, par exemple, à Monsalut, où l'élevage des sangsues se lie intimément à l'exploitation rurale, au lieu de marais empoisonnés, fangeux et profondément défoncés, on trouve une véritable oasis, formée d'îlots gazonnés, plantés d'arbres et de vignes, que sépare une tranchée à fond caillouté et résistant, où coule constamment une eau claire et limpide. C'est là que sont les sangsues, et c'est dans les massifs, élevés d'un mètre environ audessus de l'eau, qu'elles vont déposer leurs cocons. De distance en distance, on a placé des râteliers où les vaches, les ânes et les chevaux introduits dans le bassin trouvent une nourriture abondante (1).

Les éleveurs citent aussi les documents fournis au

(1) La surface du bassin est au plus d'un tiers d'hectare. Maintenant c'est un troupeau de 26 vaches qui y est envoyé, une fois par semaine, pendant une demi-heure environ, tant que dure la saison où les annélides ne sont pas engourdies, c'est-à-dire, de mars à novembre. En outre, deux des voisins de M. Rollet, qui ont chacun douze vaches, les lui prêtent trois ou quatre fois par an, moyennant une rétribution de 25 centimes par tête de vache et par séance.

*Moniteur des Comices agricoles,* par M. Coyard, sur son exploitation dans les marais d'Alsace, où des chevaux maigres et chétifs ont pu se revendre au-dessus du prix d'acquisition, après trois mois de service pour nourrir les annélides. Mais on les livrait discrètement à la succion; quand un cheval avait perdu 1 kilogramme 250 grammes de sang environ, quand son poitrail commençait à s'agiter et son cœur à battre rapidement, on le ramenait à l'écurie, on lui donnait une bonne et abondante nourriture. Les animaux supportaient assez bien ce régime.

Les mêmes précautions donneraient des résultats analogues dans les marais d'Arronville et Berville (Seine-et-Oise), si l'on en croit l'attrayante description qu'en faisait, en 1864, M. Charles Monselet, dans une excellente revue, *La vie à la campagne.* Une vignette gravée par le burin d'un maître y montre des coursiers, la crinière au vent, fendant l'air, pour aller s'offrir d'eux-mêmes aux sangsues! L'eau des bassins est si pure, et les grands roseaux y mirent silencieusement leur tige ondulante au souffle attiédi de la brise!... Écoutons le narrateur : «Dans certains marais du Midi, où la reproduction artificielle des annélides a pris naissance, de malheureuses rossinantes, plongeant dans des bassins d'où s'exhalent des miasmes infects, se débattaient sous les morsures d'une légion de sangsues :.. c'était horrible!... On ne voit ici rien d'analogue, par bonheur, rien qui essemble à la brutalité méridionale. »

Je ne sais si le poétique langage de l'auteur rendrait attrayant aussi certain marais du département de l'Ain, que décrit M. le comte de Galbert, dans le ***Bulletin de la Société d'acclimatation***, et qu'une ***demoiselle !*** a peuplé de sangsues? « La précipitation avec laquelle elles se jettent sur les malheureux animaux qu'on leur donne en pâture est telle que l'on peut, à chaque jambe, les compter par milliers... Les chevaux sont à peine dans l'eau, que la surface du marais est noire de sangsues avides d'arriver les premières au festin. »

Dans quelques mares situées près des rives du bassin d'Arcachon, des éleveurs ont aussi ***perfectionné*** la méthode. Ils se fâcheraient sérieusement si l'on venait leur dire qu'ils sont des barbares sans pitié. Voici comment en parle M. Élisée Reclus, dans un excellent article de la ***Revue des Deux-Mondes, sur le littoral de la France*** (novembre 1863) : « Quelque mépris que l'on tienne à honneur d'afficher pour la vie des animaux, il est certainement peu de personnes étrangères au métier qui pourraient suivre, sans une vive répugnance, tous les détails de l'hirudiculture. Jadis on avait l'habitude de précipiter dans les marais à sangsues de malheureux chevaux écloppés, couverts de plaies et de blessures; mais ces pauvres bêtes avaient, suivant les éleveurs de sangsues, le tort grave de se laisser périr trop tôt; les veines ouvertes par les ventouses des annélides ne se refermaient pas, et laissaient échapper tout le sang de la vie. Maintenant on trouve beaucoup plus avantageux de livrer des vaches en proie aux sangsues. Effaré, hagard et néanmoins résigné, le lourd animal subit avec un étonnement stupide les attaques des suceurs attachés en grappe à son ventre et à ses jambes; mais au moment où il va succomber d'épuisement, on le fait remonter sur la berge, puis on le ramène au pâturage pour lui faire reprendre un peu de vie, et le préparer à fournir un nouveau repas. Ainsi, de deux semaines en deux semaines, l'animal est mangé en détail, jusqu'au jour de la mort définitive.

» L'âne, qu'on emploie pour nourrir les jeunes sangsues, est moins résigné que la vache : il se cabre, lance des ruades, essaie de mordre ; puis, quand il est enfin tombé dans l'étang, sous une grêle de coups, il se démène avec terreur. Du reste, ses blessures, comme celles du cheval, restent longtemps ouvertes, et généralement il succombe après avoir été servi deux fois en pâture aux sangsues. Un éleveur d'Audenge, qui possède quatre hectares de marais, y jette, chaque année, plus de deux cents vaches et plusieurs dizaines d'ânes servant à nourrir 800,000 annélides. »

Je reviens aux Bordelais. Maintenant encore, ils pratiquent le gorgement des sangsues comme ils le faisaient au début : ils introduisent les chevaux dans les *barrails*, deux fois par an, chaque fois pendant une période de trois mois : au printemps, du mois de mars au mois de juin; et à l'automne, du mois de septembre au mois de novembre ; mais ils s'efforcent, autant que possible, de n'y pas laisser périr ces animaux, « en raison de la perte qui en résulte, et de la difficulté de retirer les cadavres. En général, on compte qu'il faut employer dix chevaux par hectare de marais à sangsues. Le prix de ces animaux varie de cinquante à soixante-dix francs l'un. Ils durent plus ou moins longtemps, selon leurs forces, et selon l'intelligence des propriétaires. Ceux-ci, quand ils entendent leurs intérêts, évitent d'épuiser les animaux par des saignées trop prolongées ou trop répétées. »

Ces détails récents donnés par M. le docteur Labarthe, maire de Ludon, commune riveraine de la Garonne, touchant à celle de Parempuyre, où l'industrie des sangsues est née, sont extraits d'une lettre adressée, en 1864, par le docteur Jeannel, de Bordeaux, à mon savant ami, le baron Larrey, qui les a communiqués au conseil d'administration de la Société protectrice des animaux, dont il est un des membres les plus dévoués.

Nous verrons, dans le chapitre ***Vivisection***, que, lorsqu'un acte cruel paraît être utile à la science, beaucoup de personnes se le permettent, sans scrupule. L'industrie invoque l'***utilité*** plus souvent que ne le fait la science, et, ce mot lâché, elle travaille, sans se préoccuper d'autre chose que de ses intérêts ***légitimes***.

Cependant, je demanderai aux éleveurs de sangsues s'ils ne s'exposent pas à empoisonner chez l'homme les sources de la vie; je leur dirai : Vous achetez à des maquignons, experts dans l'art de faire illusion aux plus habiles, des chevaux hors d'âge, épuisés de fatigue, nourris de privations, exténués par les souffrances. Êtes-vous bien sûrs que ces pauvres bêtes qui ont un germe de mort, — un germe au moins, — puissent être utilisées *industriellement* à gorger des sangsues? Ces chevaux, peu de personnes oseraient les toucher, et vous en faites l'aliment unique des sangsues que l'on doit appliquer sur des corps humains! On interdit, dans les hôpitaux, l'usage des sangsues qui ont déjà servi, parce qu'on redoute la transmission possible, par leur fait, d'une maladie communicable; mais le farcin, la morve, le charbon, n'est-ce donc rien à communiquer? Le médecin pourrait toujours attester que telles sangsues, appliquées à tel lit de tel hôpital ont sucé le sang d'un malade affecté de pneumonie, de gastrite, etc.; mais vos annélides provenant de vos marais....?

Les docteurs Marjolin, Alibert, Blandin, Louis, Fouquier, Royer-Collard, Alph. Samson, Londe, Monot, Devergie, ont constaté qu'à la suite de piqûres de sangsues, il s'est manifesté, chez les malades, des inflammations locales violentes, des gonflements boutonneux, des érysipèles, des ulcérations, des eschares gangréneuses, etc. Quoi! la piqûre d'une mouche, si superficielle, serait parfois dangereuse, et la piqûre, disons mieux, la morsure d'une sangsue, qui *fouille* en quelque sorte l'organisation, serait insignifiante!

Je ne dois pas, après les noms que j'ai cités, noms de mes maîtres et de mes confrères, invoquer mon observation personnelle. Je veux, tant la cause me paraît invincible et gagnée, me borner aux faits généraux.

Le commerce a vendu, livré au public des sangsues qui avaient 68 pour 100 de leur poids formé par du sang de provenance douteuse, ingéré dans leur estomac. Cette fraude est attestée par un homme compétent et digne de foi, M. Joseph Martin, auquel un procès a été bel et bien intenté pour avoir, lui, marchand de sangsues, refusé des sangsues gorgées dans d'énormes proportions, quand la tolérance réglementaire ne leur accorde que 15 pour 100.

Beaucoup ne prennent pas ou se détachent après avoir mordu. J'en ai vu souvent vomir, sur le malade, un liquide noir et visqueux, un sang altéré, dont je n'aurais pas voulu tenter l'inoculation sur un criminel.

Est-ce clair ?

## § III.

J'admets, sans conteste, l'utilité, la nécessité médicinale des sangsues.

J'en désire, j'en veux l'élevage, la multiplication.

La question est celle-ci :

L'homme a-t-il besoin d'inventer des cruautés pour rendre profitable l'industrie, le commerce des annélides ?

L'histoire naturelle répond :

Pour leur croissance et leur développement, le sang vivant des animaux vertébrés n'est nullement nécessaire. Valenciennes, professeur distingué du Muséum d'histoire naturelle, affirme qu'elles le digèrent mal; et Jonathan Franklin dit que cette liqueur reçue dans leur estomac y reste plusieurs jours sans se coaguler, ni se corrompre. Est-elle en trop grande quantité, si l'animal ne parvient pas à s'en débarrasser par le vomissement, il mourra des suites de son orgie.

Dans les marais naturels qu'habitent les annélides, pas une sur cent ne trouvera, dans les circonstances ordinaires, des chevaux, des ânes, ou d'autres mammifères à sucer. Quoique très-voraces, elles peuvent rester soumises à de longs jeûnes, dont la durée dépasse plusieurs mois, et même, dit-on, une année. Vienne une proie, les affamées se précipitent sur elle : à l'aide du disque charnu formant autour de leur bouche un suçoir, qui diffère peu de leur ventouse caudale, elles s'y fixent, la blessent avec les denticules cornées et acérées de leur triple mâchoire, et, par des mouvements d'apiration alternatifs, elles absorbent le fluide nourricier; et si l'espèce animale est petite, sa substance même aura bientôt disparu.

M. Martin avait jeté dans ses viviers de Gentilly un lézard vivant, long de plus de 25 centimètres. A l'instant il fut couvert de sangsues, et disparut dans leur masse. Elles l'eurent bien vite dévoré, ne laissant que le squelette. Il n'est pas rare de voir une grenouille sauter dans une prairie, emportant avec elle des annélides qui ne lâchent pas prise, et qui finissent par en avoir raison, à moins que l'instinct du batracien en détresse ne lui fasse chercher un refuge dans la poussière, et s'y rouler avec ses ennemies.

C'est par les yeux et les ouïes, peut-être aussi par l'intérieur du tube digestif, que la sangsue attaque les poissons, assez défendus d'ailleurs par leurs écailles. Les poissons blancs ne sont, dit M. Coyard, nullement à redouter pour elles : bien au contraire, elles en font leur pâture, et en détruisent quelquefois d'innombrables quantités. Il n'en est pas de même de la perche et surtout du brochet, dont un seul a dévoré, dans un étang où il s'était introduit d'aventure, environ 60,000 annélides en trois années.

Ces bestioles suceuses s'entretuent dans les marais : les blessées et les malades deviennent la proie des autres. On voit aussi quelquefois les plus petites percer le tégument de celles qui sont attachées à une proie, et, commensaux parasites, puiser dans leur tube digestif le sang que la succion persistante y accumule.

Un aide-naturaliste du Muséum, M. de Lucas, ancien membre de la Commission scientifique d'Algérie, a rappelé que, dans notre colonie française, les éducateurs de sangsues ont pris soin de les changer plusieurs fois de vivier, afin de hâter leur croissance. Sous ce climat, leur multiplication se fait si bien, que les flaques d'eau dans lesquelles nos soldats se désaltèrent pendant les expéditions, en sont peuplées : il est souvent arrivé qu'ils en ont avalé dans leur précipitation.

En France, aux environs même de Paris, on trouve encore, dans certaines eaux stagnantes de la forêt d'Armainvilliers, des annélides médicinales, vivant à l'état de nature, et dont les paysans font trafic ; mais, pour conserver leur monopole à titre gratuit, ils cachent avec soin la provenance de leur excellente marchandise. Un fait bien triste a révélé l'existence d'une exploitation d'hirudiculture, à peu de distance de Paris, au petit village de Montigny-la-Mare ; c'est le *Journal des Débats* qui le rapporte. « Au mois de mai 1857, un jeune garçon de treize ans fut envoyé par son père, pour conduire aux sangsues un cheval infirme. Une heure après son départ, on vit l'animal revenir tout sanglant, et ayant les jambes couvertes d'annélides. L'enfant ne paraissant pas, on pensa qu'un accident était arrivé ; on courut au marais. Dans un endroit où l'eau fangeuse était teinte de sang, on aperçut l'enfant qui faisait de faibles et vains efforts pour sortir de la vase dans laquelle il était enfoncé. Les sangsues s'étaient attachées à lui d'autant plus facilement qu'il n'avait qu'un pantalon de toile très-large, sans caleçon et sans bas. Ses cris n'avaient pu se faire entendre. Epuisé par la perte de son sang, il ne put prononcer que quelques mots, perdit connaissance, et, malgré les meilleurs soins, il succomba dans la journée. »

## § IV.

Mais, j'en conviens, il ne suffit pas de signaler un abus, un mal; il faut en apporter le correctif, le remède.

Eh bien! des expériences pleines d'intérêt ont été faites sur un procédé d'alimentation artificielle, par le docteur Harreaux, dans le bassin de Grouville-Saint-Léger (Eure-et-Loir). Il a démontré que l'élève du *filet* — c'est la jeune sangsue — peut se faire utilement avec des grenouilles d'abord, puis du sang coagulé de veau, puis du sang de bœuf pris aux abattoirs.

La sangsue gorgée sur l'homme malade, est, après quelques mois de séjour dans le vivier, plus apte qu'aucune autre à donner un beau cocon. Sa ponte faite, elle est de nouveau propre aux usages médicinaux.

En 1848, l'Académie de médecine demandait que les hôpitaux fussent obligés de déposer les annélides qui ont servi, dans des réservoirs assez vastes pour qu'elles pussent s'y dégorger et multiplier. Si l'administration de l'Assistance publique avait mis en œuvre cette sage mesure, la France n'aurait pas été si longtemps tributaire, pour cet article, de la Hongrie et de la Perse, et les éleveurs de la Gironde, du bassin d'Arcachon, d'autres lieux encore, ne nous affligeraient pas par la barbarie de leurs manœuvres.

En effet, on peut se convaincre, par les chiffres suivants, de la perte énorme causée par l'incurie des hôpitaux à ce sujet. La pharmacie centrale de Paris emploie, chaque année, au moins quatre cent mille sangsues. Supposez qu'après l'usage, elles fussent envoyées dans un marais approprié, il en mourrait un quart environ, par suite de digestion pénible : resteraient trois cent mille. Sur ce nombre, la moitié au moins produirait des cocons, à quinze petits chacun, en moyenne : total, deux millions deux cent cinquante mille jeunes sangsues obtenues presque sans frais, et qu'on pourrait faire grossir par la nourriture artificielle puisée à l'abattoir, soit par la méthode de M. Harreaux, soit par celle de M. Borne, à laquelle je vais revenir.

Je dirai d'abord que M. Laignez, pharmacien, a prouvé que le sang des grands mammifères, morts ou vivants, n'est pas nécessaire pour obtenir un élevage fructueux. Il a pu réunir, dans un vivier, à Laval, jusqu'à quatre cent mille sangsues, n'ayant pour toute nourriture que des grenouilles, des mollusques et des sucs de végétaux. Elles ont si bien prospéré, qu'en peu d'années il en a fourni plus de vingt mille au commerce.

M. Borne, après M. Harreaux, dont il a perfectionné la méthode, a créé, dans le département de Seine-et-Oise, à Claire-Fontaine, près de Rambouillet, un marais salubre, et l'a peuplé d'annélides qu'il nourrit avec du sang pris sur les animaux abattus dans la boucherie voisine. Il recueille le sang au moment où l'on met à mort le veau, le bœuf ou le mouton; il le bat pendant quelques instants, avec la main, pour éviter qu'il se coagule, et pour en séparer la fibrine; puis, pendant que ce liquide est encore chaud, et au besoin en maintenant sa température toujours égale, il y plonge les sangsues qu'il a retirées du marais, et qu'il a enfermées, par catégories d'âge, dans des sacs de mousseline, de flanelle ou de toile claire. Après une immersion dont la durée varie de six à douze minutes, suivant leur volume, mais qui suffit pour leur gorgement, on les lave avec de l'eau tiède, on les met ensuite dans de l'eau fraîche, et on les reporte dans le marais.

Trois repas, pendant l'année, leur suffisent. Les grosses ainsi repues, à l'automne, avant le moment où elles vont s'enfoncer en terre pour passer l'hiver, se reproduisent aisément, quand revient le printemps. Aux premières chaleurs, elles sortent, elles s'accouplent et leurs cocons ont toute la belle saison pour éclore.

On doit à Soubeyran, qui fut directeur de l'École de pharmacie, une notice intéressante sur les procédés de M. Borne. Après en avoir exposé tous les détails, il en fait connaître ainsi les heureux résultats : « Son établissement est en pleine prospérité : il a maintenant des dépôts dans les départements environnants, où ses sangsues sont préférées de beaucoup aux sangues ordinaires du commerce. »

Cette méthode est celle que recommande, avec raison, le docteur Bertherand; celle qui a obtenu des médailles d'argent de la Société d'encouragement pour l'industrie nationale, et de la Société protectrice des animaux; celle enfin pour laquelle la Société d'acclimatation décernait, il y a cinq ans, à M. Borne, une médaille d'argent de première classe. « Ses procédés, dit le rapport du comte d'Espréménil (février 1861), lui ont permis de supprimer le mode barbare d'alimentation des précieux annélides par le moyen des chevaux livrés à leur voracité. C'est par centaines de mille qu'il faut compter ses élèves parquées avec un soin minutieux, par divisions, suivant les besoins d'un élevage bien compris. La Société lui sait gré, et des résultats acqnis, et des moyens employés pour les obtenir. »

En Allemagne, un éleveur a recours à des procédés analogues à celui que je viens de décrire, pour suppléer à l'insuffisance des grenouilles et autres animaux à sang froid; ou bien, il se contente, sans retirer ses sangsues du marais, d'y faire flotter, comme le faisait, à Grouville, le docteur Harreaux, de petites caisses en bois sur le fond desquelles on a déposé du sang de veau, de mouton ou de chèvre, et qu'on peut, à l'aide d'une ficelle, guider, et ramener à la portée de la main. Les sangsues ne tardent pas à franchir les bords, à se grouper sur le caillot, à se nourrir, puis à regagner leur retraite. On a soin, chaque jour, d'écumer la surface de l'eau, pour enlever la pellicule blanchâtre que la fibrine dissoute y forme, au bout d'un certain temps.

En me transmettant, à ce sujet, une note bien précise du savant Steinweinden, son compatriote, M. Bœdeker, digne pasteur évangélique et surintendant ecclésiastique de Hanôvre, m'écrivait qu'on produit, chaque année, dans les marais situés à quatre kilomètres de la ville, quelques centaines de millions de sangsues, dont la qualité ne laisse rien à désirer, et l'on n'emploie pas de chevaux pour les nourrir.

Le rapport du Jury international de l'Exposition universelle, publié en 1856, pressentait déjà le succès de la méthode de M. Borne. Il avait à se prononcer sur les différents procédés d'élevage des sangsues : sur la proposition du professeur Milne-Edwards, Son Altesse Impériale le prince Napoléon désigna M. Focillon, pour aller à Bordeaux faire un examen des marais. Cette mission ne pouvait être confiée à un observateur plus attentif et plus compétent. J'extrais quelques passages de son rapport officiel :

« On est obligé de reprocher à l'industrie actuelle des sangsues deux choses également déplorables, et qui compromettent son avenir : les MARAIS et les CHEVAUX.

» Les marais offrent des inconvénients graves.... Ils inspirent les craintes les plus fondées et les mieux justifiées pour la santé publique. Ils entravent le progrès agricole et l'assainissement du pays.

» L'emploi des chevaux est un procédé odieux, insalubre, et qui, chez la plupart des éleveurs, donne un gorgement inégal et sans mesure, capable de compromettre la santé des annélides, qu'il est destiné à faire croître.

» Le progrès consisterait, pour la nouvelle industrie, à élever les sangues médicinales dans des marais beaucoup moins étendus, sans desséchement temporaire, ou même à les élever sans avoir aucunement recours aux marais.

» Il consisterait aussi dans la découverte de procédés d'alimentation ou gorgement capables de remplacer complètement les chevaux.

» Des tentatives ont été faites dans ces diverses directions, et elles nous permettent d'espérer que cette belle industrie s'affranchira bientôt de ces deux conditions fatales, et pourra faire jouir notre pays de ses bienfaits, sans entraîner avec elle ces abus redoutables qui nécessitent aujourd'hui une réglementation sévère, et soulèvent les plus énergiques réclamations. »

Adoptant complètement ces conclusions si sages, le Jury a décerné une médaille de deuxième classe à M. Hérim père, à Bordeaux, pour l'emploi d'un procédé simple et peu coûteux d'élevage, par lequel sont évités les inconvénients signalés; et une mention honorable à M. Borne.

Et qu'ont fait nos riches éleveurs de la Gironde?

Ils ont continué, tout en économisant les chevaux devenus chers, et en prenant quelques précautions d'hygiène, à ramasser des millions dans la vase et le sang.

Et les malades pauvres?

Ils ont continué de payer, à des prix exagérés, des sangsues mauvaises, souvent inertes ou dangereuses.

De ce produit suspect la France regorge; elle en fait peu d'usage, on l'exporte. O malheureuse Italie!

Et la loi Grammont, protectrice des animaux contre la barbarie des hommes?

Elle continue de faire admirer sa patience.

Et l'opinion publique?

Elle persiste à flétrir une spéculation sans frein ni pitié, dans son avidité coupable.

De tout cela, j'ai la preuve dans le nombre et la valeur des signatures qui couvrent une pétition destinée à monter jusqu'au trône. Il me suffira de citer quelques-unes des personnes les plus compétentes ou les plus connues, et les motifs de l'honorable adhésion de plusieurs.

Je nommerai d'abord, parmi les médecins, MM. Velpeau, de l'Institut; Duméril, professeur au Muséum d'histoire naturelle; Pidoux, inspecteur des Eaux-Bonnes, et médecin de l'hôpital Lariboisière; Cusco, chirurgien du même hôpital; Desmares, secrétaire de la Société entomologique de France; Richelot, Carteaux, Cerise, Leroy (d'Étiolles), Blanche, Coste, Chéreau, etc.

M. Monneret, professeur à l'École de médecine et médecin de l'Hôtel-Dieu, s'exprime ainsi : « Le commerce des sangsues n'est plus aujourd'hui qu'un objet de pure spéculation, depuis que, dans les hôpitaux civils, les médecins les ont remplacées presque complètement par l'emploi plus régulier et plus sûr des ventouses scarifiées.... La philanthropie doit s'élever, à tous les points de vue, contre le mode insalubre et atroce d'alimentation inventé par les marchands de viande de chevaux encore vivants. »

Le docteur baron Yvan avait ajouté : « Je m'associe complètement aux sentiments exprimés par mon savant confrère Monneret ; »

Le docteur Mallez : « Je considère comme cruel le procédé d'hirudiculture des marais à chevaux, et comme dangereux l'usage des sangsues qu'ils produisent ; »

Le docteur Moreau (de Tours), médecin de l'hospice de Bicêtre : « Je signe de grand cœur, dans la conviction que la science n'a rien à voir dans toutes ces cruautés ; »

Le docteur Roy, inspecteur de colonisation en Algérie : « Il est incontestable que les sangsues de l'Algérie sont égales, en qualité, à celles de France et de Hongrie, et qu'elles y existent en si abondante quantité, que la spéculation des marais est tout-à-fait inutile, sans parler de son immoralité et de ses dangers. »

Dans l'armée, le général de Grammont, les colonels Lacaze, Mabru, de Frémont, le vicomte de Fougainville, délégué de la Martinique, ancien officier de cavalerie, adhèrent, par les mêmes raisons que M. de Waldner : « En ma qualité de général de cavalerie, je signe de grand cœur, en appuyant pour que justice soit faite des bourreaux signalés et flétris par la pétition. »

Dans l'administration publique, MM. Lacroix, ancien préfet d'Alger; Courtet, ancien conseiller général, Perrot de Chambéry, A. Dupont, Houel, inspecteurs des Haras; Lapaine, ancien secrétaire général du gouvernement de l'Algérie;

Dans les sciences, les arts, le sport, MM. Lacordaire, professeur de zoologie, Glaire, Geingembre, David, artistes peintres, Bellin du Coteau, gérant du *Journal des Haras,* le comte de Prado, président du Jockey-Club, s'élèvent « contre cette affreuse industrie. »

Dans la littérature, à côté de M. Léon de Vailly, M. Jules Labaume, auteur de *la Science des bonnes gens,* s'exprime en ces termes : « Lors même que la science aurait reconnu la complète innocuité des sangsues provenant des marais à chevaux, ce dont elle est bien loin; lors même que la spéculation, dénoncée ici, aurait apporté, ce qu'elle n'a pas fait, une diminution dans la valeur commerciale d'un agent thérapeutique; lors même qu'on la défendrait au nom d'un intérêt général assez impérieux pour faire négliger les intérêts locaux des cloaques empoisonnés qu'elle crée ou entretient, je protesterais encore; il est mauvais d'instruire à la cruauté, et surtout d'y instruire en vue d'un lucre. »

Dans le barreau, M. le marquis de Montcalm-Gozon, ancien avocat, Fournier, docteur en droit, Godin, avocat, ancien secrétaire général de la Société protectrice des animaux, établissent « qu'il y a scandale des populations, violation flagrante de la loi du 2 juillet 1850, qui interdit et punit les mauvais traitements infligés aux animaux domestiques. En effet : 1° le cheval est le premier et le plus utile de nos animaux domestiques ; 2° le fait signalé constitue évidemment l'un des plus mauvais traitements possibles ; 3° enfin la publicité est incontestable. Sous tous les rapports donc, cette loi comprend l'interdiction administrative et la répression judiciaire de pareils faits. »

Dans le clergé, à côté de la signature de M. Athanase Coquerel, pasteur de l'Église réformée de Paris, je trouve celle de l'évêque de Tripoli, M. Sibour, qui s'exprime ainsi : « Je me joins aux honorables pétitionnaires, pour appeler l'attention de Sa Majesté l'Empereur sur la pratique cruelle qu'on signale ici, et dont, au nom de l'humanité, on demande la répression. Je crois, en effet, que de semblables coutumes altèrent les mœurs des populations au sein desquelles elles sont tolérées, et que, dans l'intérêt de la douceur des mœurs publiques et des progrès de notre civilisation, les lois devraient les réprimer. »

Enfin l'honorable Larochefoucault, duc de Doudeauville, s'associait chaleureusement « aux sentiments et aux vœux exprimés par Mgr Sibour. »

La question a donc été étudiée, jugée, à tous les points de vue.

A ces signatures, à ces apostilles, dont l'ensemble présente une manifestation imposante, je n'ajouterai qu'un seul mot, l'adhésion complète et unanime de la Société protectrice des animaux, représentée par son bureau, par son conseil d'administration, et votée, en séance publique, le 17 janvier 1861.

Je termine, en rappelant qu'en 1866, à propos d'une pétition adressée au Sénat par M. Dehais, contre les mauvais traitements exercés envers les animaux, le cardinal Donnet, archevêque de Bordeaux, a vivement signalé, devant la noble assemblée, la barbarie des industriels qui livrent de malheureux chevaux, pleins de vie, en pâture aux sangsues.

# V

## LA DERNIÈRE ÉTAPE.

§ I. Le Clos d'équarrissage. — § II. Les Invalides du cheval et le pot au feu.

### § I.

Qu'ils soient vainqueurs du derby, qu'ils aient procuré des millions, ou, qu'humbles chevaux, ils aient traîné le fiacre ou la charrette, l'homme réserve à tous le même sort final, après une pénible vieillesse. Tous, ils portent cette étiquette : ***Bon pour l'équarrisseur.***

S'il les traitait comme son bœuf de travail et de boucherie ; s'il leur laissait un peu de repos, quand leur vigueur s'est épuisée ; après ce repos, s'il leur donnait celui de la mort, sans les lentes tortures qui forcent les boîteux, les poussifs, les affamés à gémir sous le fouet, tant qu'il leur reste « assez de force pour porter économiquement leur peau à l'écorcheur, » l'homme montrerait de la pitié, il serait juste, prévoyant, logique. Mais, non ; il ajoute la cruauté de la dernière étape aux cruautés qu'il a commises envers ses bons et patients serviteurs.

« Je voyais dernièrement, dit M. Bodin, directeur de l'Ecole d'agriculture de Rennes, un convoi de malheureux chevaux que l'on conduisait à la voirie. Ils avaient été achetés à différentes foires et rassemblés en un seul troupeau, après de longues journées de jeûne, de fatigue et de mauvais traitements. Le jour du départ, un dernier repas avait été économisé, sous prétexte qu'il serait perdu. Ils étaient boîteux, aveugles, couverts de blessures, provenant des coups et aussi de leurs derniers travaux. Quelques-uns, arrivés à cet état de faiblesse où le fouet et le bâton ne peuvent plus ranimer un reste d'énergie, étaient tombés sur la route, et avaient été chargés, encore vivants, sur des charrettes. Le treuil et une corde attachée à leurs membres endoloris avaient été employés pour cette œuvre de brutalité.

» Et la foule, en voyant passer ce triste convoi, riait de la mine piteuse de ces pauvres bêtes, qui avaient rendu tant de services à leurs maîtres, et manifestait, faute de réflexion, des sentiments de cruauté. »

Je ne vous conduirai que pour un moment, et par le souvenir, dans l'ancien clos des Buttes-Chaumont, transformé depuis en un parc délicieux, et qui servait, il y a moins de vingt ans, de dépotoir et de voirie.

Là, souvent, une douzaine de ces pauvres haridelles décharnées, estropiées, couvertes de plaies, restaient enfermées entre quatre murs, sans abri, sans nourriture et sans eau, même pendant les mois de l'année les plus chauds. « J'ai vu, dit M. Roche de Linas, un de ces animaux qui paraissait mort, tandis que ses voisins se débattaient dans les angoisses de l'agonie ; les autres étaient chancelants, et cherchaient l'ombre en s'appuyant contre les murs. D'énormes rats, abondants dans ces parages, commençaient à dévorer ces cadavres vivants. »

Des enfants et des hommes poussaient devant eux d'autres chevaux. Pourquoi ne les assommait-on pas à mesure qu'ils arrivaient ? Un habitué de l'endroit en donna la raison : l'équarrisseur attendait qu'il s'en trouvât un nombre suffisant pour employer pendant deux ou trois jours entiers ses écorcheurs, afin de n'avoir ni faux-frais, ni perte de temps.

Mais je parle là d'une atrocité vieille déjà de vingt années, et l'on peut croire qu'aucun acte de ce genre ne se passe plus actuellement en France. Hélas ! le *Journal des commissaires de police* a relevé le jugement suivant, rendu le 28 février 1856, par le tribunal de Sancerre, contre un équarrisseur : « Attendu que, forcé par les besoins de son état de mettre à mort un pauvre animal qui ne pouvait plus rien pour les hommes, après avoir usé ses forces à leur service, il avait à sa disposition les moyens expéditifs usités en pareil cas ; attendu que par insouciance, sordide économie, ou par habitude de pareils faits, C... a soumis, pendant trois jours, à la double agonie du froid et de la faim, un cheval qu'il devait abattre..., le tribunal faisant application de l'article unique de la loi du 2 juillet 1850, etc..., le condamne à trois jours de prison, cinq francs d'amende et aux dépens.»

Ne trouvez-vous pas cette punition bien indulgente?

A Naples, encore aujourd'hui, les chevaux qu'on destine à l'abattage, sont traînés à la *Marinella, pour y mourir de faim.* On les laisse chanceler et pâtir ainsi trois ou quatre jours, en public, ou bien on les livre à d'impitoyables vauriens qui, pour en tirer les derniers sous, les attèlent à quelque voiture, et les bâtonnent jusqu'à ce qu'ils tombent pour ne plus se relever, épuisés par l'inanition, la fatigue et la douleur.

Cette barbarie a pour prétexte le préjugé que la peau d'un cheval mort de faim se détache mieux, et donne un cuir de qualité supérieure. Industriellement, que peut-on répondre à cela?

## § II.

Un vieux cheval anglais, un héros du turf, qui, dit-on, avait gagné plus de quinze cent mille francs sur les divers champs de courses de l'Europe, était, en 1864, mis en vente à l'hôtel des commissaires-priseurs. On l'adjugea pour vingt-cinq francs, avec sa bride et son licou. « Les gens que le noble animal a enrichis et si souvent enorgueillis, n'ont pas eu le cœur de lui donner les invalides, de lui faire l'aumône de quelques poignées de foin ou d'herbe fraîche, pour soutenir ses derniers jours, d'une botte de paille pour mourir en paix, loin des horreurs du clos d'équarrissage ! » C'est madame Marie d'Avenel qui parle ainsi dans le *Journal des Haras*. J'ajoute : ils ont manqué de cœur surtout en le laissant vivre pour arriver à cette misère !

Quand Rosen, qui avait été lieutenant-général en Suède, et qui depuis fut maréchal de France, alla saluer le roi Louis XIV, en 1668, au siége de Dôle, il montait un cheval que Sa Majesté remarqua : « Sire, dit Rosen, mon cheval a 38 ans, et m'a sauvé la vie à la bataille de Rocroy. » Rosen mourut depuis, en laissant à ce noble serviteur une pension, *un pré* et la liberté.

« Ce sont là, dit M. Barrière, des prés et des sentiments bien placés. »

Je trouve encore plus humain le fait récent du général Cassaignolles, s'adressant à l'un des membres du Comité propagateur de l'hippophagie : « J'ai, dit-il, dans mon écurie, un cheval que j'aime ; il est bien portant, mais il se fait vieux ; je ne veux pas le vendre, et m'exposer à le voir traîner le tombereau. Je vous l'offre de bon cœur, pour vos distributions gratuites aux indigents ; recommandez au boucher de le tuer sans le faire souffrir. »

Cent pauvres familles s'en sont régalées : dans le quartier de Gentilly, le nom béni du donateur s'est ainsi trouvé dans toutes les bouches, avec son excellent cheval, qui a fourni plus de 150 kilogrammes de belle et bonne viande.

Cela ne vaut-il pas mieux que de laisser perdre, comme on le fait, par suite d'un sot préjugé, des millions de kilogrammes d'un aliment sain et réparateur, ou de les transformer en engrais ? Mais on se ravise, et grâce aux efforts du Comité de propagation que j'ai l'honneur de présider, grâce surtout au dévouement de M. Decroix, *l'apôtre de l'hippophagie*, le sort des vieux chevaux va devenir moins pitoyable. On les ménagera pour les livrer au boucher dès que leurs forces commenceront à faiblir. Déjà l'on commence à rechercher, pour son bas prix et son bon goût, leur chair, dont le débit est autorisé, sous la surveillance administrative. Il a fallu, pour en arriver là, vaincre bien des obstacles. Une corporation puissante et riche luttait, en vue d'un intérêt privé, tenant presqu'en échec l'utilité publique. Avant la signature de l'ordonnance autorisant l'ouverture des boucheries spécialement affectées à la viande de cheval, l'Empereur consulté répondit : « Signez, Monsieur le Préfet ; c'est un acheminement vers la vie à bon marché. »

# VI

## LES MISÈRES DU CHIEN.

**§ I. Le chien dépravé par l'homme. — L'extermination en vue de l'impôt. — La Saint-Barthélemy canine. — L'abus de la muselière. — § II. Les voleurs de chiens. — La fourrière. — Les exécutions, en France et ailleurs. — § III. Une médaille au cou du chien. — Les mâles à l'index. — Émoussement des dents.**

### § I.

Encore une victime, un martyr au cœur d'or, qui lèche la main de son bourreau!

La bête la plus soumise, la plus pensante et réfléchie, qui lit dans le regard de l'homme, qui l'aime avec abnégation, qui garde et anime son logis, qui veille sur l'enfant et le troupeau, comment, en mille occasions, agit envers elle le maître qu'elle s'est donné?

Il est tyran, ingrat et barbare.

Ce qui est pire encore, il pervertit les meilleurs instincts; il déprave; il transforme — par l'éducation — le chien en un animal féroce, qui fait métier de déchirer, d'étrangler les animaux de son espèce, de déchirer, d'étrangler aussi les victimes humaines.

Les douaniers, à la frontière, ont des chiens dressés

au carnage, qui poursuivent les chiens contrebandiers, qui les attaquent et les éventrent.

Un de ces hommes, qui venait de prendre un chien de fraudeur, s'avisa, dit l'*Écho de la frontière*, de lier les pattes de l'animal, — après s'être emparé de sa charge, — de l'attacher à un arbre, et de le faire dévorer ensuite par son propre chien : ceci au beau milieu de la journée, en pleine route, vis-à-vis d'un nombreux concours de curieux qui réclamaient de l'indulgence pour le martyr, et dont pas un n'a eu le courage de saisir au collet ce malfaiteur !

Ailleurs, ces animaux s'exterminent entre eux dans d'ignobles combats servant de spectacles.

Sans remonter plus haut dans l'histoire, on sait que Xerxès, dans sa fameuse expédition contre les Grecs, avait joint à son innombrable armée une quantité innombrable de chiens de guerre.

Olaüs Magnus, archevêque d'Upsal, nous apprend que les chiens, au moyen-âge, jouaient un grand rôle dans les armées. Les Finlandais les dressaient à combattre contre la cavalerie ; ils sautaient aux naseaux des chevaux, qui, vaincus par la douleur, se renversaient sur leurs cavaliers. Alors les terribles molosses se jetaient avec fureur sur les hommes.

Les Espagnols employèrent des limiers pour soumettre les inoffensifs naturels de l'île d'Haïti.

Les puritains de la Nouvelle-Angleterre, qui convoitaient le territoire des Peaux-Rouges, furent les premiers à employer, contre ces *sauvages*, les bloodhounds (chiens de sang), dont la férocité native et perfectionnée par l'homme a été, depuis le XVIIe siècle, exploitée pour faire la chasse des Indiens et des nègres.

Henri VIII mit à la solde de Charles-Quint, qui se disposait à combattre François Ier, quatre cents chiens anglais.

En 1862, lors de la formidable insurrection de Saint-Domingue, après la mort du général en chef Leclerc, auquel succéda Rochambeau, l'expédition française employa des chiens pour poursuivre, et déloger les nègres qui s'étaient retranchés dans les mornes dominant Port-au-Prince, et qui, de ces retraites à peu près inaccessibles, tombaient par surprise sur nos soldats. Le colonel de Lafosse rapporte qu'un officier nommé de Noailles, se rendit à Cuba pour acheter plusieurs centaines de dogues espagnols, de ceux qui sont dressés à la chasse des nègres et des Indiens. Ces bloodhounds furent organisés en deux compagnies, ayant chacune ses officiers et son capitaine, et M. de Noailles devint le *général des chiens*.

Pour faire l'éducation des limiers chasseurs d'hommes, on les prend jeunes ; on les enferme dans un chenil grillé, et on leur donne pour nourriture un peu de sang d'autres animaux. Quand ils commencent à grandir, on leur montre, au-dessus de la cage, la figure d'un nègre, tressée en bambou. Le mannequin est bourré de sang et d'entrailles. A cette vue on les excite ; on les prive ensuite d'aliments, et quand leur faim est dévorante, on leur jette le mannequin.

Tandis qu'ils cherchent à en tirer les intestins qu'il recèle, on les encourage avec des caresses. On provoque ainsi leur attachement pour leur maître et leur ardeur à la curée contre les noirs.

L'esclave poursuivi n'avait aucun moyen d'échapper aux molosses. A terre, il était vite saisi et mis en pièces; s'il grimpait sur un arbre, il était trahi par les aboiements, et tombait aux mains de ses maîtres, plus féroces encore que leurs chiens.

Plus d'une fois ces animaux, mal gardés ou ayant rompu leur chaîne, ont attaqué et mangé vivants des enfants nègres.

Dans la dernière guerre d'Amérique, les sécessionnistes ont fait combattre, contre les soldats noirs au service des fédéraux, des dogues qui saisissaient leurs victimes à la gorge, au ventre, à la tête; lutte monstrueuse, où l'homme avait transmis à des animaux toute sa fureur contre ses semblables.

Aujourd'hui encore, au Brésil, à la Havane, etc., les propriétaires d'esclaves lancent des bloodhounds à la poursuite des nègres marrons.

Tristes pages dans l'histoire de l'humanité!

« La race de ces limiers, chasseurs d'hommes, s'éteindra, il faut l'espérer, avec l'esclavage, qui est un reste de la barbarie, et avec la guerre, qui, surtout vis-à-vis des races faibles et inférieures, est une iniquité sociale. »

Revenons aux beaux actes de la race canine :

On a vu des chiens se laisser mourir de faim sur la

tombe du maître auquel ils s'étaient attachés, ou se faire tuer pour le défendre. Eh bien! cet ami de la dernière heure, dès qu'il nous gêne ou nous déplaît, nous l'abandonnons lâchement, nous l'immolons, s'il le faut, de nos mains. Qui ne connaît ce trait d'odieuse férocité et de pardon sublime? Un homme amène son chien au bord du canal, lui lie une pierre au cou, le soulève, et le lance à l'eau. La bête se débat, fait détacher la pierre, nage, et gagne le bord. L'homme tend la main, et, quand le chien est à sa portée, il lui assène sur la tête un coup de gaffe. Le chien à demi-mort coule au fond de l'eau. En frappant, l'homme est tombé dans le canal; il crie au secours; il s'enfonce; il va périr. Un sauveteur se montre, le saisit, le soulève, l'attire sur la berge : c'est son chien ensanglanté.

Quand vint l'impôt sur la race canine, ce fut à qui tuerait l'hôte intime du foyer. Payer cinq francs pour lui! Non, non : qu'il meure! Il y eut, dans beaucoup de localités, des journées d'affreux carnage; tout moyen était bon; le fusil, le poison, l'étranglement, l'assommage, la noyade, le feu même. On a jeté des chiens vivants dans la fournaise d'une usine.

Sur la Seine, à Asnières, flottaient de nombreux cadavres.

De ce qu'on a détruit alors je ne sais pas le nombre; mais il fut tel qu'une industrie, peu connue jusque-là, s'est rapidement développée depuis cette époque: la vente des gants de peau de chien.

L'auteur malencontreux d'une brochure ***sur l'Extinction de la race canine***, voudrait renouveler cette hécatombe, et la compléter.

« J'ai horreur, lui écrit un illustre maréchal, de ce nouveau massacre des innocents, objet de votre réquisitoire : j'ai horreur de cette autre Saint-Barthélemy de chiens prêchée par vous. Quoi! vous tueriez le chien d'Ulysse, ce vieux chien aveugle qui reconnaît son maître après une absence de plus de vingt années, et qui tente un dernier effort pour venir encore une fois lui lécher la main! Grâce, monsieur, grâce pour Argos, ne le tuez pas! Il succombe à l'excès de sa joie; laissez-le mourir de bonheur!

» Vous tueriez le chien du jeune Tobie, accourant de si loin pour annoncer au pauvre père aveugle la prochaine arrivée de son fils et la fin de ses malheurs!

» Vous tueriez ce chien dont l'instinct plus merveilleux sut découvrir Saint-Roch mourant de la peste au fond d'une caverne, dans un affreux désert!... Ce chien qui rendit au monde un homme presque Dieu par la charité, et que tant d'actes de sublime dévouement devaient conduire au ciel!

» Vous tueriez ce vaillant chien de Montargis, sans lui laisser le temps de dénoncer l'assassin d'Aubry de Montdidier, son maître, et de forcer Richard Macaire à confesser son crime!

» Vous tueriez Fido, le chien de Jocelyn, qui a inspiré à Lamartine ces vers délicieux que l'on ne peut lire sans se sentir les yeux mouillés!

» Vous tueriez le chien du régiment, le chien du convoi du pauvre, le chien de Terre-Neuve, celui de l'hospice du Saint-Bernard, après qu'il aurait retiré votre fils d'un précipice rempli de neige, ou qu'il l'aurait arraché aux flots prêts à l'engloutir! Tous y passeraient, sans merci ni miséricorde!... »

La race, heureusement, n'est pas encore éteinte; mais tous les survivants n'ont pas, comme la fidèle ***Brusca*** du maréchal Vaillant, l'honneur d'être caressés par une noble main qui tient si bien la plume, ni d'inspirer la muse du duc de Malakoff et le pinceau de Jadin. Les chiens ne sont pas heureux : on les persécute de toutes les façons. Sous le prétexte d'un mal qu'ils n'auraient pas, s'ils restaient libres, mais que toute contrainte prolongée, toute gêne aux fonctions naturelles peut préparer ou faire naître, on les condamne à la séquestration, à la chaîne, à la muselière (1). Quelques-uns, froids de caractère et de tempérament, s'accoutument à ces misères; d'autres en sont affolés; tous en sont gênés et souffrants. Avec cet engin au museau, comment respirer à son aise, comment boire, comment laper? Les chiens ne suent guère; ils suppléent à cette fonction par une exhalation pulmonaire abondante, par la sécrétion salivaire dont

(1) Dans un mémoire publié en 1863, sous ce titre : *De la rage chez le chien, et des mesures préservatrices*, j'ai donné beaucoup de preuves à l'appui de cette opinion que la contrainte et la continence forcée, chez le mâle, sont les principales causes de l'affection rabique spontanée.

ils se débarrassent en haletant, la bouche ouverte et la langue tirée.

Le *Sancho* de Bruxelles nous donne plaisamment, pour produire la rage, un moyen efficace :

« Procurez-vous des chiens ; fermez-leur la gueule avec une bonne muselière, si bien attachée qu'ils ne puissent la rompre, assez serrée pour qu'ils ne puissent ouvrir les mâchoires. Lâchez-les alors dans la rue, par un soleil qui leur brûle les pattes ; laissez-les poursuivre à coups de pierre par les gamins, et à coups de crocs par les abatteurs jurés, et vous serez à peu près sûrs d'obtenir un chien enragé. »

Dans beaucoup de pays tout aussi prudents que le nôtre au sujet de la santé publique, on n'use pas de la muselière. En France, dans plusieurs villes, Rouen, Lille, etc., depuis longtemps on l'a supprimée, quand le chien accompagne son maître ; on la tient pour inutile, nuisible même, applicable seulement aux races dangereuses ou pour des cas exceptionnels.

A Paris, la police l'exige en tout temps : en vain des hommes compétents protestent (1). Contre un animal dont la rage exalterait la force et la violence, quelle sécurité présenterait un réseau de fil, une lanière de cuir ou de caoutchouc, et même un léger treillage en métal ? La véritable sécurité consisterait dans la liberté du chien, ayant un maître responsable

(1) MM. Leblanc, Prangé, Charlier, Le Cœur, Amédée Latour, Meunier, Lelion-Damiens, Maret-Leriche, Oscar Honoré, Couturier de Vienne, etc., sont opposés au musèlement des chiens.

de ses actes, une médaille numérotée au cou, et sur un registre officiel son signalement et sa demeure.

Il faudra bien en venir là tôt ou tard. En attendant la réforme complète, j'admets que si le chien va roder seul, s'il monte en wagon, on l'oblige à porter la muselière; qu'on l'en dispense au moins, comme à Rouen, comme à Lille et ailleurs, quand il sort en laisse avec son maître.

Grâce donc pour l'ami, le guide de l'aveugle : la sébile est déjà de trop.

## § II.

Retrouver les chiens perdus est, depuis les temps reculés, une des petites industries parisiennes. Beaucoup de bohémiens des faubourgs s'y livrent, dit-on, en vue d'une récompense honnête. La trouvaille n'est pas toujours spontanée absolument; mais le maître ou la maîtresse qui revoit l'enfant prodigue n'y regarde pas de si près.

Si l'*inventeur* — terme officiel — n'espère pas, chez le propriétaire introuvable ou indifférent, un placement avantageux, il vend la bête, à bas prix, à quelque receleur ayant, pour ce genre de marchandises, des débouchés en province et même à l'étranger.

Le trafic des chiens volés constitue, en Angleterre, une profession presque avouée. Des sociétés organisées par actions donnent des dividendes.

Certains pourvoyeurs émérites ont des appâts irrésistibles, qui les font suivre par l'animal convoité. Ils l'attirent à l'écart, le saisissent, et s'en emparent : le tour est fait si prestement que le policeman n'y voit que du feu. Cependant, grâce à la vigilance de la Société répressive des mauvais traitements envers les animaux, plusieurs de ces industriels, pris en flagrant délit, ont subi l'amende et la prison.

A Paris, comme à Londres, la nuit surtout est funeste aux rôdeurs de la race canine. Le crochet du chiffonnier, le nœud coulant ou le sac des actifs chevaliers du brouillard, sont toujours à l'affût, tantôt pour la peau qu'on mégit, tantôt pour la chair dont on fait des saucisses ; tantôt pour le cerveau, le cœur ou les entrailles qu'un savant ou un carabin disséquera vivants, *sans douleur, n'en éprouvant aucune.*

Ces rapines exécutées en plein jour auraient peu de succès : quand on a payé l'impôt pour son chien, on est intéressé doublement à le défendre contre les piéges ou les coups fourrés de ses ennemis. Je connais beaucoup de gens qui, s'ils voyaient attaquer leur bel épagneul ou leur simple roquet, se considéreraient comme mis dans le cas de légitime défense ; ils passeraient aux arguments de l'action. Et le tribunal ne les condamnerait pas.

Mais, à toute heure du jour et de la nuit, des atteintes *légales* à la propriété sont commises publiquement, et restent impunies. Tout chien errant qui se laisse prendre par la police est mis en fourrière, et pendu, deux jours après, s'il n'a pas été réclamé.

Dans ce chétif réduit, dans cette étroite cour où ils sont entassés presque sans abri, nourris de rien ou de la chair de ceux qu'on a mis à mort, coûteraient-ils donc trop d'entretien pour qu'on leur appliquât une sentence moins sommaire?

Deux jours! Le maître absent ou bien absorbé par d'autres soins, ignorant d'ailleurs les démarches à faire, ne sachant où s'adresser, peut-il, en quarante-huit heures, trouver le loisir, la possibilité de courir à la fourrière? Deux jours seulement, avec la distance, avec tant de formalités nécessaires pour valider une réclamation! C'est presqu'un fatal arrêt de mort, une condamnation sans appel et sans recours en grâce. Un homme est moins prompt qu'un chien; il lui faut plus de temps pour se souvenir, agir et protéger.

Il y a des exceptions pourtant; je n'en dirai qu'une, le trait de courage et de dévouement du comte de Sponneck :

Il s'était embarqué à Copenhague pour Hambourg et Bruxelles, avec un chien qu'il affectionnait. Pendant la traversée, l'animal, courant, gambadant autour de lui sur le pont, tombe à la mer. « Capitaine, de grâce, arrêtez! — Le règlement nous interdit formellement de stoper pour des animaux; nos minutes sont comptées; je ne puis... — Et si c'était un homme? — Ah! ce serait différent. » A l'instant même, le comte se jette tout habillé dans l'eau. Le bâtiment s'arrête, la chaloupe est mise à la mer, et l'on sauve les deux amis.

La fourrière est au numéro 17 de la rue de Pontoise. C'est à quatre heures du soir qu'on y exécute, par la pendaison, les chiens condamnés, et dont le nombre est, certains jours d'été, de deux à trois cents.

Quel horrible spectacle!

Un officier qui avait le malheur d'habiter la caserne attenante à la fourrière, frémissait d'indignation contre l'endurcissement des exécuteurs. Il voyait, chaque jour, des chiens qu'on laissait pendiller, s'agiter en gémissant, souvent plus d'une heure, dans les horreurs de l'agonie, sans qu'on eût la charité de leur donner le coup de grâce. Le même nœud coulant en étreint jusqu'à cinq.

Les razzia s'exécutent, à Marseille, avec une rigueur dont se plaint amèrement, dans l'*Étincelle,* M. Rattier de Susvallon. Les chiens vaguant dans la rue sont pris au lazzo, puis entassés dans le caisson d'une charrette ou attachés dessous, « tous hurlant et gémissant, parce qu'ils sentent la mort qui vient, la mort où on les mène. »

A Clermont-Ferrand, — que mon beau pays natal me pardonne cette divulgation, — trois fois par jour, une voiture ramasse tout chien errant sans muselière. On le saisit au lacet; s'il résiste, on le traîne sur le pavé, s'inquiétant peu s'il a la tête fracassée. La voiture l'amène à la fourrière; il y restera trois jours, puis on l'étranglera, s'il n'est pas réclamé. Voici un horrible détail que M. Octave Bardoux nous a fait connaître : « On attache ensemble plusieurs chiens par le cou. La corde passée sur une poulie s'enroule sur un treuil; on tourne la manivelle, et le groupe s'élève en l'air, hurlant, se débattant. La strangulation est lente, incomplète. On ne peut, sans dégoût et sans horreur, assister à cette tuerie. »

Les chiens vaguant dans les rues d'Avignon étaient, en 1856, entassés dans une voiture fermée, où s'exhalaient des vapeurs asphyxiantes. Quand elle était trop pleine, on y enfonçait une fourche pour presser les corps. Le passant pouvait suivre les victimes à la traînée de leur sang.

A Varsovie, deux fois par jour, le bourreau et son aide parcourent la ville pour saisir au lazzo, et jeter dans un filet toutes les pauvres bêtes qu'ils peuvent approcher; mais il leur est interdit de monter sur les trottoirs, et d'y faire leur capture. Un témoin oculaire, M$^{me}$ la baronne de Page, m'a raconté qu'un seigneur polonais dont le chien avait été attiré dans le milieu de la rue par les exécuteurs, avait bâtonné le bourreau qui était resté immobile sous les coups.

Si les moyens varient dans les différentes localités, le résultat est le même, avec un peu plus ou un peu moins de barbarie. Tandis qu'à Lyon on tue les chiens au lazzo, dans d'autres villes, telles que Nice, on leur jette du poison sur la voie publique. On voit alors ces pauvres animaux se débattre, et se tordre dans les douleurs de l'agonie. Dans toutes les grandes villes de l'Espagne, et notamment à Séville, à Cordoue, à Cadix, on cache du moins le hideux spectacle de l'extermination. On fait sortir, la nuit, des prisons, certains condamnés, qui, sous la direction de quelques agents de la sûreté publique, et sans que l'on en soit jamais prévenu, vont assommant par les rues tous les chiens qu'ils rencontrent.

Ailleurs, on les traque en plein jour, pour les tuer sur place. Que ces actes révoltants s'accomplissent à Lima, c'est un malheur que nous ne pouvons empêcher, mais dont les conséquences sont déplorables pour la moralité du peuple. Un savant voyageur, M. d'Abbadie, le constate, dans ses *Récits* et *Types américains* : L'aguador s'empare de tous les chiens qu'il trouve dans la rue ; il les enchaîne, et les conduit à la *Plaza-Major*. Ceux qui ont le bonheur d'avoir un collier, sont renvoyés à leurs maîtres ; les autres sont assommés à coups de bâton, sous les yeux ravis d'une populace immonde, qui aide officieusement l'exécuteur. « Chaque cervelle qui vole excite des cris de joie, des hourras frénétiques. »

A New-York, les gamins, alléchés par une prime de cinquante sous qu'on accorde pour chaque chien trouvé vagabondant dans les rues, se livrent à une chasse effrénée. Il périt, chaque jour, de leurs mains, par la noyade, plusieurs centaines de ces pauvres bêtes. Pendant l'été de 1865, trois mille sept cents quatre-vingt-six ont été abattues ; cent dix-neuf seulement ont été rachetées par leurs maîtres. La ville a payé, pour la chasse aux chiens, 1,803 dollars. Tout se fait sur une grande échelle aux États-Unis : guerre civile, conspirations, banqueroutes, désastres de chemins de fer, naufrages, etc. Les nombreux Tortillards et Gavroches, qui concourent à l'extermination officielle, la feraient gratis, et de bon cœur.

J'ai fait une longue excursion que j'allongerais, si je voulais montrer plus complètement la barbarie universelle de l'homme à l'égard du meilleur des animaux. Je reviens dans la rue de Pontoise, à la fourrière de Paris.

S'il est vrai que la peau de la victime soit le profit du gardien, quoique bien minime, cette prime à l'écorchage expliquerait pourquoi, bien rarement, dit-on, un chien sort vivant de ces oubliettes. On assure aussi qu'un trafic clandestin a fait quelquefois disparaître un animal de belle race, que son maître a vainement réclamé.

Je n'ai de ces faits répréhensibles aucune preuve à donner, mais on les articule hautement. Quant au suivant, il est incontestable :

On se souvient qu'un chien noir, de l'espèce des barbets, avait attiré l'attention d'un pêcheur et d'un sergent de ville par ses gémissements et sa constante présence à la même place, sous une arche du pont des Invalides. Sur la dalle qu'il ne quittait guère, on lut une inscription tracée par un malheureux, préméditant sans doute un suicide. Le chien pleurait son maître, et l'attendait depuis trois jours. M. Nadeaud, officier de paix du 8e arrondissement, en envoyant à la fourrière ce fidèle et intelligent animal, avait émis, dans son rapport, le vœu qu'il pût être épargné, « ne fût-ce que pour avoir éveillé ainsi la sollicitude publique sur la disparition d'une personne qu'on s'occupait activement de rechercher. »

Dès le lendemain, des membres de la Société protectrice accouraient à la fourrière ; ils voulaient sauver ce pauvre chien. On leur répondit : « Le barbet noir est allé rejoindre son maître. »

## § III.

Depuis bien des années, Mme la comtesse de Corneillan, baronne de Page, entretient la Société protectrice des animaux d'un moyen vraiment pratique pour que l'animal saisi puisse être promptement réclamé. Des conclusions conformes ont été formulées par M. Lelion-Damiens, dans un excellent rapport sur la fourrière. Je les modifie à peine :

Chaque individu de la race canine a son état civil officiellement reconnu. La déclaration de naissance ou de possession qu'on est tenu de faire à la mairie, en vue de l'impôt, sera désormais, pour le chien, une sauvegarde en cas d'arrestation. Plus de perte de temps ni de frais d'affiches. Voyez combien c'est simple :

Sur un livre à souche, dont le double existe à la fourrière, on inscrit chaque animal, avec le nom et l'adresse de son maître; à celui-ci l'on remet deux pièces : l'une est un bulletin servant de reçu, répétant le signalement, le numéro d'ordre, et portant un avis relatif aux chiens arrêtés; l'autre est une médaille en zinc, avec le numéro matricule et le numéro de l'arrondissement : on attache cette plaque au collier.

Si le chien est mis en fourrière, le gardien est tenu d'en donner avis au maître, qui, muni de son bulletin, pourra, pendant trois jours, retirer l'animal, en payant les frais de garde et une légère somme applicable à l'établissement (1).

Voilà pour la fourrière une source de revenu légitime, tandis qu'elle n'a guère aujourd'hui que le produit des cadavres, dont une partie sert à la nourriture des pensionnaires du lieu, dont l'autre est vendue par l'équarrisseur, pour les animaux carnassiers du Jardin des Plantes.

Le ***Pall-Mall Gazette*** annonçait, en 1865, qu'un club s'était ouvert à Willis's Rooms, sous le patronage du marquis de Townsbend, pour la fondation d'un hôpital des chiens errants ou affamés; on devait y ad-

(1) A Strasbourg, la fourrière est divisée en trois compartiments : les chiens y sont conservés pendant trois jours, et passent successivement du premier au deuxième, et enfin au troisième. Le soir du dernier jour, s'ils n'ont pas été réclamés, on les abat. L'animal vivant est rendu à son propriétaire, contre paiement d'une somme de quinze francs.

joindre un chenil de réforme pour le traitement des blessés et des malades. Des personnages distingués s'intéressaient à cet établissement, dont les salles devaient avoir pour directrices une douzaine de dames compatissantes.

J'admire la reconnaissance et l'humanité des fondateurs de ce club; mais je n'ose demander que nous les imitions, avant que nous ayons assuré l'existence des vieillards et des enfants délaissés. Ce que je souhaite, c'est que tout animal qui peut devenir dangereux ou que l'âge et les infirmités condamnent à la souffrance, reçoive une mort prompte et sans douleur. Toute créature animale, le chien surtout, a droit à notre pitié. Permettre que des méchancetés soient commises envers elle, c'est encourager la *bourrellerie*, comme dit Montaigne, et faire que les mœurs s'acheminent vers un état qui n'est ni civilisation ni barbarie, et ne fait honneur ni à l'éducation ni à l'instinct d'un peuple.

Il ne faut pas avoir plus d'animaux qu'on n'en peut nourrir, et qu'on n'en peut rendre heureux.

Nous qui les aimons, rendons-nous à l'évidence : à Paris, le chien devient à peu près impossible; on le souffre tout au plus. Et à quel état? A l'état de reclus, de célibataire, lui qui a tant besoin d'action, qui a tant d'ardeur dans le sang et de vocation accentuée pour propager sa race; la chienne, vous êtes obligé de noyer ses petits, qu'elle appelle en gémissant, qu'elle vous redemande d'une façon si plaintive et si touchante ! la chienne, qui pousse jusqu'à l'héroïsme l'amour maternel et la fidélité. Je n'en veux citer qu'un exemple rapporté par M. Corméry; il a vu pleurer d'attendrissement un roulier qui le racontait :

Cet homme avait une belle chienne qui, chaque semaine, l'accompagnait, du hameau des Beaunes (Cher) à Orléans, gardant, jour et nuit, sa voiture.

Un matin, pendant le voyage, elle fut obligée de préparer son nid dans le coin d'une cour, et de mettre bas, à Aubigny. Le roulier était absent. Au moment du départ, surpris de ne pas voir la chienne à son poste, il l'appelle à plusieurs reprises, et la pauvre bête, encore souffrante, se traîne aux pieds de son maître. Il la caresse, et la suit vers la jeune famille; puis il la recommande à l'aubergiste, et part, se proposant d'emmener la mère et les petits, quand la saison sera moins froide. Il arrive aux Beaunes vers la tombée de la nuit, panse ses chevaux, soupe, et se couche. Au point du jour, il se lève. O surprise ! à la porte de l'écurie, sur un tas de paille, il voit sa chienne et les quatre nouveaux-nés; ceux-ci sains, alertes; elle, la mère, épuisée, efflanquée, les pattes ensanglantées, le regard mourant, alternativement fixé sur ses petits et sur son bon maître.

Elle avait fait quatre fois le voyage, aller et retour, d'Aubigny aux Beaunes, c'est-à-dire, en quinze heures, près de cinquante lieues.

Le même soir elle était morte !

A ce trait d'héroïque amour maternel, joignons un

exemple de merveilleux instinct et d'attachement admirable dont un chien a fait preuve pour retrouver son maître. Il l'avait suivi, marchant avec le corps d'armée du prince Eugène de Beauharnais, lors de l'expédition de Russie, en 1812. Au passage de la Bérézina, ces deux fidèles compagnons furent séparés par les glaçons qui roulaient dans le fleuve, et le caporal milanais revint dans son pays natal, couvert de blessures et regrettant son pauvre caniche, avec lequel il avait supporté bien des souffrances et bien des misères.

Un an s'était écoulé. L'homme avait oublié la bête. Un soir, l'ex-caporal voit s'avancer vers lui, rampant sur le sol et poussant de sourds gémissements, un fantôme de chien : il le repousse d'abord ; puis il l'examine, et prononce le nom « *Mofino.* » L'animal se relève, pousse un joyeux aboiement, et retombe épuisé de faim, de fatigue et d'émotion. Son maître le secourt ; il le ranime, et sauve cet ami qui, pour le revoir, a traversé, sans autre guide que son cœur, plus de la moitié de l'Europe.

La loi très-sage qui a établi un impôt sur la race canine, avait pour but principal de préserver les hommes de la rage, en diminuant le nombre des animaux qui en sont affectés spontanément, et qui la communiquent : ce but n'a pas été atteint.

On peut admettre, avec de bons observateurs, que l'affection rabique est surtout, sinon exclusivement, produite par la contrainte prolongée et la continence rigoureusement imposée aux mâles de la race canine. Ils sont, dans nos contrées, beaucoup plus nombreux que les chiennes.

Cette disproportion, dont on n'avait pas prévu le danger, et qui n'existe pas, au moment de la naissance, entre les jeunes de l'un et l'autre sexe, tient à ce que, dans les portées multiples, on détruit presque toujours les petites femelles, dont on craint la future fécondité. C'est justement le choix inverse qu'il faudrait faire. Pour en donner l'habitude, je propose, avec la Société médicale d'Alger, d'abaisser un peu l'impôt sur les chiennes : moins turbulentes que les chiens, moins exigeantes dans leurs besoins, qui ne sont accentués qu'à certaines saisons, plus sédentaires aussi, jamais elles ne se laissent entraîner par les séductions auxquelles les mâles résistent difficilement. Elles peuvent donc, sans autant de privations et de danger, être retenues au logis. Ordinairement douces, obéissantes, elles s'attachent à leur maître plus encore que les chiens. Tandis que dans la rue ceux-ci sont agressifs, et se livrent bataille, excités par d'ardentes rivalités, les chiennes ne s'attaquent pas entre elles, et ne montrent les dents que pour défendre leurs petits.

L'adoption d'une mesure aussi facile aurait pour effet d'améliorer l'espèce, en prévenant, dans beaucoup de cas, les alliances fortuites, mal assorties, et en donnant la facilité de choisir, pour reproducteurs, des étalons types et de bonne race.

Plus d'une fois, dans ses jeux et ses caresses, la dent aiguë d'un chien a déchiré la peau délicate d'un enfant ou d'une femme, et plus d'une fois aussi, cette plaie inoffensive a porté l'effroi dans les familles.

Il n'est pas un vétérinaire qui n'ait donné des soins, pour de graves morsures, à divers animaux, de même qu'à des chiens qui s'étaient blessés entre eux. L'attaque des plus agressifs, des plus violents, serait bien moins dangereuse, si, comme le pratique M. Bourrel, vétérinaire habile, la pointe de leurs dents était enlevée et limée ; et, dans bien des cas, on pourrait se dispenser de faire abattre ces gardiens vigilants.

# VII

## LES COURSES DE TAUREAUX DANS LE MIDI DE LA FRANCE.

§ I. La Ferrade et l'Écart. — § II. Les premières courses à mort, à l'espagnole. — L'éventration du cheval et l'assassinat du taureau. — Les Arènes de Nîmes, en 1863. — § III. Mont-de-Marsan et Nîmes, en 1865. — Protestations et démarches de la Société protectrice. — § IV. Le mépris public et les journaux. — § V. Lettre pastorale. — Un peu d'échafaud. — § VI. La tentative espagnole à Périgueux. — Le Ministre intervient.

### § I.

Des hommes qui spéculent sur toutes les passions mauvaises, s'efforcent, depuis douze ou quatorze ans, de doter notre pays des courses de taureaux à mort, — *toros de muerte*, — comme on les pratique en Espagne.

Jusque-là, nos populations méridionales de la Provence et du Bas-Languedoc s'étaient contentées de deux genres de fêtes locales, la *ferrade* et l'*écart* : la *ferrade*, où les jeunes taureaux amenés des marais de la Camargue dans quelque village du voisinage, sont renversés et marqués d'un fer rouge aux initiales de leur maître ; l'*écart*, où, dans la moindre bourgade des Landes, sans autre but qu'un amusement souvent dangereux, des joûteurs s'efforcent d'enlever une cocarde attachée au front d'une vache ou d'un taureau. Pour l'écart, comme pour la ferrade, l'enceinte est formée par des tonneaux, des tombereaux, des charrettes rapprochés et servant d'estrade. Libre à chacun des spectateurs de devenir acteur dans l'arène, de disputer le prix, ou d'exciter, de harceler la bête.

Au milieu du bruit, des cris, du pêle-mêle, elle entre en fureur, et se venge parfois en blessant ou même en frappant ses agresseurs d'un coup mortel. Si l'animal n'attaque pas, on le mutile à coups de bâton, à coups de pierres. A la fête du Caylar, village frontière, — le 27 août 1865, — on fit, dès le début, sortir trois taureaux, au grand mécontentement des fanatiques, qui auraient voulu voir défiler l'une après l'autre chacune des six bêtes, devant, ce jour-là, fournir carrière. Les mécontents se ruèrent sur ces trois animaux, à la sortie de l'enceinte, et les assommèrent sur place. Tombée dans un fossé, une des victimes, par plus de raffinement, fut tuée à petits coups !

Un des témoins oculaires écrit : « Comme je faisais quelques représentations à l'un des plus acharnés, il répondit, sans s'arrêter : « Si n'in vouless itan, ap-» prochass ! — Si vous en voulez autant, approchez ! » Cette ignoble scène, rapportée par le *Monde illustré*, fait bien voir « quelle heureuse influence de pareils jeux exercent sur l'esprit de nos campagnards ! »

A cet exercice brutal, grossier, parfois féroce de l'*écart*, ne pourrait-on pas substituer d'autres amusements, d'autres joûtes, ayant aussi l'avantage de développer l'adresse et l'énergie de nos populations du Midi, sans leur offrir un spectacle qui accoutume à la cruauté, qui porte souvent le deuil dans les familles.

## § II.

En 1863, un souffle impur franchit les Pyrénées : il enfièvre les passions méridionales; il donne le vertige et la soif du carnage (1).

(1) « A nos portes, un peuple — il se prétend chrétien —
» D'animaux victimés savoure la souffrance :
» Or, ce peuple est celui qui livrait l'Innocence
» Nue à la dent des chiens, et qui prenait peur jeu
» D'aller voir brûler l'homme — ô rage ! — à petit feu ! »

« Quand on a un peu vécu dans la Péninsule, quand on a vu jusqu'à quel point y règne la coutume de procurer du mal aux animaux, et de leur faire subir les tourments les plus raffinés, on n'a pas de peine à comprendre tout ce qu'un tel peuple a exercé de férocités contre l'espèce humaine. On se rend compte de sa barbarie sans égale contre les pauvres Indiens qui l'avaient si fraternellement accueilli, et des supplices prolongés, étudiés, *exquis*, dont il se fait gloire d'être l'inventeur : supplices qu'il appliqua longtemps, avec délices, à tout homme ou toute femme que des prétextes quelconques — de politique ou de religion — lui permettaient de prendre pour victimes, et de soumettre impunément à ses infernales expérimentations. »

*Epître aux Laboureurs, avec des Notes historiques et agronomiques, par M. Ch. Peire, brochure in-8°*, récompensée par la Société protectrice des animaux — juin 1864. — (Rapport de M. Genty de Bussy.)

Une première course à l'espagnole, course où l'on tue les animaux, a lieu près de Bayonne, à Saint-Esprit, dans une enceinte de charpente, à la façon des *plazas de toros*, au milieu d'une affluence énorme d'enthousiastes spectateurs ; et pourtant il y manque la partie essentielle d'une *corrida*, les *picadores*, qui font éventrer leurs chevaux.

Sur cette même place, d'autres courses se succèdent bientôt. En trois jours, trente-neuf chevaux et vingt-quatre taureaux y sont mis à mort. « Une assez jolie hécatombe ! dit l'*Illustration*. Il faudrait être un païen ou un Espagnol pour ne pas s'en contenter. »

La même année, à Nîmes, une *quadrilla*, venue de la Péninsule, ensanglante aussi les arènes.

A Bayonne, en 1855, les fêtes tauromachiques recommencent, véritables scènes d'abattoir, où le public prend une part hideuse. « La vue du sang, écrit M. Louis Ratisbonne, au journal des *Débats*, peut seule causer une telle ivresse : il y a dans le cœur de l'homme une bête féroce qu'il faut se garder d'éveiller ! »

Elle s'éveille le 8 août, dans le même cirque ; elle applaudit avec fureur un taureau qui franchit deux fois la barrière, qui poursuit, blesse et foule aux pieds l'*espada*.

Interdit à Paris et à Bordeaux, l'immoral spectacle se reproduit, en 1863, à Nîmes. Le préfet en surveille les préparatifs ; il préside la fête. J'abrège le récit d'un témoin indigné, M. Frédéric Béchard :

Le premier taureau s'élance dans l'arène : les *capadores* l'écartent, l'irritent, avec leurs capes. Les *picadores* poussent leurs chétives montures, se rapprochent de l'animal, lui enfoncent leur trident dans les reins, et font jaillir le sang. Puis les flèches des *banderilleros* sont accrochées profondément à ses flancs. Le taureau, furieux, affolé, beuglant, parcourt l'arène. Déjà s'éveille dans la foule, parmi les étrangers, un sentiment de répulsion. Les timbales sonnent la mort. *El Tato*, la *primera espada*, s'avance au pied de la tribune municipale, et s'exprime ainsi : « Monsieur le gouverneur et toutes les autorités qui avez bien voulu m'appeler dans cette cité, et m'honorer de votre présence, je vous fais hommage de la vie de ce taureau que je vais sacrifier, avec votre permission, en l'honneur des jolies dames de Nîmes. »

L'*espada* plonge sa lame dans le cou de l'animal qui reste debout ; il n'est qu'à demi-mort. Un cri d'horreur s'élève ; *el Tato* rejoint la victime qui s'est éloignée, et l'achève.

On amène un second taureau. Cette fois, c'est *el Recatero* qui prend l'épée, et s'avance. Les profondes piqûres des banderilles inondent déjà de sang la pauvre bête, qui beugle douloureusement, sans attaquer, sans se défendre. L'émotion du public devient générale. *El Recatero*, troublé, frappe d'une main mal assurée son premier coup ; il retire sa lame fumante, rouge jusqu'à la garde ; mais le taureau, l'œil injecté, le regard terne et vitré, la bouche écumante, ne tombe pas : il reprend sa course pantelante; le sang s'échappe de la plaie à gros bouillons. Un cri universel d'indignation, de dégoût, éclate dans l'amphithéâtre. L'homme — l'assassin — revient à la charge. C'est une nouvelle et hideuse blessure de plus, voilà tout. Le taureau, éperdu, mugissant, cherche à fuir ; nouveau coup d'épée : il vit encore ! Le *matador*, confus, blême, effrayé par l'orage populaire qui gronde autour de lui, frappe encore.... A *quatorze* reprises, l'épée pénètre dans le cou, dans l'épaule, dans les flancs de la victime. La mort ne vient pas. La colère du public est à son paroxisme. De toutes parts on crie : « Assez ! sortons, c'est une boucherie, nous nous déshonorons, fermez l'abattoir ! » Clameur immense, prolongée, formidable de vingt mille hommes debout, gesticulant, menaçant, montrant le poing au *torero*, pour mettre un terme à cet abrutissant scandale, invoquant l'intervention de l'autorité, qui reste *immobile* sur son siége ; on jette des oranges, des pierres, des chaises, tout ce qui tombe sous la main, à l'*espada* consterné.

Enfin, après un dernier coup, au milieu de ce tonnerre d'imprécations, de huées, de sifflets, de cris d'horreur, le taureau s'affaisse, tombe sur les genoux, en face de la loge administrative, comme pour demander grâce, et tend la tête au couteau libérateur. Le *cachetero* lui-même, ce valet de bourreau, ne l'achève qu'au troisième coup de poignard.

Quatre autres victimes se succèdent : pour toutes

les mêmes banderilles, le même trident ensanglanté, la mort pour dénouement, et jamais la mort foudroyante.

La seconde journée ressemble à la première, avec un peu moins d'horreurs pourtant. Mais la foule avait en partie disparu. Les chaises réservées des premiers rangs seraient restées vides, si le public des petites places ne les avait violemment envahies.

Dans une Cour d'assises, on avait à juger un crime scandaleux : le président s'adressa, dans ces termes, à l'auditoire où les hommes n'étaient pas en majorité : « Nous allons entrer dans des détails que la décence ne permet pas aux dames d'entendre : j'invite les femmes honnêtes à se retirer. » Personne ne bougea. Après un instant, il reprit : « Maintenant, huissier, faites sortir *les autres.* »

A Nîmes, les gens délicats, ceux qui n'aiment pas les plaisirs féroces, n'étaient pas revenus aux arènes; *les autres*, les *officionados* seuls se pressaient autour de l'enceinte.

Le grotesque et l'horrible se sont montrés dans cette farce lugubre entourée de solennité. Des lazzis s'échangeaient ; des dames se sont évanouies, tant leur émotion était profonde; et, non loin d'elles, une jeune fille de seize ans, Mlle R...., de Marseille, appartenant à une famille riche, considérée, et qu'il ne convient pas de désigner davantage, battait des mains, avec des cris d'enthousiasme et de passion sanguinaire. On l'a vue se lever, l'œil en feu, gesticuler, et jeter un beau porte-cigare à l'élégant égorgeur *el Tato*, si chéri des *manolas* de l'Andalousie.

Cet homme a reçu les félicitations du préfet, qui lui a remis, au nom de la ville, une couronne et une médaille d'or.

La presse locale et les journaux de Paris ont flétri, comme il le mérite, un spectacle « qui ne sera jamais dans nos mœurs. »

« Les scènes d'abattoir ne sont rien, dit le *Messager du Midi*, auprès de ce qui s'est passé sous nos yeux. »

Dans l'*Illustration*, M. X. Freynet le résume en deux mots : « horrible et ignoble. »

Le *Petit Journal*, si populaire déjà, s'exprime ainsi : « Dans cette nouvelle Saint-Barthélemy, il a fallu vingt-sept coups d'épée pour mettre à mort cinq taureaux !... une véritable boucherie ! »

Dans la *Gazette de France*, M. Frédéric Béchard termine, par ce vœu, son remarquable article : « Les populations protestent de toute leur âme, de toute leur voix, contre l'injure gratuite que leur infligent ceux qui les croient avides de ces jeux de décadence... Espérons que cette tentative avortée ne se renouvellera plus sur aucun point de la France.... Nous ne voulons rien du Bas-Empire. »

Et pourtant, cette course à l'espagnole, qui a duré deux jours, a manqué de ce qui est, en Espagne, d'un si grand attrait, l'éventration des chevaux. En vain les *picadores* excitaient le taureau, — l'un deux a reçu huit coups de pique, — tous ont refusé d'attaquer les chevaux. A Bayonne, le spectacle avait été complet : on avait applaudi, — comme dans les cirques de la Péninsule, — quand la corne du taureau s'était enfoncée dans le ventre du cheval. « J'ai vu, m'écrivait M. Mazelhier Blatin, s'accomplir des traits d'horrible cruauté. Un taureau était aveugle de fureur, blessé en vingt endroits, par les lances, les banderilles. Il éventra quatre ou cinq chevaux, dont les yeux étaient bandés, et qui ne pouvaient ni fuir ni se défendre. Le dernier, étendu par terre, les intestins sortis, conservait encore un souffle de vie.... On relève la pauvre bête, à force de coups : comme elle est gênée dans son pas chancelant par ses entrailles pendantes, auxquelles se mêlent des lambeaux de chairs ensanglantées, on repousse une partie des boyaux dans le ventre, et d'un coup de couteau on se débarrasse du reste. Le cheval va tomber ; on le retient, on le raffermit, on l'épaule de chaque côté. Le *picador* l'enfourche de nouveau, le pousse en avant ; le taureau qu'on a ramené fond sur la victime, la renverse, et l'éventre une seconde fois. »

A Nîmes, la fête est encore restée incomplète : le sang humain n'a pas été versé. En Espagne, cet épisode n'est pas rare. On enlève les cadavres humains ; on traîne hors de l'enceinte les cadavres des bêtes, et la course continue. « Une des grandes qualités de ce merveilleux spectacle, dit Alexandre Dumas, dans ses *Impressions de voyage*, c'est qu'il n'a jamais d'entr'acte. La mort même d'un homme n'interrompt rien. »

L'évêque de Nîmes, s'adressant aux fidèles de son diocèse, les avait exhortés, au nom de la charité chrétienne, à ne pas encourager, par leur présence, des jeux qui rappellent les barbares amusements de la Rome païenne. Dans une population où le sentiment religieux s'exalte facilement, les belles paroles de sa *Lettre pastorale* ont dû produire, sur quelques esprits, une impression vive : mais la foule a fermé l'oreille.

## § III.

Deux ans se passent sans que cet outrage à la raison, à la morale, à tous les sentiments humains ose se reproduire. Au département des Landes était réservé le déshonneur de ramener en France des scènes hideuses que des esprits généreux s'efforcent d'abolir, même en Espagne. Au mois de juillet 1865, dans l'arène de Mont-de-Marsan, seize chevaux sont percés de coups de cornes, misérablement éventrés ; treize taureaux sont massacrés sans résistance. Pour ajouter à l'ignoble spectacle, un enfant de dix ans, bourreau précoce, s'acharne sur trois de ces animaux, qu'il égorgille, et tue à coup d'épée. A Murcie, dans la Péninsule, on a vu mieux encore : on a vu des jeunes filles remplir le rôle de *matador*.

« On se demande, dit le journal de *la Gironde*, si on est revenu au temps de la barbarie. »

A Nîmes, pour célébrer la fête de l'Empereur, on

renouvelle, en l'aggravant, le scandale de 1863. Dix mille spectateurs, hommes, femmes et enfants, devenus de féroces *officionados*, dégustent, pendant cinq heures, le carnage dans les arènes. Plus heureux qu'en 1863, ils voient, en un jour, étriper cinq chevaux, dont on a bandé les yeux, qui perdent leur sang, qui traînent leurs entrailles fumantes, râlant, et forcés par l'éperon à promener dans le cirque leur agonie.

A la première annonce des courses, la Société protectrice des animaux avait sollicité du Préfet des Landes et du Préfet du Gard l'interdiction de ces amusements immoraux.

Voici la lettre ferme et digne que le secrétaire-général a écrite, que j'ai signée et adressée, en qualité de vice-président, le 30 juillet 1865, au nom de la Société :

« Monsieur le Préfet,

» C'est avec un sentiment des plus pénibles, que la Société protectrice des animaux apprend que Nîmes va encore offrir à sa population le spectacle sanglant des courses espagnoles. Le pitoyable résultat de celles qui viennent d'avoir lieu à Mont-de-Marsan, et contre lesquelles s'élève la presse, ne suffit donc pas pour condamner cet emprunt fait à l'étranger ? Les intérêts de la civilisation sont donc méconnus dans le midi de la France ? Quel profit peut-il résulter de ces tueries, pour compenser le tort qu'elles font à l'éducation populaire ? Et c'est au moment où la circulaire de la Société protectrice, avec l'assentiment de Son Excellence le Ministre de l'instruction publique, engage les instituteurs à inspirer à leurs élèves la compassion envers les animaux, que de pareilles fêtes vont étaler pompeusement leurs atroces succès ! De quel droit, après cela, dira-t-on à l'enfant d'épargner ces animaux, quand il aura vu les hommes en mutiler sous ses yeux, l'enthousiasme des spectateurs saluer le carnage, et l'autorité elle-même encourager par sa présence ces dénis de raison, de moralité, de religion ?

» Voilà, Monsieur le Préfet, une partie de ce qu'on dit ; mais on est persuadé que votre approbation a été surprise, et que votre volonté, d'accord avec celle de Monsieur le Préfet de la Gironde qui, en 1861, accueillant notre protestation, épargna aux habitants de la Bastide le spectacle de ces courses, en les remplaçant par d'autres fêtes, saura aussi faire organiser une substitution à laquelle tout le monde applaudira. »

Oui, tout le monde, excepté les dix mille hommes, femmes ou enfants qui viennent de déguster, pendant cinq heures, le carnage dans les arènes.

## § IV.

Dans toute la France, dans les départements du midi même, l'opinion publique s'est émue de dégoût contre les bourreaux, de pitié pour les victimes, d'indignation contre les promoteurs ou les complices de ces saturnales. D'unanimes protestations se sont élevées dans la presse, adjurant la Société protectrice d'intervenir, lui reprochant une inaction dont elle n'était pas coupable.

Quelques journaux ont gardé le silence ; aucun n'a donné son approbation ; presque tous ont sévèrement blâmé ; tous mériteraient d'être cités ici ; mais je dois me borner à quelques analyses :

*Le Temps* : « Nous ne saurions assez énergiquement réprouver ces scènes hideuses, renouvelées des pires époques de la Rome impériale. Ces spectacles ne peuvent s'étaler sans l'autorisation des officiers municipaux. Nous ne comprenons pas qu'en France, et en 1865, il se trouve, surtout dans une grande et intelligente cité, un maire ou un adjoint pour permettre, et par conséquent pour encourager de si révoltantes exhibitions. Si les autorités locales n'osent prendre l'initiative d'un refus, la Société protectrice des animaux jugera sans doute convenable de provoquer, auprès de l'autorité supérieure, l'interdiction de ces fêtes d'abattoir. »

L'*Opinion nationale* demande si les dispositions de la loi Grammont sont abrogées :

« La municipalité de Nîmes qui, comme toutes les autres, a le devoir de faire respecter la civilisation, devrait se montrer moins facile pour les appétits sanguinaires de ses administrés. Au nom de la loi, les autorités du Gard doivent rappeler les Nîmois au bon goût et à l'humanité, et interdire à jamais ces tueries. »

« Nous n'entendons parler, dit le *Courrier du Gard*, que d'institutions destinées à instruire, et à moraliser les masses : nous pensons bien que les courses espagnoles ne font pas partie du programme. Ces tueries publiques de taureaux, et surtout de chevaux, ces exhibitions d'entrailles nous paraissent un spectacle très-sortable pour les jours de gala de la cour de Dahomey. »

On lit dans le *Sémaphore* : « Ce spectacle, auquel nous avons assisté, il y a quelques années, avait été marqué par divers incidents de nature à prouver que ces jeux, renouvelés des Romains, devaient être bannis de nos mœurs... A en juger par les émotions auxquelles ont donné lieu les dernières courses, il est constant que la nation espagnole, si avide de ce genre de délassement, n'a pas inoculé ses goûts à la nation française. »

La *Gironde* s'exprime ainsi : « En même temps que les courses de taureaux excitent, dans une partie de la population, un engoûment incontestable, un grand nombre de personnes protestent contre ces jeux cruels, indignes de notre civilisation. La Société protectrice des animaux, qui a déjà rendu tant de services, vient d'adresser à M. le ministre de l'Intérieur une requête en vue d'obtenir l'interdiction, en France, de ces fêtes barbares. »

Le *Nouvelliste de Rouen* s'associe à toutes démarches faites pour l'abolition de ces jeux, et termine ainsi : « Les dispositions de la loi Grammont sont-elles ou ne sont-elles pas abrogées ? »

La *Patrie* joint ses protestations à celles de l'évêque de Nîmes, contre la dangereuse importation des courses. « Nous n'avons pas, ajoute-t-elle, à faire de la sentimentalité ; mais nous ne croyons pas que l'âme la plus virile ait rien à demander à de pareils spectacles. Quant à leur immoralité, elle se dénonce trop d'elle-même pour que nous ayons à la signaler. On apprend à être farouche, comme on apprend à être humain. C'est affaire d'enseignement, et malheureusement les impressions que laissent après elles les courses dont nous parlons, sont de la nature la plus odieuse, pour ne pas dire la plus révoltante. »

Le *Siècle* va droit au but : « Nous n'insisterons pas, dit-il, sur ces scènes dégoûtantes, où de malheureux chevaux, sacrifiés d'avance, livrent leurs flancs amaigris à la corne du taureau, où d'ignobles cavaliers éperonnent encore de pauvres animaux qui marchent sur leurs entrailles pendantes. Ces arênes transformées en charnier, ces spectateurs applaudissant à une tuerie, est-ce là un spectacle à donner au peuple ? Les Nîmois d'aujourd'hui sont-ils donc les Nîmois du temps de Tibère ? Demandons tout simplement aux maires et aux préfets d'appliquer la loi Grammont, au lieu de la violer ouvertement, comme viennent de le faire le maire et le préfet de Nîmes. »

« Nous apprenons, dit la *France*, que Mgr l'évêque de Nîmes vient d'adresser une *lettre pastorale* au clergé et aux fidèles de son diocèse contre les courses de taureaux. On ne saurait trop applaudir à ces manifestations du véritable esprit chrétien, aujourd'hui que ces courses semblent devoir devenir un *sport* à la mode. »

Le *Monde illustré*, résumant sa correspondance, sans en atténuer la crudité, montre que la dernière course de Nîmes a paru hideuse aux Nîmois eux-mêmes.

« Le premier taureau fondit sur un des trois *picadores*, et d'un coup de corne fit au ventre du cheval une entaille par laquelle les intestins sortaient, se balançant à chaque mouvement de la pauvre bête.

» Avec le second taureau, le cheval s'abattit sur le cavalier qui était perdu, si l'on n'avait réussi à détourner, sur un autre point, la furie de son adversaire.

» Le troisième taureau choisit le moment où le *picador* abandonnait sa monture, et plongea d'un coup de tête dans les entrailles du cheval ; il y fouilla — *farfouia*, disait la multitude, — de la façon la plus horrible, et finit par retirer sa tête rouge et fumante de sang et de débris sans nom ! »

Dans le *Monde*, M. Cros consacre un feuilleton tout entier à « cette *boucherie*, où la foule répondait par des hurlements sauvages aux douloureux beuglements du sixième taureau, criblé de blessures, dont la fin a duré plus d'un quart d'heure ! Le peuple huait, trépignait, vociférait.

» Au second cheval que le *picador* laissa tuer d'une manière ignoble, on n'entendait qu'un seul cri : « A bas les picadors ! Hors l'arêne les chevaux ! » L'un de ces hommes faisant mine de rester, les pierres commençaient à voler dans le cirque. Le général, plus irrité encore que le peuple, défendit de faire paraître d'autres chevaux.

» Eh bien ! chose incroyable, une heure après, les sentiments de la foule étaient changés ; l'on entendait des voix hideuses demander à grands cris la rentrée des chevaux. Le sang appelle le sang. Il y a, au fond de l'homme, de ces instincts de férocité qu'il est bon de ne pas exciter. Il y avait plus que le taureau à rugir dans l'arêne : sur les gradins, la voix d'autres bêtes grondait.... J'ai frémi ! j'ai entendu dans ces clameurs altérées de carnage, la voix des païens qui garnissaient, il y a dix-huit siècles, cet amphithéâtre... »

## § V

Voici l'extrait fidèle de la Lettre pastorale que plusieurs journaux ont reproduite en entier :

« En condamnant ces jeux, nous pressentons qu'il en est beaucoup à qui notre sévérité paraîtra tout à la fois étrange et désagréable... L'ardent intérêt que nous vous portons ne reculera point devant l'impopularité d'une exhortation que nous regardons pour nous comme obligatoire, et pour vous comme nécessaire...

... Il y a deux espèces de *Courses de taureaux* : les unes sont traditionnelles dans ce pays ; les autres, de temps en temps, nous viennent de par-delà les Pyrénées. Ces deux genres de combats ne sont ni dangereux ni sanglants au même degré ; mais tous les deux sont incompatibles avec le véritable esprit chrétien... Pourquoi ramener les taureaux à ces tortures dont le Christianisme avait délivré leur race ?... Quand le double stimulant du fer et de la douleur les aura comme embrasés de rage ; quand ils courront en désespérés dans l'enceinte du combat, remplissant l'air de leurs mugissements, la joie de l'assemblée sera profonde, et croîtra pour ainsi dire avec les angoisses de la bête irritée...

Quel est cet autre animal qui succombe avec le taureau et par les violences du taureau lui-même ? Ne reconnaissez-vous pas celui que Job a peint dans un si fier langage ? C'est le cheval... Ceux qui le montent se précipitent sur le taureau pour l'irriter... Le taureau, déchaînant contre lui toutes les fureurs d'une corne meurtrière, s'efforce de le blesser à mort. Quand il a fait une victime, il en poursuit une seconde. Plus il les multiplie, plus il est agréable aux spectateurs...

« Ces jeux ne sont attrayants que par le côté du péril et de la souffrance... On a vu le taureau soulevant des toréadors avec ses cornes, les lancer dans les airs... pour les laisser retomber sur le sol de l'arène meurtris, broyés, expirants, et joignant un cadavre d'homme aux cadavres des bêtes... Prétendra-t-on qu'il est inouï que le taureau ait franchi les barrières destinées à défendre la foule, et porté l'effroyable péril de sa rage parmi les spectateurs épouvantés ? Si ce malheur est rare,... demandez à vos souvenirs si vous n'avez pas vu ou entendu raconter quelques-uns de ces accidents sinistres? Demandez à l'Espagne si ce sont des chimères; l'Espagne qui, presque chaque année, dans ces jeux homicides, voit périr plusieurs combattants; l'Espagne qui, pour attester qu'elle croit aux dangers même mortels do ces jeux homicides, place près du cirque, au moment du spectacle, un prêtre avec les Saintes-Huiles, pour administrer ceux que les taureaux auraient frappés d'un coup sans espoir. Demandez enfin à tous les historiens qui se sont occupés d'enregistrer les catastrophes de nos modernes amphithéâtres, et vous saurez combien d'agonies se sont mêlées à l'ivresse de ces sanglantes fêtes,.... dans ces luttes où la fureur des animaux et leur mort est le but direct, le plaisir envié; où le trépas de l'homme est toujours une chance qu'on accepte, un dénoûment auquel on se résigne froidement, si l'on n'y applaudit pas...

» Dans l'enceinte où se livrent ces assauts sanglants, non-seulement des hommes, mais des femmes, mais de jeunes filles, mentant à la délicatesse de leur nature, abdiquant les saintes susceptibilités de leur tendresse, ne rougissent pas de contempler comme un amusement ces atrocités dont la pensée seule devrait leur faire horreur.

» Nous dépassons les Romains!... Les Romains disaient autrefois: « Du pain et des jeux. » De nos jours, certains hommes du peuple, qui ont peine à vivre, vont plus loin, et diraient volontiers : « Des jeux et puis du pain, si c'est possible. » Ils aggravent leurs privations et celles des personnes qui les entourent,... jusqu'à vendre ou engager certains objets qui leur sont nécessaires, afin de se procurer l'argent dont ils ont besoin pour entrer dans le théâtre de ces luttes cruelles...

» On se passionne pour ce qui devrait révolter.... L'aspect d'une plaie entr'ouverte, la pourpre du sang qui coule exercent sur les yeux la plus irrésistible des fascinations ; le moment où la foule tressaille avec le plus d'exaltation,... c'est quand un coup plus sinistre que les autres vient d'épouvanter l'arêne....

» Les femmes chrétiennes, qui ne peuvent souffrir une larme à la paupière de leur enfant ; qui souvent ne peuvent voir un malade sans défaillance ; qui ne sauraient supporter le spectacle d'un oiseau blessé, prennent, dans ces courses terribles, une nature de bronze. On les voit ordinairement plus nombreuses que les hommes aux exécutions capitales ; le sont-elles moins aux courses de taureaux ? Nous ne pourrions le dire ; mais ce qui est sûr, c'est qu'elles n'y sont pas moins passionnées... Elles agitent les bras, elles poussent des cris aux moments solennels, avec une fougue, des élans, des convulsions qui révèlent quelle fumée le sang répandu fait monter à leur tête.

» Tel est l'incendie allumé par tous les spectacles sanglants ; quand on les a vus, on veut les revoir encore... Ils auront été monstrueux et dégoûtants ;... au lieu d'une lutte, on n'aura rencontré qu'une boucherie... Au spectacle prochain, la même multitude reviendra prendre sa place, au risque de rencontrer les mêmes horreurs... Le sang, une fois bu par les yeux, excite une soif intarissable. Elle se contente aujourd'hui de voir les hommes lutter contre des taureaux ; avec la répétition de ces scènes cruelles, les cœurs s'endurciraient, et viendrait une époque où, sans scrupules, les uns ressusciteraient les odieux combats des gladiateurs, les autres courraient avec fureur applaudir à ces jeux inhumains....

» Au sein d'un pays comme le nôtre, où règne tant de mobilité dans l'ordre social, où les révolutions sont si faciles et fréquentes, il est bon de ne pas développer dans la nation des instincts farouches, dont elle pourrait abuser ensuite, dans un moment de trouble et de chaos, pour se déchirer elle-même, dans de sanglantes saturnales.... »

Qu'ajouter à de si nobles et éloquentes paroles ? Rien, si ce n'est qu'elles sont restées impuissantes !

On voulait amuser le peuple : on a réussi. Et pourtant le spectacle espagnol n'a pas eu tout l'attrait émouvant qu'il comporte : un homme blessé à mort, les affres de son râle et de son agonie.

Quand une exécution capitale sera jugée nécessaire à Nîmes, qu'on ouvre les arènes, pour y dresser l'échafaud ; qu'on mette les places à des prix raisonnables, on aura la foule ; et l'on pourra, comme à Marseille, entendre, au milieu des lazzis, et dans l'impatience de l'attente, un chœur de dix mille voix préluder irouniquement aux apprêts funèbres. La veille des courses de taureaux à mort, des milliers de Marseillais s'étaient réunis à la plaine Saint-Michel, où l'on devait guillotiner l'assassin Picot. La plate-forme resta vide. Les amateurs, qui s'ennuyaient, se prirent à hurler l'hymne des morts et le *Miserere*.

Qu'ils retournent aux arènes. Afin de les dédommager, on fera, pour eux, écraser chaque jour un taureau par un éléphant, en attendant qu'ils aient sous les yeux, aux courses de 1866, le cadavre du banderillero Matheo Cabrera, éventré, transpercé par la corne du taureau.

Heureuse population, pour qui l'on varie ingénieusement les plaisirs honnêtes, laisse-moi simplement rappeler, à bon entendeur, qu'il existe une loi protectrice des animaux; qu'à Nîmes, comme ailleurs, la violer ouvertement, au lieu de la respecter, et de la faire appliquer, c'est donner un mauvais exemple.

Je fais appel aux hommes de cœur, aux femmes compatissantes, aux organes de la presse vigilants et indépendants, à tous ceux qu'intéressent l'honneur et la moralité du pays; qu'ils nous aident à repousser une importation funeste.

Le Sénat proteste avec nous : il accueille une pétition généreuse, signée par l'honorable M. Doussault; le 20 mars 1866, il entend le rapport approbatif et noblement énergique du comte Mimerel (de Roubaix), sur cette pétition, et la renvoie, avec une recommandation spéciale, au Ministre de l'intérieur.

## § VII.

L'occasion de donner une satisfaction tardive, mais, je l'espère, définitive aux sentiments d'humanité violés par les fêtes tauromachiques, ne tardera pas à se produire :

Au mois de mai suivant (1866), un maire — je rougis qu'il soit médecin, — autorise, encourage une troupe espagnole à donner, à Périgueux, le spectacle des *taureaux à mort*, dans un cirque immense, élevé pour la circonstance.

La corne aiguë des farouches animaux, les chevaux chancelants des picadors, la spada du matador, le poignard du cachetero, la foule avide d'émotions, tout est prêt pour ce carnage. Mais, sur la porte du toril, au moment de commencer la course, l'autorité municipale, rappelée à ses devoirs par ordre supérieur, s'est vu forcée d'inscrire, au grand désappointement des Périgourdins *officionados*, de haut et bas étage, accourus de fort loin : LE SANG NE SERA PAS VERSÉ.

Son Excellence M. de la Vallette, ministre de l'intérieur, venait d'adresser au Préfet de la Dordogne une lettre se terminant ainsi :

..... « Si le Gouvernement ne se hâtait de restreindre les courses de taureaux dans les limites de la loi, s'il usait encore d'une tolérance dont plusieurs autres villes ne manqueraient pas de se prévaloir, un spectacle, qui n'est point fait pour nos mœurs, et dont l'influence peut être dangereuse, s'introduirait en France, et, de proche en proche, prendrait rang parmi les réjouissances offertes aux populations de Paris et de l'Empire.

» C'est ce qu'il faut éviter ; c'est ce qui m'interdit toute concession contraire à la législation existante. »

# VIII

## LA CHASSE A OUTRANCE.

**§ I. Ceux qu'elle attriste. — L'abattage princier. — § II. La rage italienne et méridionale. — Les massacres d'oiseaux. — Les engins défendus. — § III. Brigandage des braconniers. — La tête du moineau mise à prix. — Réhabilitation. — Réglementation de la chasse. — Contrebraconnage. — Le tir au pigeon.**

### § I

Je vais toucher, je le sais, à une sorte d'arche sainte, à un plaisir essentiellement princier, à l'un des revenus de l'Etat et des communes.

Beaucoup de mes excellents amis, non moins excellents chasseurs, vont jeter là mon livre, en haussant les épaules. « Un homme sérieux peut-il s'élever contre la chasse, qui a son temps, ses lois, ses coutumes? Est-ce que le chasseur ne ménage pas les femelles, le plus possible? Est-ce qu'il ne cherche pas à épargner les trop petits, les trop jeunes animaux?

» Ne faut-il pas approvisionner le château, les halles, du gibier qui finirait par nous manger, si nous ne prenions pas l'initiative?

» La chasse est comme un abattoir : une nécessité.

à un autre degré. C'est affaire de cuisine; l'honnête homme s'en lave les mains.

» Prenez garde, d'ailleurs; qui veut trop prouver ne prouve rien. Si vous attaquez le plaisir de la chasse au nom de l'humanité, l'humanité aura tort. »

Je le crois; néanmoins il ne s'agit pas seulement ici du gibier : voici un père de famille qui se blesse ou qui se fait estropier à la chasse, en ajustant une pauvre bête, une pauvre bête qui se sauve, ruisselante de sang, et va donner une dernière fois leur nourriture à ses petits ; ce chasseur a une femme et des enfants ; il n'a pas trouvé d'autre emploi de la journée que celui d'aller au loin tuer, pour s'amuser, et faire montre d'une adresse, souvent raillée, presque toujours équivoque, et parfois plus dangereuse pour lui-même et pour ses amis que pour les pièces qu'il tire. La confrérie de saint Hubert ajoute, chaque année, trop de noms à son martyrologe.

« La chasse, dit Nestor Roqueplan, est une succession de tueries. Ce sont de beaux faisans, atteints dans l'éploiement de leurs brillantes ailes; des perdrix mutilées et roulant leurs jolis petits yeux mourants ; des lapins coupés en deux, au milieu de leurs gamineries ; des lièvres foudroyés, au moment où ils s'acculent, et se tendent comme des arc-boutants de cathédrale; des chevreuils percés au flanc et gémissant avec de jeunes voix humaines. Qui a pitié de toutes ces belles bêtes, tuées en pleine vie? Personne. »

Peut-être. L'infortunée Marie-Antoinette écrivait de

Compiègne, le 26 août 1772, à sa sœur Marie-Christine (1) :

« Monsieur le Dauphin se porte très-bien ; il a chassé beaucoup, et j'ai assisté à des massacres affreux dans la cour du château, à la lueur des flambeaux (2).

» On me rirait au nez, si je disais tout haut que ces plaisirs sont d'indignes cruautés : les chiens acharnés m'ont fait penser à ce morceau de Jésabel, que vous déclamiez si bien.

» Adieu, chère Christine ; je vous embrasse tendrement, et j'envoie mon cœur à tout le monde. »

Il y a eu cependant des femmes qui chassaient, et qui tuaient.

O sexe faible ; ô sexe miséricordieux !

Sainte-Foix écrivait : « Qui n'a entendu dire à ces dames : « Nous nous promenâmes dans la forêt, et, sans nous fatiguer à suivre la chasse, nous eûmes le plaisir de nous trouver à la mort du cerf ; c'est-à-dire de voir un animal tombé que l'on tue, dont les regards et les larmes devraient nous faire sentir notre férocité. »

Quelle éloquente émotion, dans cette page écrite par Lamartine sur l'agonie d'un chevreuil, sa dernière victime !

« ..... Je n'avais jamais réfléchi encore à ce brutal

(1) Correspondance inédite publiée sur les documents originaux, par le comte Paul Vogt d'Hemolstein. — 1864.

(2) Le Dauphin, c'est Louis XVI, qui, marié en 1770, ne devint roi qu'en 1774, à la mort de Louis XV.

plaisir de l'homme, qui se fait de la mort un amusement, et qui prive de la vie, sans nécessité, sans pitié et sans droit, des animaux qui auraient sur lui le même droit de chasse et de mort, s'ils étaient aussi insensibles, aussi armés et aussi féroces dans leurs plaisirs que lui...

» Le coup partit : le chevreuil tomba, l'épaule cassée par la balle, bondissant en vain dans sa douleur, sur l'herbe rougie de son sang.

» Quand la fumée du coup fut dissipée, je m'approchai en pâlissant et en frémissant de mon crime. Le pauvre animal n'était pas mort : il me regardait, la tête couchée sur l'herbe, avec des yeux où nageaient des larmes. Je ne l'oublierai jamais, ce regard, auquel l'étonnement, la douleur, la mort inattendue semblaient donner des profondeurs humaines de sentiment, aussi intelligibles que des paroles..... Je le comprenais, et je m'accusais, comme s'il avait parlé avec la voix. « Achève-moi, » semblait-il me dire,... par la plainte de ses yeux et les inutiles frémissements de ses membres. J'aurais voulu le guérir à tout prix ; mais je repris mon fusil, par pitié, cette fois, et, en détournant la tête, je terminai son agonie du second coup.

» Je rejetai alors mon fusil loin de moi, et cette fois, je l'avoue, je pleurai... Je renonçai pour jamais à ce brutal plaisir du meurtre, à ce despotisme cruel du chasseur, qui enlève, sans nécessité,... l'existence à des êtres auxquels il ne peut pas la rendre. »

A propos d'un chétif oiseau soigneusement empaillé, l'auteur d'un livre intéressant, — *Voyage scientifique autour de ma chambre,* — M. Arthur Mangin, raconte ainsi ses impressions, qui à nos belles chasseresses paraîtront empreintes d'un excès de sensibilité, plus encore que les larmes de Lamartine :

« ..... Cette bergeronnette, c'est moi qui l'ai tuée lâchement et bêtement, pour ne pas rentrer, mon fusil chargé!... La pauvre petite sautillait gaîment au bord d'une rivière.... J'ajustai l'oiseau, et je tirai.... Il tomba : le remords aussitôt pénétra dans mon cœur. Je sautai dans un bateau, je traversai la rivière, et j'abordai à l'endroit où la bergeronnette avait été frappée. Elle vivait encore : je ne lui vis d'autre mal qu'une aile brisée. Je la pris avec précaution, je l'emportai... J'aurais donné bien des choses pour la sauver ; cela m'aurait délivré du sentiment douloureux, poignant, que laisse une mauvaise action. Mes soins furent inutiles ; la bergeronnette mourut au bout de quelques heures... »

En 1851, l'illustre Fox, alors premier ministre de l'Angleterre, étant venu à Paris, fut invité, par le banquier Ouvrard, à une grande chasse dans le parc du Raincy ; 800 pièces de gibier furent abattues. Quel carnage ! quels exploits ! quelle gloire ! A la vue de ce monceau de créatures massacrées, exposées comme des motifs d'orgueil et de réjouissance sur la terrasse du château, Fox s'évanouit.

Il ne se serait pas évanoui, ce sir Fulton, qui tenait

avec soin le compte-courant de ses tueries. Peut-on avoir plus d'attention pour la postérité !

Ecoutez bien, chasseurs vulgaires, et piquez-vous d'une noble émulation : 3,467 grouses, 12,774 faisans, 22,795 perdrix, 7,829 lièvres, 4,483 bécassines, 45 canards sauvages, 72 cailles, 7 pluviers. Cette tuerie stupide dépasse le nombre de cinquante mille pièces.

Le prince de Galles est en beau chemin pour le dépasser. Pendant la saison qui vient de finir (1865-66), Son Altesse royale a daigné abattre, d'après un relevé que publie le *Court Journal*, 26,000 pièces de gibier.

Les chasses royales, plus d'une fois, ont dégénéré en un abattage pitoyable, n'exigeant ni la poursuite alerte du gibier, ni l'adresse du tireur, ni rien de l'art cynégétique. Dans la forêt de Rambouillet, à une place préparée d'avance, où Charles X devait tirer, les gens de la vénerie creusaient deux ou trois cents trous dans la terre ; cela fait, ils cachaient dans chaque excavation cinq ou six faisans sous un grillage formé par des baguettes. Au moment où le roi paraissait, des gardes appostés tiraient la ficelle ; les faisans engourdis s'enlevaient pesamment, en troupe, et le fusil royal, habilement tiré, faisait un grand massacre. Charles X partait, convaincu que le gibier à plume abondait dans ses réserves.

On lit dans Straus-Durckeim, — *Théologie de la nature*, — un chapitre intitulé : *Devoirs de l'homme envers les animaux*, dont j'extrais le passage suivant : « La *chasse meurtrière* consiste à réunir, par des traques, une quantité de gibier de toute espèce, et d'en faire passer le troupeau devant les grands seigneurs, pour leur offrir la jouissance de massacrer plus à leur aise, à quelques pas de distance, en tirant avec des fusils qu'ils ne se donnent pas même la peine de recharger. Cette occupation trop vulgaire est laissée à de simples piqueurs ; elle prendrait un temps précieux, que dans leur passion pour le plaisir du meurtre, les maîtres aiment mieux employer au meurtre des animaux qu'on pousse devant leurs pieds, et dont la plupart, plus ou moins grièvement blessés, restent en proie à d'horribles souffrances, souvent jusqu'à la fin de la journée ou jusqu'au lendemain, qu'on vient les achever. »

Jusqu'en 1777, on n'avait pas encore vu la chasse organisée sur des échelles. Cette ingénieuse innovation se produisit, en novembre de cette année, à Brunoy, chez le comte de Provence, frère de Louis XVI.

Dans cette mémorable journée, deux mille sept cents pièces furent abattues par les princes. Comme le roi avait la vue très-courte, que les rabatteurs étaient obligés de lui ramener le gibier tout près de lui, et qu'alors il risquait de blesser les hommes chargés de ce soin, on avait trouvé, pour remédier à cet inconvénient, le beau moyen que voici : — je le recommande aux invalides. — On fit fabriquer trois échelles roulantes, du genre de celles dont on se sert dans les hautes bibliothèques : elles étaient surmontées d'une plate-forme avec fauteuils. Chacun des princes se plaça dans l'une d'elles, et de là, plongeant sur les oiseaux dans les tirés, où l'on faisait mouvoir les machines, ils purent fusiller tout à leur aise le gibier, sans craindre de toucher les officiers chargés de ce rabat.

La chasse ainsi comprise est un noble délassement !

## § II.

Les Italiens sont pris d'une véritable rage pour la chasse aux oiseaux, dès le printemps, et surtout à l'automne, époques des migrations. « Gens de tout âge et de toute condition, enfants et vieillards, nobles, négociants, prêtres, ouvriers, manœuvres, paysans, tous, dit M. Frédéric de Tschudi, abandonnent leur travail accoutumé, pour attaquer, comme des bandits, les troupes de ces hôtes passagers.

» Au bord des ruisseaux et dans les champs, partout l'air retentit de coups de feu ; on pose des filets, on dresse des piéges, on place des gluaux.... Ce sont surtout les petits insectivores, les oiseaux chanteurs, et les rossignols même que l'on détruit ainsi. »

Dans un seul district, au bord du lac Majeur, le nombre des petits oiseaux égorgés chaque année s'élève de 60 à 70,000. Dans la Lombardie, en un seul jour, et dans une seule oisellerie, — *roccolo*, — l'on en prend souvent jusqu'à 1,500. Près de Vérone, Bergame, Brescia, leur nombre, pendant un seul automne, monte à plusieurs millions, et ceci n'est qu'une très-petite partie de l'Italie. Vers le sud, l'extermination atteint aussi des multitudes innombrables.

Les hirondelles sont prises au filet, par milliers, et même, de la manière la plus cruelle, au moyen de hameçons amorcés d'un ver ou d'un insecte.

Chères hirondelles, à Paris aussi vous avez des bourreaux ! Il y a quelques années, au pont des Arts, j'en ai vu, de ces pauvrettes, se débattre accrochées au bout du fil d'une ligne, par le bec ou la gorge, et les passants s'amusaient à ce spectacle !

Entre le pont d'Austerlitz et celui de Bercy, la population parisienne se livrait, en 1864, avec un très-grand succès, à l'extermination des hirondelles et des martinets voltigeant et rasant la terre au-dessus des trains de bois qui bordent la rive droite du fleuve, et où elles trouvent des myriades d'insectes diptères et coléoptères. « Toute l'aimable société de ces parages, nous écrivait le docteur Labourdette, fait la chasse au moyen de longues gaules arrachées aux trains de bois, en fouettant, au passage, ces agiles écumeuses de l'air, qui, entraînées par leur élan, vont se briser contre ces engins nouveaux. »

L'hirondelle est à la mode; on l'étale au toquet des dames : mode ridicule, et qui durera, parce qu'elle est absurde. Qu'un jour des chasseurs en goguette ornent leur visière d'un pinçon ou d'un pic-vert qu'ils ont abattu, cela suffira pour qu'à la prochaine course de la Marche, on voie Frisette, Amanda, Florette, Rigolette et vingt baronnes de trois étoiles, empanachées d'un oiseau. Et ne sait-on pas avec quel empressement naïf on emprunte à ces baronnes leur maquillage, leurs cheveux teints en rouge, leurs *traines* dans la poussière et dans la boue!

Chasseurs, braconniers, maraudeurs, tous font leurs razzias pour illustrer ces demoiselles, dont la manie pour la bête empaillée et saturée d'arsenic a coûté la vie, en moins de deux ans, à plus de cent mille hirondelles du rayon de Paris, sans parler des mésanges, des bergeronnettes et de vingt autres espèces de nos utiles oiseaux. Des gens du métier l'ont dit à Toussenel. Voyez, du reste, aux vitrines des chapeliers.

C'est aux hirondelles aussi qu'il visait, ce David Fléming, accusé d'assassinat sur la personne de Stéphenson, et dont le ***Standar d'Arnsburg*** a raconté le passe-temps : « On lui avait permis de garder auprès de lui, dans la prison, un fusil, pour qu'il pût ***s'amuser*** à tuer les hirondelles par la fenêtre de sa cellule. »

On n'est pas plus complaisant pour les meurtriers. Un jour, l'accusé se tira un coup de feu dans la tête. « J'aime à croire, dit le docteur Maximin Legrand, en citant ce fait, que David Fléming s'est tué de désespoir, parce qu'il a manqué toutes les hirondelles qu'il s'est ***amusé*** à tirer. »

L'ardeur qui pousse les Italiens à la destruction des oiseaux tourmente aussi les habitants de la Provence. Quel entrain pour cette œuvre, avec des raffinements inventés par l'appât du lucre! Dans le département des Bouches-du-Rhône surtout, le moindre volatile est mis à mort, dès qu'il se montre. Comment échapperait-il aux mille engins si variés qui se dressent, le jour, la nuit, au crépuscule, au lever de l'aurore : gluaux, postes-au-vif et postes-à-feu, quatre-de-chiffre, bestingo, miroirs, rets de toute espèce et de toute dimension, filets à poche et en couverte, mobiles, fixés aux murailles ou formant enceinte aux bastides ?

« Quelque idée que vous puissiez vous faire, dit M. Alphonse Clapiers, de la passion, de la furie du chasseur marseillais, vous seriez encore bien loin de la vérité. » Les bergers, les enfants des fermes, et presque tous ceux qui fréquentent la campagne, creusent des piéges dans la terre. Un moëllon, quatre brins de bois et un support, voilà le trébuchet rustique ou *lecquo* que ces drôles amorcent avec quelques graines ou baies. Au moindre ébranlement produit par la grive, le merle ou le rouge-gorge, l'assemblage s'écroule, assommant les pauvres oiseaux.

Sept mille bastides entourent Marseille : chacune a son poste-à-feu, bien armé. Ne tirerait-on, chaque dimanche, que quatre hectogrammes de grenaille par poste, cela ferait l'énorme poids de 2,860 kilogrammes employés à la destruction des gardiens de nos champs et de nos récoltes. Qu'on s'étonne, après cela, de voir pulluler en légions innombrables les insectes, les vers, les destructeurs invisibles et infatigables de nos vignes, de nos forêts, de nos grains, de nos produits de toute espèce.

Ils tuent jusqu'au rossignol, qu'ils prennent par

milliers, au filet à grandes bandes, aux alentours d'Arles et de Tarascon.

Plusieurs espèces de pics, de grimpereaux et de merles ont déjà disparu des contrées méridionales de la France; les mésanges, les rouges-gorges, les fauvettes, les troglodytes, les bergeronnettes, y ont subi, depuis vingt-cinq ans, une diminution que l'on peut, sans exagération, évaluer à plus de la moitié.

Même fureur, en Lorraine, pour la chasse aux petits oiseaux. Partout des gluaux, des collets, des raquettes ou sauterelles. C'est ce dernier piége qui fait le plus de ravages, parce qu'il est le plus multiplié. L'oiseau pris à cet engin a les cuisses, les pattes ou les doigts brisés. Il meurt ou d'épuisement ou de douleur.

Toussenel écrivait, dans une excellente Revue, *la Vie à la campagne :*

« Aujourd'hui que la destruction des petits oiseaux a pris les proportions d'un immense désastre public, et qu'il est à peu près généralement reconnu que la plupart des fléaux qui désolent le monde proviennent de cette cause; aujourd'hui que le salut de l'Europe commande impérieusement d'imposer une trêve à cette destruction, et d'interdire sévèrement la chasse et la vente des petits oiseaux,.... ce que je réclame sérieusement, comme une double mesure d'urgence, et au nom du salut public, c'est la prohibition immédiate et absolue de la chasse aux filets à l'hirondelle et à la bergeronnette, deux espèces précieuses, à la conservation desquelles le salut des autres espèces est intimement attaché ; — c'est la prohibition de la sauterelle (raquette), un piége abominable, qui non-seulement détruit par milliers de douzaines les espèces les plus délicates et les plus charmantes à entendre, mais qui fait périr les oiseaux dans d'affreuses tortures, leur broie inhumainement les membres, les crucifie la tête en bas. Le supplice de la sauterelle est une atrocité si révoltante, si impie, et si propre à dresser les enfants au métier de bourreau, qu'il ne me semble pas même nécessaire, en l'état, de recourir, pour en avoir raison, à une nouvelle loi : j'estime que l'autorité se trouve suffisamment nantie, de par la loi Grammont, du droit de l'interdire. »

Eh bien ! l'habile écrivain se trompe, et je voudrais qu'il eût raison. Par une lacune regrettable, la protection de la loi ne s'étend pas au delà des animaux domestiques.

La pipée est aussi fort en usage, en Lorraine surtout, et les maîtres-chasseurs la rendent productive, en cassant la cuisse à la chouette, qui sert d'*appelant*, et en tournant l'os fracturé dans les chairs. Les cris lamentables que la souffrance arrache à la victime, attirent de loin les oisillons : aussi nomme-t-on cette manœuvre *la pièce de victoire !*

La chasse aux palombes se fait, dans les Pyrénées, au moment de l'émigration, à l'aide d'immenses filets que l'on tend sur des plateaux resserrés entre des montagnes. Au moment où ces ramiers arrivent à toute vitesse, un des chasseurs, suspendu dans le vide, lance un épervier de bois : les oiseaux effrayés plongent vers la terre, et vont donner en plein dans les filets. Le massacre commence aussitôt. Il faut en expédier des centaines en un clin d'œil ; un autre vol peut arriver : il faut relever le piége. Deux hommes se précipitent sur les victimes, les foulent aux pieds, les étouffent entre les doigts, leur écrasent la tête d'un coup de dent. « Cette hécatombe, dit M. Maigrier, se renouvelle plusieurs fois par jour, durant une quinzaine. »

La loi du 3 mai 1844 est-elle donc abrogée ? Non. Mais sa pénalité, toute juste qu'elle est, paraît peut-être trop forte pour qu'on puisse l'appliquer à tous les délinquants ? En voici la teneur : « Seront punis » d'une amende de cinquante francs ceux qui auront » pris, soit au piége, soit au gluau, soit à l'aide de » tout autre engin, des oiseaux dans les champs, dans » les bois ou sur la voie publique. »

Les peines graduées ont cet avantage que le juge, pouvant les proportionner suivant les circonstances, ne renvoie pas sans condamnation un coupable auquel il peut appliquer une légère amende.

La manie de la chasse s'est tellement généralisée chez nous, qu'elle constitue un des ridicules de notre temps. Passer pour chasseur, voilà pour nos petits bourgeois, demi-rentiers, lycéens, avocats, médecins, magistrats, buralistes, pour tous, voilà l'ambition supreme. Il existe plus de fusils de chasse appartenant à des amateurs que le département ne compte de perdrix et de lièvres. Un statisticien l'affirme, et ce n'est pas moi qui le contredirai. Le jour de l'ouverture de la chasse est devenu, pour Paris, quelque chose comme le jour du *derby* pour Londres. *No body at home !* Personne à la maison !

On a fait, il y a quelques années, ce calcul que si l'on admettait seulement deux chasseurs par commune, — c'est peu, et autant de braconniers, — ce qui n'est pas exagéré, on trouverait, en France, une armée de soixante mille hommes sur pied, pour traquer, ensemble ou séparément, le gibier à poil ou à plume. Mais ces chiffres restent bien au-dessous de la réalité, car on sait qu'il y a trois braconniers pour un chasseur. Trois cent mille permis de chasse ont été délivrés en 1864. Le nombre des braconniers, d'après les renseignements les plus positifs, n'est pas moindre de 445,000. Et sans être braconniers, bien des gens chassent sans port d'armes.

Aussi quel massacre on exécute partout, à l'ouverture de la chasse ! Si nous supposons que chaque tireur a mis bas seulement deux pièces pour son début, nous arriverons au chiffre de près d'un million quatre cent quatre-vingt-dix mille innocentes bêtes qui auront reçu la mort en quelques heures.

Aux environs des grandes villes, c'est une razzia complète.

« J'étais monté, nous écrit le docteur Amédée Latour, sur la terrasse de la maison que j'habite aux champs, et qui domine une plaine assez étendue. Quelle affreuse vision ! Dans un espace de quelques centaines d'hectares, ils étaient là, en quantité innombrable, une véritable armée de tirailleurs, faisant feu de toutes parts, et sur tout.... C'était comme une rage, une furie de destruction, si bien qu'au bout de quelques heures, tout fut massacré sous mon rayon visuel. La faune entière de la contrée avait disparu. Mon cœur était navré. »

§ III.

Plus destructeurs encore et plus cruels sont ces misérables qu'une ordonnance de François Ier, datée de 1615, punissait du fouet, du bannissement, de la flétrissure, et même des galères, la nation interlope de Saint-Hubert, dont les mœurs et les déplorables exploits sont si bien peints dans les articles publiés par M. de Cherville, dans *la Vie à la campagne,* et que M. Adolphe d'Houdetot a dévoilés aussi dans son beau livre : *Braconnage et contre-braconnage.*

Ces voleurs de gibier qui chassent en toute saison, avec toutes sortes d'engins prohibés : traîneaux, pantières, draps de mort, et qui trop souvent tirent sur le garde, forment, dans Paris seul, une association formidable de plus de deux mille individus, organisés, ayant leurs chefs, leurs signes de ralliement, des affiliations dans toutes les grandes villes, et une caisse de prévoyance qui rembourse leurs amendes, et leur fait même une haute paye, tout le temps qu'ils restent en prison.

Les panneauteurs *travaillent* la nuit. Leurs bricoles — c'est ainsi qu'ils appellent des troupes de quatre à cinq individus, hommes et femmes, chargés d'exploiter tel ou tel canton, — approvisionnent Paris et d'autres grandes villes, en toute saison, et principalement en temps prohibé.

Un restaurateur de Rennes, qui fait aussi le commerce de gibier, avoue que sur cent lièvres qui lui sont apportés, quatre-vingt-quinze ont été pris à l'aide du collet, ou par d'autres moyens excluant le fusil.

Dernièrement, un chasseur revenait de Caen au Hâvre, à bord du bateau *le Cygne*. Une marchande de gibier lui confia qu'elle avait avec elle, ce jour-là, quatre cents perdrix, et qu'ayant eu la curiosité d'examiner combien il y en avait de tuées au fusil, elle en avait compté seulement *vingt-quatre*.

Les braconniers trouvent des auxiliaires toujours prêts à les suivre parmi les désœuvrés de toute profession, mais surtout parmi les carriers et les débardeurs. Ils ont, parmi les paysans, de nombreux compères, qui leur ménagent l'impunité ; des amis parmi les gardes-chasse, qui souvent les secondent ; des éclaireurs et des complices fort dangereux parmi les receleurs, qui partagent avec eux le produit de leur brigandage.

Une expédition de la gendarmerie de Boissy-Saint-Léger, racontée par M. de Cherville, donne un aperçu des déprédations qu'ils commettent. C'était en novembre 1862 : les plaines et les bois de ce canton étaient mis en coupe réglée par deux ou trois équipes des plus dangereux braconniers. Chaque soir, ces nouveaux cosaques s'abattaient sur les bords de la Marne, passaient le bac de Chenevières, et, chaque matin, ils revenaient chargés de butin. Un brigadier, accompagné d'un gendarme, se mit en embuscade. Après vingt minutes d'affût, ils parvinrent à arrêter deux de ceux qui composaient une des bandes, et à saisir quatre pièces de panneaux et trois sacs à blé remplis de lapins et de perdrix. Les fuyards avaient jeté sur la berge de la rivière trois autres sacs que les gendarmes ne purent retrouver, et qui, grâce à la connivence des gens de la localité, retournèrent aux mains des maraudeurs. « Un de nos amis, qui habite aux environs, se trouvait, à l'heure de midi, dans une pièce du rez-de-chaussée. A travers la porte vitrée, il aperçut la tête ébouriffée d'un griffon, qu'il possède, et, tranchant sur cette tête, le pelage grisâtre d'un lapin, que l'animal tenait à la gueule. Tandis qu'il examinait ce cadeau qui venait de lui arriver d'une façon si inattendue, le chien se présentait avec un second lapin ; puis reparaissant aussitôt, il revenait avec un troisième ; enfin il ne tardait guère à en déposer un quatrième sur le tapis. Notre ami stupéfait supposa que son chien avait découvert la Californie des lapins, et il se hâta de se diriger vers le *placer*. Là, il eut le mot de l'énigme. Le flair du chien l'avait conduit au sac; il avait tant fait des ongles et des dents, que l'ayant éventré, il était parvenu à l'exploiter en détail.... Le sac miraculeusement retrouvé renfermait vingt-et-un lapins, qui, multipliés par sept, nous donnent un total d'environ cent cinquante pièces de gibier pour la récolte de la nuit. »

En Angleterre, on n'enlève pas les nids; on ne se livre pas non plus à ces chasses au filet et à la tendue, qui font tant de milliers de victimes; mais beaucoup de cultivateurs, croyant que les oiseaux sont nuisibles à leurs récoltes, répandent, pour les faire périr, du grain empoisonné par l'arsenic et la strychnine.

Il y a, dit *l'Androclus*, journal publié à Dresde, dans la plupart des villages, en Angleterre, un *club des moineaux*, qui, dans une réunion annuelle, terminée par un dîner, décerne des récompenses pour la destruction de ces oiseaux. On cite avec éloges un sieur Plummer, qui vint au meeting porteur de cinq mille huit cent douze de ces pauvres bêtes : il remporta le prix. Un de ces clubs, en une seule année, en a fait périr treize mille. Pendant le même laps de temps, dans le Worting, on a sacrifié treize mille huit cent quarante-huit pinsons. Enfin, *une dame*, dans le Kent, s'est vantée publiquement d'avoir, en deux ans, empoisonné, dans sa propriété, quatre-vingt-dix mille oiseaux, au moyen d'une poudre de sa composition. La Brinvillers des volatiles !

Ce n'était donc pas assez de toutes les causes de mort violente qu'ont à redouter les êtres les plus utiles, les plus inoffensifs, les plus charmants de la création. —Au printemps, le gaspillage des couvées et des petits ; en été, la sécheresse et les piéges au bord de l'eau ; en automne, la nuée des chasseurs novices ; en hiver, la neige et les piéges ; et les oiseaux qui vivent de proie, en toute saison : il manquait l'empoisonnement !

Les Américains du Nord avaient, il y a quelques années, établi des primes pour l'extermination des petits oiseaux. Le fléau des insectes s'abattit sur leurs récoltes. Il fallut doubler la valeur de ces primes, en faveur de ceux qui importeraient le plus d'espèces insectivores, et en multiplieraient le nombre. On sait l'histoire du grand Frédéric et des moineaux, qui guignaient ses cerises : il les proscrivit ; mais au bout de deux ans, il n'y eut plus de cerises, il n'y eut presque point d'autres fruits ; les chenilles avaient tout dévoré. Frédéric s'estima heureux de signer la paix, en capitulant avec les exilés.

C'est donc une sage résolution qu'ont prise les délégués des différentes sociétés protectrices des animaux, réunis à Vienne, en 1861, de s'adresser aux divers gouvernements de l'Europe, pour obtenir qu'on mette un terme à la destruction insensée des oiseaux.

Dans une pétition adressée de Zurich à l'Empereur des Français, par la Société centrale, au nom du Congrès, on signale, comme une des causes principales de la destruction des insectivores, « l'habitude déjà très-ancienne qu'on a, dans les pays au-delà des Alpes, et sur les bords de la mer, de faire une guerre d'extermination, au printemps et à l'automne, aux nombreux oiseaux de passage. »

Mais déjà, en 1861, un ministre éminent, M. Rouher, recommandait spécialement au Sénat des pétitions émanant du Comice agricole de Toulon et de la Société régionale d'Acclimatation du sud-est, « dans l'intérêt de l'agriculture très-sérieusement menacée, si l'on continue à détruire les seuls auxiliaires qui puissent arrêter efficacement la propagation des insectes, fléau des cultures de toute espèce. »

On connaît l'admirable rapport, à la suite duquel fut voté le renvoi de la pétition au ministre de l'Agriculture, rapport qui fut signé par le sénateur Bonjean, « homme de cœur et de talent, improvisé naturaliste, à force de bon vouloir et de véritable amour du bien public. » *(Discours du docteur Joly : l'Agriculture aux prises avec les insectes.)*

Le gibier occupe un rôle important dans l'alimentation publique, et fait vivre plusieurs industries ; mais nos lois et nos habitudes le protégent si peu, qu'en peu d'années le lièvre et la perdrix seront passés à l'état de curiosité des plus rares. Toussenel, parodiant une parole de Bossuet, s'écrie : « Le gibier se meurt (1) ! »

(1) M. de Saint-Aignan évalue à trente-cinq millions de kilo-

Le mal est-il sans remède ?

En Prusse, les chasseurs se font un scrupule de conscience, un devoir d'honneur de ne jamais tirer sur les femelles des espèces dont on peut reconnaître le mâle. « Dans le doute abstiens-toi, dit M. Viardot, qui a écrit un livre intéressant : *Souvenir de chasse*. Celui qui commet le meurtre d'une biche ou d'une chèvre est noté de bourreau ou de maladroit.... »

Dans le Holstein, celui qui tire une de ces femelles *par erreur ou de sa volonté*, soit qu'il la tue, soit qu'il la manque, paie une amende d'un frédéric ( 21 fr. 25 cent ).

« Là, comme partout en Allemagne, *le gibier n'est pas à celui qui le tue*. A tout possesseur de chasse, propriétaire ou locataire, manant, bourgeois, noble ou roi, on paie le gibier qu'on lui tue, et qu'on lui emporte.... »

A Grignon, dans la ferme annexée à l'Ecole impériale d'agriculture, on autorise la chasse, en prélevant un prix raisonnable pour chaque pièce, lièvre ou perdrix, tombée sous le plomb du chasseur. Bon exemple à conseiller partout. Le garde peut, de la sorte, être intéressé à la conservation du gibier, s'il reçoit une prime supérieure à celle qu'il s'adjuge en le détruisant, pour son propre compte.

grammes, par an, la chair de lièvre qui pourrait être obtenue en France, et la chair de perdrix à un poids presque égal.

*(Rapport du comte d'Esterno, à la Société zoologique d'Acclimatation.)*

M. Guy de Charnacé a raison : la chasse doit être ouverte quand le gibier est assez fort pour se défendre, et fermée quand il travaille à sa reproduction.

En 1865, M. le marquis d'Havrincourt, chambellan de l'Empereur et député, signalait à la chambre attentive l'apparition du gibier sur les tables de MM. les préfets, alors que la chasse était fermée. Les fonctionnaires publics devraient être invités à donner l'exemple du respect pour la loi, même lorsqu'ils ont à traiter MM. les conseillers généraux, à l'ouverture de la session.

Le gibier qui n'a pas été frappé par le plomb doit être réputé gibier de contrebande et confisqué, soit à l'entrée de la ville, soit chez les marchands qui le débitent, s'il porte des traces de collet ou autres engins prohibés.

Mais il ne suffirait pas de saisir l'objet volé ; c'est le voleur qu'il faut prendre — sinon pendre. — Le voleur, c'est le braconnier, « voleur de nuit presque toujours, et trop souvent un assassin qui, pour un lièvre ou un lapin, ne craint pas de tuer un homme. »

Bien déterminé à purger son arrondissement de cette maudite engeance, M. Cliquot, capitaine de gendarmerie à Mézières (Ardennes), fit, il y a peu de temps, pratiquer une battue spéciale, dont voici le résultat : 397 collets et 13 piéges à lièvres, 19 collets à chevreuils, 5,738 collets et filets à perdrix, gélinottes, cailles, grives, et 3 panneaux, furent saisis en la possession de 59 braconniers, y compris *trois gardes*.

Il existe dans plusieurs départements, et notamment à Reims, à Rouen, à Epernay, à Lille, à Meaux, des associations qui encouragent, par des primes et autres récompenses, la conservation du gibier, la destruction des animaux nuisibles, et la suppression du vol au braconnage, cette industrie qui est, ainsi que l'a écrit M. de Cherville, en éloquent observateur, le premier degré de l'échelle au sommet de laquelle la misère donne la main au crime.

La Société rémoise, qui a l'honneur de l'initiative et de la plus forte institution cynégétique, a organisé, sous la conduite des gendarmes et des gardes, des patrouilles de nuit. Réunie à celles de Lille et d'Epernay, elle a demandé au Sénat la révision de la loi du 3 mai 1844 sur la police de la chasse, et l'assimilation au vol du braconnage à l'aide d'engins prohibés.

Ainsi soit-il, grand saint Hubert !

Quel remède espérer pour cette fièvre du *tir au pigeon*, qui s'est, depuis quelques mois, emparée de nos Nemrods oisifs, et de nos Dianes chasseresses ? Au bois de Boulogne, auprès de Saint-James, on entend une fusillade incessante, celle des coups tirés au moment où l'oiseau prend son vol incertain, en sortant d'une étroite cage.

Pour les volatiles qu'on tue net, je n'ai rien à dire, sinon que le passe-temps de ces messieurs et de ces dames coûte la vie inutilement à bien des milliers de victimes ; mais pour les blessés qui vont, battant d'une aile, pantelants, à demi-morts, tomber dans le voisinage, je m'appitoye un peu ; je déplore un jeu qui donne à ces bestioles une lente et douloureuse agonie, et je demande si l'adresse des tireurs ne s'exercerait pas aussi bien sur un oiseau factice, qu'un mécanisme ingénieusement disposé lancerait avec des mouvements plus agiles, plus imprévus, moins faciles à suivre que le vol d'un pigeon engourdi ?

# IX

## L'EXTERMINATION A LA MER.

§ I. Les cétacés s'en vont. — Les engins de mort douloureuse. — § II. La baleine blessée. — L'ourque vorace. — § III. La balle explosive au service des baleiniers. — L'abus à craindre. — § IV. Le massacre du morse et du phoque. — Fatales conséquences.

### § I.

« Il y a parmi nous, dit Toussenel, de simples harponneurs qui se vantent d'avoir assassiné *quatre cents* baleines dans le cours de leur vie ! »

C'est possible, car il y a des gens possédés de la fureur du carnage, qui tuent pour tuer; il y en a d'autres, et beaucoup plus encore, qu'aveugle l'insatiable cupidité, pour qui tous les moyens de lucre sont bons, qui verseraient le sang de toute la création animale pour s'en faire un pactole. L'égoïste imprévoyance a transformé en une œuvre d'extermination ce qui fut, dans l'origine, une entreprise grandiose; elle a détruit, par ses excès, une industrie utile, qui, sagement exploitée, devait rester féconde, inépuisable.

Dans la chasse aux grands cétacés, l'Européen civilisé n'a-t-il pas imité l'Indien sauvage, qui coupe l'arbre pour en cueillir le fruit, qui brûle la forêt pour en chasser la bête fauve?

Ces bons géants des mers, qui ont une voix, des gémissements et de navrantes lamentations dans la douleur, qui allaitent avec tendresse leurs petits, qui les portent sous leur aisselle pour leur épargner la fatigue, qui les défendent avec rage et dévouement dans le danger, l'homme les perce avec un fer meurtrier, il les dépèce, râlant encore, à coups de hache. Avant un siècle, il aura tué le dernier. Répétons, avec Toussenel, que c'est un tort et un crime. « Le jour approche rapidement, dit-il, où va se faire sentir l'absence de ces grands estomacs chargés d'écumer la face des mers,... où les océans, encombrés de polypes, de méduses, de calmars et de tous ces tas d'infamies, semblables à des cadavres que voiturent leurs flots, deviendront tour à tour les foyers d'une putréfaction animale universelle.... »

Si la prophétie est trop funèbre, il est certain au moins que ces grands animaux ont, dans l'ordre économique de la nature, un rôle infiniment utile, à titre d'épurateurs. Ils maintiennent dans de justes limites, en en faisant leur pâture, le foisonnement des crustacés, des polypiers, dont l'agglomération forme des bancs assez puissants pour exhausser le niveau des mers.

Déjà les baleines qui, il y a moins de deux cents ans, venaient, nombreuses et en familles, jusque sur le littoral de l'Afrique, se sont réfugiées au-delà du

Cap Horn, sur les côtes du Japon et de la Nouvelle-Zélande. C'est là que des centaines de robustes et intrépides marins vont les chasser, bravant, dans ce voyage qu'ils entreprennent chaque année, les privations de toute sorte, mille dangers, la mort.

Aujourd'hui, cinquante ou soixante baleines de moyenne grandeur, dont la dépouille, pour chacune, représente une valeur d'environ dix mille francs, font le chargement d'un navire(1). Mais avant de transformer en huile ce nombre de cétacés, il faut peut-être en harponner plus de cent, en tuer soixante, en voir couler à fond, et se perdre une vingtaine, dont la lance a profondément dilacéré les poumons, et qui n'ont pu flotter, « boucherie dont les détails m'écœurent, » s'écrie l'auteur de *Tristia*. Le pêcheur de baleines verse plus de sang qu'il ne récolte d'huile.

Pour s'emparer de leurs dépouilles, beaucoup d'engins divers et fort ingénieux ont été proposés : canons-harponneurs, fusils-lances, projectiles porte-amares, appareils à décharge électrique; tous ont été rejetés, après essai, sans excepter les harpons creux et remplis d'acide prussique, dont nous avons vu le modèle, en 1859, à l'Exposition de l'industrie. Le maniement d'un poison aussi terrible que celui dont on remplit l'ampoule de verre, qui doit se briser en pénétrant dans les tissus vivants, présenterait, à bord d'un na-

(1) Certaines baleines franches atteignent, d'après Scoresby, le poids énorme de cinquante mille kilogrammes.

vire, le plus grand danger. Dès que la liqueur vénéneuse se répand dans la plaie, il se produit un effet foudroyant. Une pirogue avait rencontré, dans les parages du Groënland, une belle baleine. On lui lança le harpon empoisonné, qui pénétra profondément. L'animal à l'instant plongea perpendiculairement, entraînant la corde, qui presque aussitôt se détendit, et la victime, complétement morte, parut à la surface de l'eau. Les matelots, vieux loups de mer, furent tellement épouvantés par l'effet subit de ce terrible poison, qu'ils refusèrent d'en faire désormais usage.

## § II.

Dans une pirogue longue de sept à huit mètres, sur un et demi de large, encombrée de cinq harpons et de leurs lignes, d'une voile à mât et à livarde, d'une drague, d'une ancre, de barils pour le biscuit et l'eau, de divers autres objets ou ustensiles indispensables, et montée par six hommes manœuvrant six avirons, il ne reste pas de place, dit le docteur Félix Maynard, pour des appareils qui ajouteraient au poids et à l'encombrement de l'embarcation. On s'en tient donc au simple harpon, à la lance qui force le marin à lutter en quelque sorte corps à corps avec la baleine, et qui fait trop souvent de ce combat un drame lugubre, où la vie de l'homme n'est pas toujours épargnée, où l'animal succombe épuisé par une longue souffrance.

« La baleine blessée, dit M. de La Landelle, dans le récit animé d'une de ces pêches, donne de furieux coups de queue et de nageoires : elle se débat avec rage. Malheur à l'embarcation que l'animal touche! elle est broyée! Mais voyez l'étrange vitesse avec laquelle fuit le monstre marin, entraînant après lui la pirogue victorieuse, qui file, remorquée par une longue ligne attachée au harpon. Quand le cétacé reparaît à la surface de l'eau pour rendre le dernier soupir, l'officier accoste la poupe de son canot contre la poitrine de la victime agonisante, et l'achève, en plongeant dans la partie extérieure qui correspond aux poumons, une longue lame-à-main aiguisée, à double tranchant. Poussez au large! poussez vite, braves baleiniers, car les convulsions de la mort ne sont pas moins à craindre que la force colossale de la vie du monstre, qui souffle des flots de sang écumeux par ses évents. La baleine roule en tous sens sa masse effrayante; elle se débat, et parfois cette scène de carnage se prolonge pendant des heures entières. »

Dans ses retours terribles de vigueur convulsive et de douleur, elle se tord comme un reptile; elle enroule la corde autour de son corps, et parfois s'élance complétement hors de l'eau, dont l'énorme remous se creuse comme une tombe. C'en est fait de l'équipage, si la baleine, plongeant, la tête en bas, entraîne la pirogue dans les profondeurs de l'abîme, ou si, fuyant rapide comme une locomotive, elle va la briser au travers des glaces!

La pêche du grand cachalot, de l'ourque surtout, une de ses variétés, est de toutes la plus périlleuse. Ce n'est pas seulement la masse, la vitesse et les tressaillements redoutables de leur agonie, c'est aussi les quarante-huit dents énormes de leur lourde mâchoire, l'ardeur agressive et le féroce appétit de ces monstres carnivores, qui triplent le danger.

Tandis que la pacifique et craintive baleine fuit devant ses ennemis, et se repaît de fucus, de méduses, de petits crustacés, des couches d'infusoires peuplant les eaux, et qui vont presque d'eux-mêmes, apportés par le flot, s'engloutir dans sa bouche énorme, l'ourque attaque, et poursuit de grandes proies vivantes. L'on a vu s'échouer, en 1863, et se perdre sur la côte du Jutland, un mâle de cette redoutable espèce. M. Echricht, de Copenhague, à qui tout aboutit de ce qui touche au monde des baleines, voulut savoir de quoi cet animal s'était régalé pendant ses dernières heures. L'ourque n'est pas sans raison la terreur des mers : il logeait dans son estomac *treize marsouins et quinze phoques !*

« Mon honorable ami cherchait avec un sentiment d'horreur, dit M. Van Beneden, auquel on doit cette relation, si, parmi cet effroyable amas de victimes, il ne trouverait pas quelques restes de matelots. »

## § III.

Pour donner à l'animal une mort certaine et rapide, pour cesser de faire, inhumainement, un carnage inutile, il s'agit de faire du harponneur un simple fusilier, pouvant tirer, à coup sûr, à plus de dix mètres de distance. Il s'agit de rendre inutiles la lance et le louchet; de supprimer la ligne de pêche, qui menace incessamment de faire engloutir la pirogue, soit que la corde se déroule trop lentement, soit qu'elle saisisse les membres des matelots. Une baleine harponnée déroula, d'après M. Frédéric Mertens, en une minute, quatre cent quatre-vingt brassées de corde, que les hommes du canot, effrayés par la puissance de l'animal, se hâtèrent de couper d'un coup de hache.

Le nouveau moyen d'attaquer, inventé par M. Devismes, est un projectile explosif, lancé par une carabine, n'éclatant que dans le corps de l'animal, et le foudroyant. L'arme, sauf le calibre de son canon et sa pesanteur augmentée pour neutraliser le recul, est celle que l'habile arquebusier a disposée pour la chasse au lion, — la carabine Gérard. Elle est très-maniable, se charge, et s'épaule facilement. La balle, — qui est cylindrique, — est formée par un tube recouvert en partie, à sa base, d'une couche de plomb, portant un relief. Les arrêtes saillantes s'adaptent dans les cannelures du canon. La partie supérieure est un cône en cuivre, se vissant dans le tube de la balle, et muni d'un piston, à l'extrémité inférieure duquel se trouve placée une capsule ordinaire. Cette capsule s'appuie sur une traverse en acier, qui détermine le refoulement du piston, et, par suite, l'explosion du projectile, lorsque la balle, qui est remplie de poudre, pénètre dans le corps vivant qu'elle a touché.

En attendant que le projectile explosif pût être expérimenté, comme il convient, à bord d'une pirogue baleinière, une série d'essais avait montré la précision des calculs de M. Devismes, auquel le grain de poudre obéit. La première s'est faite au Hâvre : un coup de carabine fut, à dix mètres de distance, tiré sur un tonneau rempli de foin tassé. Le fond de bois avait été remplacé par un morceau de feutre, dont l'épaisseur et la consistance représentaient assez bien celle de la peau d'un cétacé. Le projectile, en le traversant, y laissa un trou dont les bords se rétractèrent, comme l'auraient fait les bords d'une plaie produite par une arme à feu, dans les tissus organisés.

Quelques secondes après, le tonneau tressaillit, en rendant un bruit sourd ; la fumée filtrait à travers les douves écartées, et quand on eut enlevé les cercles, on trouva le foin embrasé par l'explosion du projectile, dans un rayon presque égal à celui de la circonférence de la pièce.

Ces faits et d'autres analogues sont consignés dans un excellent article sur *les projectiles Devismes*, par le docteur Félix Maynard, qui, lui-même nous l'apprend, a usé les plus belles années de sa vie à la pêche de la baleine. Sous ses yeux, on a continué les expériences, au clos d'équarrissage d'Aubervilliers, dans la plaine des Vertus, sur plusieurs chevaux de grande taille, choisis parmi les plus vigoureux et condamnés à être abattus. Là, se trouvaient réunis des hommes très-compétents : Jules Gérard, le tueur de lions ; MM. Léon Bertrand, rédacteur du *Journal des chasseurs;* Eugène Chapus, du journal *le Sport;* de Saint-Albin, du *Journal des Haras;* Schiller, de *la Patrie;* Alexandre Dumas père, Granier de Cassagnac ; Macquard, l'équarrisseur, qui fournissait les victimes, et Adolphe Montjauze, habile vétérinaire, spécialement chargé de diriger l'autopsie des cadavres.

« M. Devismes, armé de la carabine-Jules-Gérard, la carabine aux lions, dans laquelle il a introduit un projectile semblable à celui qui doit servir à la pêche de la baleine, mais cinq fois plus petit, et contenant six grammes de poudre, se place, dit M. Maynard, à vingt pas d'un cheval présentant le poitrail, et tire.... Le cheval se cabre, se campe presque debout sur ses pieds de derrière, sans que d'abord ses jambes fléchissent sous le poids de son corps, allonge le col, et distend ses mâchoires jusqu'à angle droit, comme pour respirer encore, puis retombe sur le flanc, s'agite pendant une minute à peine, et meurt....

» L'aigrette de fumée, qui s'échappe en sifflant par l'orifice de la plaie, annonce l'explosion intérieure du projectile ; et la couleur noire du sang, qui succède à la fumée, prouve une asphyxie par le gaz de carbone, ce gaz délétère, auquel la conflagration de la poudre donne toujours naissance.

A l'autopsie, on vit que le projectile avait éclaté immédiatement au-dessous du cuir. Ses fragments avaient dilacéré le cœur, broyé le poumon gauche, et pénétré dans le foie.

Une seconde victime est frappée dans le flanc, en dehors des fausses côtes. « Le projectile traverse l'abdomen de part en part, éclate, continue son trajet, et va se perdre dans la muraille qui forme le fond du tableau, à cinq mètres de là. La fumée de la poudre s'échappe par les trous opposés de la plaie ; l'abdomen se gonfle, dans un effort suprême, et l'animal tombe foudroyé. »

Sur cinq autres chevaux, frappés dans diverses positions indiquées par Jules Gérard, on observe des lésions aussi graves.

M. Montjauze, qui a fait l'ouverture et l'examen du corps des victimes, en a donné une savante description que Jules Gérard a consignée dans le *Journal des Chasseurs*. Elle se termine par les réflexions suivantes : « ..... Les animaux frappés ailleurs qu'à la tête, sont dans l'impossibilité de vivre au-delà de quelques secondes, tant sont énormes les ravages que j'ai trouvés à l'autopsie de tous ces chevaux. La mort est inévitable, car il n'est pas possible de guérir de telles lésions. Mais le but ne serait pas atteint, si la cessation de la vie n'était pas obtenue très-promptement. Sur six chevaux, elle avait eu lieu de suite, et dans des conditions telles, que l'animal frappé n'avait plus conscience de lui-même, et qu'au premier mouvement de lutte avec la mort, il tombait asphyxié... Le projectile tue infailliblement; mais son mérite consiste, selon moi, dans la promptitude avec laquelle il tue. Je me l'explique par la forme irrégulière qu'il prend en éclatant, forme anguleuse, rugueuse, très-propre au déchirement des tissus, surtout avec le mouvement de vrille que lui donnent les cannelures de la carabine. Je me l'explique par le volume peut-être deux mille fois plus grand des gaz produits par l'explosion de la poudre; enfin par la nature de ces gaz, acide carbonique et sulphydrique, azote, oxyde de carbone, qui, tous, sont impropres à la vie. »

La mort donnée par un violent coup de massue, aurait peut-être anéanti plus instantanément, pour les pauvres bêtes soumises à l'expérimentation, tout sentiment de souffrance : nous le verrons ailleurs.

L'examen comparatif des différents procédés d'abattage des animaux de boucherie démontre que l'assomage est, de tous, le moins douloureux et le plus sûr, sinon pour éteindre subitement la vie, du moins pour supprimer les angoisses de la mort; mais il me paraît certain que les effroyables désordres, qui se produisent avec la rapidité de la foudre, dans les principaux viscères, donnent à peu près des résultats semblables : ils peuvent agir à distance, et l'on doit conclure qu'employés à la chasse des grands félins, si redoutables, la cartouche explosible rendra cette chasse beaucoup moins périlleuse. Elle permettra de réaliser le beau projet que Jules Gérard avait exposé, dans son langage énergique et pittoresque, pour intéresser notre Société protectrice à la croisade qu'il voulait entreprendre contre le lion et le tigre, qui sont, dans notre colonie africaine, les cruels ennemis de nos bestiaux. Jules Gérard est mort; mais l'entreprise n'est pas abandonnée : une expédition d'intrépides chasseurs armés de la balle explosive, partait en 1864, pour la province de Constantine, sous la conduite d'un émule de l'intrépide *tueur de lions.*

La balle foudroyante sera surtout utilement appliquée à l'attaque de la baleine. Ce projectile monstre est du calibre de 35 millimètres, et contient 63 grammes de poudre. Eclatant, comme une mine, dans les profondeurs de ce corps vivant, il abrègera, s'il ne les supprime pas entièrement, les lenteurs et la douleur de l'agonie. « Le harponneur a fait feu, dit M. Félix Maynard, et il a eu le temps de bien viser, puisque la baleine, que n'épouvante pas le choc des avirons, a continué de se bercer de lame en lame ; la cartouche de cuivre a fait son chemin.... Au bruit de la détonation, l'animal veut fuir; mais soudain, il bondit convulsivement; une force interne le soulève au-dessus de l'eau; puis il retombe comme une masse inerte, redresse lentement sa tête entre deux vagues, ouvre sa gueule immense pour respirer encore l'air, tressaille une dernière fois, et meurt!.... Il n'y aura plus, comme autrefois, des passes-d'armes terribles, de ces luttes héroïques, où la force brutale d'un côté, de l'autre l'agilité, le sang-froid et l'adresse, remportent tour à tour la victoire. Le sang de la victime ne s'élancera plus en colonne vers le ciel, pour retomber en pluie sur ses meurtriers..... La vie de plusieurs hommes cessera d'être compromise pour quelques tonneaux d'huile. »

Et les sentiments d'humanité, aussi bien que ceux de la compassion, se révolteront moins aux péripéties de ces drames qui assombrissent le récit des baleiniers.

Les mêmes effets seraient produits par un nouveau harpon creusé d'une cavité, qu'on charge d'un demi kilogramme de poudre. Une mèche y adhère ; la poudre s'enflamme après dix secondes, et l'explosion foudroie la baleine accrochée au fer meurtrier.

Un autre engin de mort rapide, mais moins instantanée, est la cartouche de M. Tiercelin, qui renferme un mélange de poudre, de strychnine et de curare. Les Américains la nomment *Bom lance.* Dix baleines, dont le poids moyen était de 60,000 à 80,000 kilogrammes, atteintes par ce redoutable poison, sont mortes en moins de dix-huit minutes, sans chercher à fuir, et comme frappées de tétanos.

Mais, en perfectionnant l'arme du pêcheur, prenons garde qu'il n'en abuse ; qu'affranchi de l'horrible et dangereuse boucherie, aux chances incertaines, par un engin qui rendra son industrie plus féconde, il n'achève l'œuvre d'extermination de ces grands, utiles et inoffensifs mammifères.

Une réglementation sévère est indispensable, si l'on veut prévenir l'anéantissement de l'espèce. L'Etat, avec ses primes d'encouragement à la pêche baleinière, est complice des spéculateurs. Il les aide et les excite à l'entreprise, parce que sur leurs aventureux navires, il doit trouver à recruter, pour ses vaisseaux de guerre, une armée d'intrépides marins.

Qui donc alors protégera ces nobles races de cétacés contre les puissants protecteurs de leurs puissants ennemis? Que peuvent, dans leur isolement, quelques voix généreuses, dont la plus autorisée, trop tôt, hélas! s'est éteinte, la voix de Delmas de Grammont, dont la noble insistance avait obtenu, contre l'excès des cruautés que le *roi de la création* exerce envers toutes les créatures animées, la loi du 2 juillet 1850. Le brave général avait demandé que pendant une période de *cent ans au moins* on épargnât les baleines.

Le bon cœur, l'humanité et la justice font souvent partie essentielle de la bonne économie publique.

Ne quittons pas la mer et ses parages lointains, où la race des cétacés est près de disparaître, sans protester aussi contre la destruction insensée des lamentins, contre celle des morses, des phoques et autres amphibies, — troupeaux mythologiques de Neptune, — dont les uns paissent les prairies marines, les autres se nourrissent de poissons, qui tous concourent à la salubrité des ondes.

Les marins de plusieurs contrées, mais surtout les Américains et les Anglais, vont, acharnés à leur poursuite, les chasser jusqu'au milieu des glaces du pôle arctique, principalement au nord de l'Asie continentale.

Le poids d'un morse de trois à quatre mètres — il atteint souvent cette taille — est de cinq à six cents kilogrammes. On tue ces paisibles animaux pour l'ivoire estimé de leurs défenses, pour l'huile que fournit abondamment l'épaisse couche de lard qui arrondit leurs formes, pour leur peau couverte d'un poil dense et luisant.

Des matelots anglais en surprennent, un jour, près de la mer de Baffin, un troupeau qui dormait, sur les bords d'une île; ils s'élancent sur cette proie; ils attaquent à coups de bâtons; ils frappent à la tête; ils assomment, en quelques heures, huit cents de ces pauvres bêtes, si habiles à la nage, mais qui rampent lentement à terre.

La chasse au phoque est aussi meurtrière. Il en faut dix mille pour fournir environ cent barils d'huile, et former la cargaison d'un petit bâtiment. Avec leurs chairs dépecées, les marins alimentent le feu des chaudières dans lesquelles ils liquéfient la graisse de ces animaux. Les Groënlandais en font leur nourriture, leur luminaire et leur vêtement.

Les chasseurs, armés d'un bâton court et plombé, pénètrent, pendant la nuit, dans les cavernes où les phoques se réfugient ; ils allument des torches, et font un grand bruit. Les amphibies, surpris, épouvantés, poussant des cris de terreur, se précipitent vers les issues. Tous ceux qui passent à portée de la main, et qu'on peut atteindre au museau, sont frappés à mort. Aucun des jeunes ou des retardataires n'échappe au massacre.

Tantôt les Norvégiens chassent les phoques avec des piéges amorcés d'un poisson, et les prennent comme dans une souricière ; tantôt ils les frappent à coups de fusil, dès qu'ils sortent la tête hors de l'eau pour respirer; tantôt, s'ils peuvent les surprendre sur les banquises de glace, au moment où ils veillent sur leur progéniture, ils les égorgent avec leurs couteaux, ou les frappent avec de lourdes piques. Ces inoffensives bêtes veulent défendre leurs petits, et se laissent toutes tuer, jusqu'à la dernière, avant de les abandonner. Ces tueries ont lieu, comme nous le rappelle un excellent article de M. L. Soubeiran, publié dans le Bulletin de la Société impériale d'Acclimatation, de février à mars, par 72 à 73 degrés de latitude.

Malheureux phoque ! « Le sauvage des terres antarctiques, la brute de Tasmanie, lui plonge dans la gorge une perche enflammée, et le fait périr par le feu. » Les civilisés l'assassinent à coups de bâton, à coups de lance ; le fer acéré, monté sur un manche de trois mètres de longueur, a trente centimètres environ. Le chasseur l'enfonce sous la nageoire antérieure gauche, au moment où l'animal la soulève pour se porter en avant. La lame perce le cœur ; le phoque tombe, et se tord dans l'agonie, en gémissant, en versant des flots d'un sang rouge et fumant.

Dans une seule campagne, les pêcheurs anglais ont tué plus de vingt-cinq mille de ces amphibies. En 1858, les Norvégiens en ont pris, au Spitzberg, cinquante-quatre mille! C'est M. Hautefeuille qui donne le chiffre de ces massacres stupides et criminels.

Quand les terribles exterminateurs auront consommé leur œuvre, l'embouchure des grands fleuves s'obstruera, s'envasera de plus en plus, avec sa végétation exubérante; la décomposition des fucus et autres plantes marines, celles des proies animales que les cétacés et les amphibies avaient pour mission de détruire; toutes ces causes d'insalubrité, de peste, de fièvre jaune, de *vomito negro*, de typhus, de choléra, séviront en permanence, comme un fléau vengeur.

Combien de ces animaux pourraient être domptés, asservis, domestiqués au service de l'homme! Quelle impossibilité s'opposerait à ce qu'on en fît de rapides et puissants moteurs pour la traction d'une barque ou d'un petit navire? Pourquoi ne pas faire du phoque un chien de pêche? Il s'attache à celui qui le soigne, il le comprend, il obéit à sa voix, comme le plus docile épagneul. Il suffit d'observer ceux de ces animaux qui vivent, et s'apprivoisent si bien dans les ménageries, ou les jardins zoologiques, pour comprendre quels bons offices rendrait une bête si douce, à l'œil si bon et intelligent, du moment que l'homme s'en ferait un auxiliaire, un ami.

# X

## DES ABUS DE LA VIVISECTION.

§ I. Peut-on la discuter ?— § II. Est-elle utile?— § III. Examen de ses titres.—L'entraînement de la science et celui de l'exemple. — § IV. L'expérimentation en public. — § V. A l'école vétérinaire.— 64 opérations pour se faire la main —Ce que les savants en pensent. — § VI. Opinion des profanes. — § VII. Discussion à la Société protectrice des animaux. — § VIII. La Société protectrice anglaise intervient. — Un pas vers la suppression des abus. — § IX La question portée à l'Académie de médecine.— Conclusions et rapport. — Vote unanime, absolument contraire. — Le jugement de la presse médicale. — La vivisection au congrès des sociétés protectrices.— La question est mise au concours. — § X. Résumé. — Projet de réglementation.

### § I.

Un homme d'une grande autorité scientifique et morale, M. Claude Bernard, dans son livre intitulé : *Introduction à l'étude de la médecine expérimentale*, a consacré un chapitre à la vivisection. Sans elle, suivant l'auteur, il n'y a pas de physiologie ni de médecine scientifiques possibles. Cette formule est absolue ; mais il faut considérer qu'elle a été écrite un paragraphe avant ces lignes : « *Le grand duc de Toscane fit remettre à Fallope, professeur d'anatomie à Pise, un condamné à mort, avec permission qu'il le fît mourir, et qu'il le disséquât à son gré.* »

Sur ce pied-là, il est superflu de se préoccuper de la dislocation de quelques animaux vivants. Aussi lisons-nous un peu plus loin : « D'après ce qui précède, nous considérons comme absurdes ou oiseuses toutes discussions sur les vivisections. »

En vérité, est-ce que toutes les discussions ne sont pas oiseuses avec les personnes décidées à ne rien entendre? Quant au ridicule, sont-ce les docteurs Parchappe, Fée, Dumont (de Monteux), Roche, Dubois (d'Amiens), etc., qui ont pu, en intervenant, donner à la question qui nous occupe, le caractère dont il s'agit?

« Le lâche assassin, le héros et le guerrier plongent également le poignard dans le sein de leurs semblables. Qu'est-ce qui les distingue, si ce n'est l'idée qui dirige leur bras? Le chirurgien, le physiologiste et Néron se livrent également à des mutilations sur des êtres vivants. Qu'est-ce qui les distingue encore, si ce n'est l'idée? »

Je réponds : L'idée ne justifie pas tout. Le grand duc de Toscane, qui livre à la discrétion de Fallope un condamné à mort, l'amant de sa fiancée avait peut-être *l'idée de punir la trahison de celle-ci?* Néron avait l'idée que la cruauté était *un mode et un moyen de gouvernement*. Néron n'a pas été seul, dans l'histoire, à penser ainsi.

Cependant, M. Claude Bernard se demande : « A-t-on le droit de faire des vivisections sur les animaux? » — — Il ne s'agit pas du droit du plus fort, sans doute?

On peut en faire, tant que les animaux ne sont pas à autrui, et que le supplice infligé n'incommode pas les voisins ; cela est positif. La question du droit proprement dit amènerait des discussions interminables. Mais la loi ne défendant pas *la vivisection*, la vivisection est permise. Cela n'est pas douteux ; et cette permission doit être soumise à un contrôle, car *l'idée* devient vite une *monomanie ;* le *droit* se fait *abus* plus vite encore.

Je vais le démontrer.

## § 2.

« L'homme s'évanouit ; l'animal ne s'évanouit jamais : il expire au milieu des tourments. »

Certaines personnes bien intentionnées voudraient entendre et désigner par ce mot *vivisection,* une opération qui n'entraîne nécessairement ni mutilation atroce, ni souffrance prolongée, ni enfin la mort du sujet.

Malheureusement le mot dit bien la chose, et la chose est bien confirmée par l'expérience.

La vivisection est l'action de couper, de *disloquer*

un être *vivant*, tant que cela est indispensable ou simplement utile au but qu'on se propose.

Selon le docteur Parchappe, « la finalité de cette action doit toujours être *l'utilité de la science et le bien-être de l'humanité.* »

Eh bien ! j'admets qu'il en a toujours été ainsi, sauf de regrettables entraînements. Après cette loyale déclaration, je me crois à l'abri du reproche de sensiblerie et de puérilité qu'on adresse à quiconque n'est pas partisan des expérimentations à outrance. Au surplus, une question aussi grave, aussi complexe dans sa simplicité, n'a rien à gagner aux calomnies réciproques, aux malentendus volontaires. Quels que soient l'intérêt, l'animation des débats, restons donc, les uns envers les autres, de bonne compagnie.

Je le sais, il y a chose jugée pour un certain nombre de personnes, car l'Académie impériale de médecine a donné gain de cause aux vivisecteurs. A ces personnes je rappellerai comment la question a été introduite, dans quelles conjonctures elle a été débattue, et les lecteurs apprécieront alors sainement la portée du résultat. Les discussions, dans toutes les assemblées nombreuses et passionnées, ont leurs surprises ; je le ferai voir en deux mots ; j'en appellerai peut-être de la science à la conscience, et je m'appuierai pour cela sur des opinions considérables et sur des faits incontestés.

Et d'abord, la vivisection est-elle réellement utile à la science, indispensable à l'humanité ?

Parmi les savants, les uns l'affirment, les autres le contestent, plusieurs en sont au doute. L'affirmation la plus originale s'est produite, dans ces derniers temps, sous forme de parodie d'un mot célèbre : un orateur, emporté par sa verve, s'est écrié : « *Si la vivisection n'existait pas, il faudrait l'inventer.* »

Selon M. Béclard, c'est aux expérimentations sur les animaux que la physiologie doit ses plus importants progrès. « Ainsi, jusqu'aux vivisections, on a cru que les artères contenaient de l'air. »

J'ai entendu un simple homme du monde, à la lecture de ces lignes, demander comment les chirurgiens, les médecins, les savants ne s'étaient pas aperçus, en soignant les blessés sur les champs de bataille, que les artères étaient remplies de sang, d'un sang assez difficile à arrêter? Mais je passe, en constatant seulement qu'entre les découvertes attribuées à l'usage de la vivisection, il convient de distinguer celles que les études anatomiques, ou simplement l'observation des phénomènes résultant de ces horribles blessures, si communes pendant les guerres et dans les grands ateliers, auraient pu procurer à la science et à l'humanité. J'en conviens, du reste, la méthode biologique se compose aujourd'hui de trois ordres de preuves, savoir :

1° L'induction rationnelle tirée de la structure anatomique; 2° l'induction empirique fournie par l'étude de la lésion des organes malades, ou pathologie; 3° l'induction expérimentale appuyée sur les vivisections.

D'après cette définition de la méthode biologique, due à M. Parchappe, il y aura lieu de tirer une règle à l'usage des vivisecteurs. Je le ferai plus tard. En attendant, je ne crois pas que les rares bonnes fortunes de la vivisection justifient le moins du monde ses entreprises faites légèrement, au hasard; le gaspillage enfin de la chair vivante. Oui, sans doute, « Aselli découvrit les chilifères, *qu'il ne cherchait pas*, en ouvrant l'abdomen d'un chien vivant, *sur lequel il venait d'étudier le diaphragme.* » De bonne foi, ne pensez-vous pas que de simples travaux anatomiques auraient fait découvrir, un jour ou l'autre, les chilifères?

Je me hâte de rappeler, en terminant ce paragraphe, que c'est Charles Bell qui donna la théorie définitive de la distinction des nerfs de la sensibilité spéciale, de la sensibilité générale et du mouvement. Cette découverte est celle que l'on invoque le plus en faveur de l'expérimentation sur l'animal vivant; mais Charles Bell, après une tentative dont les résultats lui parurent incertains, renonça, par un sentiment louable de répugnance, à une expérience douloureuse, et se contenta de démontrer par l'irritation des racines antérieures de la moëlle épinière, sur un animal récemment assommé, qu'en elles résidait l'action motrice, puisqu'il y déterminait des mouvements, tandis que la même irritation n'en excitait point dans les racines postérieures.

## § III

Utile, soit ; indispensable, peut-être, la vivisection n'est pas plus infaillible que tout autre moyen de la science humaine.

En disant cela, je n'apprends rien à personne : toutefois, il faut, dans une question qui a pour elle, au premier abord, le prestige des grands intérêts scientifiques, et en faveur de laquelle on invoque la liberté, il faut, dis-je, examiner avec soin tous les titres, réviser toutes les prétentions, au risque même de n'être pas absolument nouveau.

Le docteur Parchappe a écrit : « *Les expériences sur les animaux peuvent servir d'appui à l'erreur aussi bien qu'à la vérité.* »

Il y a dix ans que le docteur Roche, membre, comme lui, de l'Académie impériale de médecine, s'adressant à la bonne foi de ses collègues, s'était exprimé en ces termes : « *Ne voyons-nous pas tous les jours les résultats certains des vivisections de la veille, démentis par les résultats incontestables du lendemain?... Oui, à de rares exceptions près, les expérimentations conduisent à des résultats fallacieux, remplissent l'esprit de doute, sèment le champ de la science de négations et de ruines, sont incapables,* SEULES, *de rien édifier.* »

Dans un récent et énergique mémoire, il dit encore : « Elles ont tout au plus ajouté quelquefois une preuve à des vérités entrevues, soupçonnées ou déjà connues ; preuves qu'avec un peu plus de confiance dans la logique et le bon sens on aurait pu, presque toujours, se dispenser de leur demander. »

Dans un éloquent panégyrique prononcé, le 11 décembre 1866, à l'académie impériale de médecine, M. Béclard a rappelé que Gerdy insistait souvent sur les difficultés, les incertitudes, les contradictions de la méthode expérimentale. Déjà M. Nélaton, dans une autre enceinte, avait cité, devant les élèves de la Faculté, ces paroles du professeur dont il faisait l'Éloge : « On ferait un livre curieux avec les discordances sur les mêmes faits des expérimentateurs physiologistes. »

M. Claude Bernard a écrit dans l'*Union médicale*, à propos de la vivisection, ces prudentes paroles : « Il ne faudrait pas croire qu'elle constitue, à elle seule, toute la méthode expérimentale appliquée à l'étude des phénomènes de la vie... Réduite à elle-même, la vivisection n'aurait qu'une portée restreinte, et pourrait même, dans certains cas, nous induire en erreur sur le véritable rôle des organes... Nos instruments de vivisection sont tellement imparfaits, que nous ne pouvons atteindre, dans l'organisme, que des parties grossières et complexes. »

Dans le monde des philosophes, M. Auguste Comte a protesté contre « une méthode dont l'apparente simplicité tend à entraîner *presque exclusivement les esprits*, et qui est bien loin toutefois de constituer le mode d'exploration le mieux approprié à la nature des phénomènes biologiques. »

Dans le monde des poètes, on a exprimé cette pensée, — dont je n'abuserai pas :

« La torture interroge, et la douleur répond. »

J'ajouterai seulement que la douleur ne doit la vérité à personne, pas même à la justice ; et, pour finir par une citation de physiologiste et de médecin, je rappellerai ces paroles si simples, si équitables :

« Dans l'enivrement de succès réels et de triomphes mérités, on a trop souvent perdu de vue ce que la science a gagné, et ce qu'elle peut acquérir autrement que par l'expérience sur des animaux vivants. On a attribué à l'un des moyens de la méthode scientifique une prépondérance exagérée. On a cru qu'il n'était possible d'obtenir de la vie la révélation de ses mystères que par la violence ; on n'a pas su reconnaître qu'il y a, dans la science de la vie, des vérités qui dépassent la portée du scalpel. »

Et puisqu'il vient d'être parlé d'entraînement, épuisons tout de suite ce qui touche à ce danger de la vivisection :

« L'entraînement sur cette pente, lorsqu'on peut s'imaginer qu'un but utile, scientifique, humain, est au bout, l'entraînement, dis-je, est fatal.

» Au temps où le docteur Ségalas faisait des cours de physiologie, les élèves se donnaient le ton de répéter, sur des chiens qu'ils volaient, ou sur des chats qui avaient eu le malheur d'aller flairer leurs mansardes, les tentatives dont ils avaient été témoins la veille. Parmi eux, il n'y en avait pas un peut-être qui eût quelques notions d'anatomie comparée, car la plupart ne savaient que fort peu de choses en anatomie humaine. J'en sais un qui martyrisa un pauvre chien, durant trois jours, lui qui n'en avait pas encore fini, dans le charnier de la Pitié, avec son premier cadavre.

» Dites s'il n'y a pas comme un crime dans cet *affreux gaspillage de la nature vivante ?*

» En rapportant ces impiétés scolastiques, je me garderais bien d'en inférer que tous ceux qui s'y livraient manquaient de cœur : ils voyaient faire, et ils faisaient !

» On ne leur enseignait point la religion de la souffrance, et ils n'y prenaient point garde. »

A ces justes remarques du docteur Dumont (de Monteux), j'ajoute : On se préoccupait peu de la sensibilité physique des animaux, à une époque qui n'est pas loin de nous. L'esprit était ailleurs. Certes, on ne saurait reprocher à M. Ségalas, dont l'âme est ouverte à tous les nobles et affectueux sentiments, de manquer de pitié : mais le jeune professeur subissait alors l'unique passion de la science, et se bornait à la communiquer : il subissait aussi l'entraînement.

Mais en voulez-vous un exemple aussi affligeant que décisif ?

Dans un discours prononcé sur la tombe de Bérard, Ménière raconte que le voisinage de l'École d'Alfort, et par conséquent la facilité d'opérer sur de grands animaux, avait poussé le physiologiste à faire, dans la dernière année de sa vie, au sujet d'un des phénomènes de la digestion, des expériences sur des êtres vivants, lui, dont la répugnance pour ce genre d'investigations était jusque-là bien connue. « Comment comprendra-t-on que le même homme, qui, en toute occasion, manifestait ses tendresses pour de pauvres bêtes, en vînt tout-à-coup à les torturer sous un scalpel impitoyable? Comment croire que l'ami de la gent canine, oubliant toutes ses prédilections, sacrifierait de sang-froid un animal si doux, si intelligent, qui avait été si longtemps son compagnon fidèle? Il y a là quelque chose d'inexplicable; et cependant l'amphithéâtre d'Alfort a retenti des cris arrachés par la douleur aux pauvres animaux....

« Quel que soit, ajoute l'ancien panégyriste de l'ancien doyen de la Faculté de médecine, le résultat de ces sanglantes hécatombes; que la vérité s'en échappe, ou bien qu'après tant de massacres, il faille recommencer des sacrifices nouveaux, pour chercher le mot d'une énigme que la nature jalouse nous dérobera peut-être toujours, c'est un phénomène étrange de voir une intelligence, à la marche régulière, oublier ses répugnances instinctives, et s'élancer ainsi, tout-à-coup, dans une voie inconnue. »

A cette tardive manie du physiologiste français, j'opposerai, comme contraste, le remords qu'Haller, le célèbre physiologiste du XVIII^e siècle, éprouva, dans ses vieux jours, d'avoir disséqué tout vifs de nombreux animaux, dans le but d'éclairer ses recherches scientifiques.

Personne, que je sache, n'a jamais songé à proscrire la vivisection d'une manière absolue, pas plus le docteur Roche que le docteur Parchappe, ou le docteur Dumont (de Monteux).

Un homme que son amour éclairé de la science ne distingue pas moins que sa haute humanité, son esprit que son cœur, le docteur Amédée Latour, rappelant de récentes recherches faites au sujet des fonctions d'une capsule appartenant à l'appareil sécréteur de l'urine, s'élevait contre des cruautés exercées, *en public,* sur de pauvres petits animaux, et il s'écriait :

« Que l'on expérimente, mon Dieu, puisqu'on croit la chose nécessaire ; mais, de grâce ! que ce soit loin de la foule, dans le silence et le recueillement du laboratoire. Que l'on ne donne pas en spectacle les tortures infligées à de malheureuses bêtes ; cela n'est d'aucune utilité, et blesse toutes sortes de sentiments qu'il faudrait respecter. Pourquoi cette préférence des expérimentateurs pour des animaux ou inoffensifs, comme le cobaie, ou utiles comme le cheval, ou amis de l'homme comme le chien? Je ne pardonne pas les immolations sur ce dernier animal. C'est affreux de tenir ainsi sous le couteau ou les tenailles une bête si dévouée et si aimante ! *Ce que vous faites, et tel que vous le faites, est affreux et immoral !* »

...Et *inutile,* dans la plupart des cas ! Je me hâte

d'ajouter ce mot, ce fait, qui est seul péremptoire, décisif, pour les esprits positifs, si nombreux de notre temps.

C'est aussi ce que voulait donner à entendre le docteur Joulin : « Dans le monde, dit-il, on n'a aucune idée de la manière dont la physiologie fait des progrès à notre époque. On s'imagine que les luttes scientifiques les plus acharnées font couler tout au plus quelques bouteilles d'encre, et que le triste privilége de répandre des flots de sang est réservé aux héros de batailles et à quelques grands médecins trop amis de la saignée. Hélas, erreur funeste ! La science physiologique ne marche que le couteau à la main....

» L'illustre Achille, pour prouver que le *glycose* se forme dans le foie, a dépensé deux cents chiens; le bouillant Hector en sacrifie deux cent cinquante pour prouver que le foie n'avait rien à voir dans l'affaire de la *glycogènie ;* alors survient l'intrépide Ajax, qui pense avec raison que la victoire finit toujours par se déclarer en faveur des gros bataillons, et qui s'avance à la tête de quatre cents victimes pour prouver que la *saccharogènie* est une fonction de la glande pinéale... On attend le sage Ulysse et son cheval.

» ...Comme il faut, autant que possible, tirer une moralité de chaque chose, quelle est celle qui découle de ce massacre des innocents ? Elle est claire : c'est que si l'on n'a pas précisément retiré beaucoup de lumières de ces belles expériences, il faut espérer que, dans la suite, on sera plus heureux, et que chaque victime sera le salut d'une vie humaine! »

Quelle ironie, dans ces pages légères et philosophiques des *Causeries du docteur!* Ce serait bien le moment de nous recueillir, et nous demander, la main sur la conscience : « *De quelles vérités les vivisections ont-elles enrichi la science, depuis qu'elles sont pratiquées sur des milliers de victimes?* »

Car les questions d'humanité sont aussi *des questions de chiffres,* à une époque éminemment positive, réaliste et utilitaire comme la nôtre. Une barbarie démontrée ne rapportant rien ou presque rien, est condamnée par ce mot *rien*, plus radicalement que par les considérations les plus éloquentes.

Eh bien! depuis l'illustre vivisecteur Magendie, quel progrès devons-nous aux expérimentations? Guérit-on mieux? guérit-on plus vite? Qu'on me permette ici de jeter un regard en arrière :

C'était en 1830. M. Magendie ouvrait le ventre d'un animal vivant, en retirait l'estomac, le remplaçait par une vessie de cochon, rattachée tant bien que mal à l'œsophage et au duodénum; ensuite il recousait les muscles et la peau de la paroi abdominale largement incisée, puis ingérait des liquides ou des aliments dans cet estomac postiche; et enfin, il injectait de l'émétique dans les veines pour provoquer le vomissement : il concluait de cette boucherie expérimentale que l'estomac était passif dans l'acte de vomir, et que ses contractions n'y contribuaient en rien, ce qui était certainement vrai de la *vessie morte* qui le remplaçait dans l'expérience.

Une autre fois, il enlevait la rate à de pauvres chiens, pour attendre ce qui en pourrait résulter, absolument comme il aurait pris un billet à la loterie; et, en définitive, sans avoir jeté le moindre jour sur les fonctions de cet organe.

Et les expériences remplaçaient les leçons, les livres; le scalpel tenait la place de l'observation; cela était nouveau, cela amusait.

Entendons-nous bien : cela était nouveau en ce sens, et en ce sens seulement, que l'on pénétrait, au hasard, suivi d'une foule de désœuvrés ou de curieux, dans ce qu'on appelait fastueusement les mystères de l'organisme. Mais, depuis Hérophile et Galien, la science avait porté la main sur l'être vivant, pour voir et pour savoir.

Vésale, Harvey, Spallanzani, Haller, Bichat, Nysten, Legallois et bien d'autres, s'étaient livrés aux investigations non sur l'*escorce,* mais *sur le vif.* Mais c'était en dehors de leur chaire, loin du public, assistés seulement d'un ou deux aides; et ils n'apportaient à leur auditoire que des faits acquis; ils n'introduisaient dans leur enseignement que des principes certains,... pour le temps où ils vivaient du moins.

Mais à l'amphithéâtre du Collége de France, il en était tout autrement. Là s'agitaient des préparateurs, des aides, de simples curieux, et même des élèves. On y voyait *des animaux en expérience,* c'est-à-dire, privés, pour cette fois, de la moitié du cerveau, par exemple. L'autre moitié devait servir à la séance du lendemain ou des jours suivants. On ne travaillait pas le dimanche.

Un jour, M. Claude Bernard assistait le professeur dans une de ces sanglantes manipulations. Ils virent entrer un homme d'un âge respectable, haut de taille et de mine, et tout vêtu de noir. Cet homme s'avança, sans ôter son chapeau à larges bords, et s'adressant à Magendie :

« J'ai entendu parler de toi et de tes actes envers d'autres créatures de Dieu; loin d'accorder à ces créatures la protection que le fort doit au faible, tu es sans pitié pour elles. Tu troubles donc l'harmonie de la nature ; tu donnes un mauvais exemple à tes semblables ; tu deviens, sans le vouloir, un professeur d'iniquité et de barbarie. Cesse ce scandale, et reviens à la loi du Créateur. »

Le quaker avait parlé. Il fut plus facile, en l'état des esprits et des choses, de continuer les expérimentations que de répondre.

Les expérimentations continuèrent donc.

« On se rappelle trop bien, dit M. Roche, l'époque peu éloignée où ce faiseur d'expériences, célèbre par les nombreuses hécatombes de chiens, de chats, de lapins, de rats, d'animaux de toute espèce offerts par lui en sacrifice sur l'autel de *sa* science, disait invariablement à quiconque voulait lui faire part d'une nouveauté physiologique qui n'avait pas d'autres bases que l'anatomie, l'observation et le raisonnement : « Avez-vous fait des expériences ? — Non. — Eh bien ! vos observations peuvent être très-exactes, vos raisonnements fort justes ; mais tout cela ne prouve rien. Les expériences ont seules le droit et le pouvoir de former et de commander ma conviction.

» Pour peu qu'on l'eût poussé, il était homme à soutenir que le talent d'observation et le jugement n'avaient été donnés à l'homme qu'à la condition de n'en pas faire usage : au besoin même, il l'aurait prouvé par son propre exemple. »

On lit, dans une remarquable appréciation des travaux de Magendie par le docteur Littré, membre de l'Institut :

« La raison humaine doit s'interposer pour réduire, dans ses limites les plus étroites, cette destruction inévitable et fatale. Une science qui exige le sacrifice expérimental des animaux, est surtout obligée de ne pas verser capricieusement le sang, et de ne pas prodiguer la douleur. Il est bon, je dirai même il est beau, pendant que l'esprit embrasse la rigoureuse fatalité qui détruit les existences, que le cœur maintienne ses droits. La physiologie expérimente sur les animaux, se sert des maladies de l'homme pour s'éclairer, et transmet ses lumières à la médecine. On le voit, nous sommes là en plein dans le domaine de la vie et de la mort, du plaisir et de la souffrance, et celui qui en interprète les mystères, doit avoir l'esprit élevé, l'âme miséricordieuse, et les mains pures. »

Oh! les belles et bonnes paroles! Tout ce qui sent, tout ce qui aime, s'unit à mon ami Dumont (de Monteux) pour demander qu'elles soient inscrites sur la porte de tous les amphithéâtres.

Il est conforme à la logique du cœur de faire suivre le passage qui précède d'une citation que j'emprunte au docteur Carteaux :

« Quiconque a suivi de près les vivisections sait combien d'expériences inutiles sont faites journellement par de jeunes élèves qui, sans idées préalablement arrêtées, torturent un pauvre être vivant, et ne retirent aucun fruit de leurs recherches. Un animal est-il destiné aux études physiologiques? on se croit généralement autorisé à l'utiliser jusqu'au bout : survit-il aux tortures d'une première épreuve? au lieu de le sacrifier de suite, comme ayant payé sa dette à l'humanité, on tente immédiatement, pour l'achever, une seconde, une troisième expérience, souvent insignifiantes; ou si la malheureuse victime paraît encore assez solide, on la remet au chenil pour la faire reparaître le lendemain ou les jours suivants; et il n'est pas rare, si c'est un chien, de le voir, avec une craintive obéissance, se traîner, en partie mutilé, et venir se placer de lui-même sur la table de torture, tout en cherchant, à toucher le cœur par ses caresses et son air suppliant, à toucher le cœur de ses tourmenteurs. »

Le même docteur continue :

« L'habitude d'expérimenter rend certains individus tellement insouciants sur la douleur qu'ils produisent, qu'on en voit plonger le bistouri dans les tissus, et l'y laisser sans réflexion, pour entamer une discussion qui, certes, aurait pu trouver sa place en tout autre moment. Il est des élèves vétérinaires qui, après avoir torturé un pauvre cheval, pendant une demi-journée, ne se donnent pas la peine de l'achever. Si, par malheur, le professeur n'est pas là pour les y contraindre, c'est l'équarrisseur qui se charge de cette mission, quand il fait sa tournée pour enlever les débris. »

Est-ce clair?

N'est-il pas vrai que la science doit avoir sa déontologie, sa loi du devoir, pour ses investigations, comme elle l'a, de toute nécessité, dans son enseignement public? M. Dumont (de Monteux) l'a parfaitement pensé, et écrit : « Il faut qu'un certain degré de pudeur accompagne la science dans ses hardiesses ; car le dévergondage, si l'on peut s'exprimer ainsi, ne saurait lui être permis par la loi qui est au-dessus d'elle. Si le code humain, incomplet dans son action, ne peut rien actuellement contre les atrocités qui nous occupent, que celui de la conscience soit au moins réveillé dans les âmes où il sommeille. N'est-ce pas par une sorte de léthargie des sentiments moraux, qu'on s'imagine être en droit d'abuser de la douleur, lorsqu'on essaie de surprendre un phénomène organique?

» Je ne suis pas l'adversaire absolu de la vivisection ; je me range, au contraire, de l'avis de ceux qui la considèrent comme une ressource pour faire progresser la physiologie transcendante. Qu'on expérimente donc sur le vif, mais que ce soit avec plus de réserve et moins de dommage. Il ne faut pas que le premier venu s'adjuge le privilége de fouiller impunément, et malgré son ignorance, dans les tissus d'une créature animée. Il faut qu'il ait acquis maîtrise. »

Oui, la maîtrise, voilà une idée pratique, un mot de grande portée à retenir.

Comment! il suffirait à un apprenti physiologiste d'enfoncer, au hasard, le couteau dans les entrailles, dans le cerveau d'un animal vivant, pour que l'espèce humaine eût des chances de découvrir la cause, le mécanisme de ses maladies, et fût mise sur la voie des remèdes véritables? De grâce, je le demande encore, quelles maladies guérit-on mieux depuis que les vivisecteurs se donnent libre carrière, et n'épargnent, dans un but scientifique, aucune douleur aux animaux les plus inoffensifs?

## § IV

Les grands physiologistes, les Harvey, les Aselli, les Pecquet et les Haller, n'ont jamais eu l'idée d'user des vivisections comme on le fait aujourd'hui parmi nous; ils ne les ont pratiquées que pour arriver à quelque grande et utile découverte; et encore quelques-uns, comme Haller, en ont-ils conservé un douloureux souvenir.

On sait, en effet, que dans ses vieux jours le célèbre

physiologiste du XVIIIe siècle exprima souvent le remords qu'il éprouvait au sujet des nombreux animaux qu'il avait disséqués tout vifs, dans le but d'éclairer ses recherches scientifiques; et pourtant il procédait dans le silence de l'étude, avec recueillement, et sans faire étalage de ces douloureuses investigations.

Ecoutons, à ce sujet, le secrétaire perpétuel de l'Académie impériale de médecine :

« Aujourd'hui nous avons un spectacle tout différent : sous le prétexte de démontrer expérimentalement la physiologie, le professeur ne monte plus en chaire ; il se place devant une table à vivisection, il se fait apporter des animaux vivants et il expérimente..... On s'est imaginé que pour faire entrer la physiologie dans l'ordre des sciences physiques, on devait procéder à son enseignement comme on le fait dans les cours de chimie,... avec cette seule différence qu'au lieu d'agir sur des corps inertes, on agit sur des corps vivants et souffrants. Du reste, les habitudes et le langage sont les mêmes ; le professeur a ses préparateurs, ses appareils et ses réactifs ; il y a des animaux qu'on dit en expérience : et quand on s'est contenté de leur enlever une portion du cerveau, on les réserve pour une séance suivante... Le chimiste provoque des effervescences et des précipités ; le physiologiste des mouvements, de la douleur et des cris.

» ..... On prétend enseigner ainsi, non-seulement la physiologie, mais aussi la pathologie... On prétend aujourd'hui qu'on peut transporter la clinique sur la table à vivisection... Ces nouveaux professeurs assurent même qu'ils ont de grands avantages sur les anciens cours : les professeurs de clinique ordinaire étaient tenus d'attendre qu'il plût aux maladies de se déclarer, afin de pouvoir les observer, et qu'il plût aux malades de mourir pour qu'on pût faire l'ouverture de leur corps. Les vivisecteurs ne sont tenus à rien de semblable ; ils font naître, — disent-ils, — à volonté les maladies les plus graves chez les animaux, des fièvres typhoïdes, des fièvres jaunes, par exemple; et quand le besoin de la science l'exige, ils mettent à mort leurs malades, et vont examiner, tout à leur aise, les lésions organiques qui ont donné lieu aux symptômes pendant la vie.

» .....Il me serait facile de prouver que ce sont des cruautés exercées inutilement.

» Prenons un exemple : le professeur en est arrivé aux fonctions de la moëlle épinière, et en particulier aux deux ordres de nerfs qui naissent de cette moëlle. Or, il s'agit de faire connaître aux élèves,... comment Charles Bell, sur des animaux récemment tués, est arrivé à constater, le premier, que les nerfs dont les racines sont antérieures, président au mouvement, et ceux dont les racines sont postérieures, au sentiment ; comment depuis lors ces faits ont été vérifiés sur des animaux vivants : le professeur parle à des jeunes gens pourvus de connaissances anatomiques ;... il peut avoir fait dessiner sur un tableau noir une esquisse de la moëlle épinière et des doubles racines qui en émergent;... je demande si cela ne suffit pas pour inculquer, dans de jeunes mémoires, les notions acquises au prix de quelques souffrances, mais qui désormais sont incontestables? Qu'est-il besoin d'apporter, séance tenante, de malheureuses bêtes vivantes, chez lesquelles on a ouvert une partie du canal vertébral, et pourquoi faire? Pour que deux ou trois spectateurs, armés de pinces, viennent tirailler... tels ou tels filets nerveux, et avec assez de dextérité pour que l'animal, tantôt exécute des mouvements, et tantôt pousse des cris... Je le répète, ce sont des cruautés inutiles, et qui sont indignes du haut enseignement.

» Sans doute, le professeur peut y trouver quelques avantages personnels; il peut varier son mode d'enseignement, se reposer de l'un par l'autre; s'il est à bout de ses périodes, il peut passer à une sorte d'intermède. *Qu'on apporte un chien*, dira-t-il, et l'interruption est toute naturelle; après avoir entendu, on va voir ou ne pas voir. »

L'usage a donc été gravement compromis par l'abus; la fin par les moyens. J'appuie cette assertion sur un exemple direct : l'hécatombe *pour et contre*, à propos d'un fait avéré :

J'ai entendu dire à M. Flourens, dans un de ses cours : « Magendie a sacrifié quatre mille chiens pour établir, après Charles Bell, la distinction des nerfs sensitifs et des nerfs moteurs; puis il en a sacrifié quatre mille autres pour prouver qu'il s'était trompé. J'ai dû reprendre, ajoutait M. Flourens, les expériences, et j'ai démontré que la première opinion de Magendie était la vraie ; ce sont les effets réflexes dont il ne se rendait pas bien compte, qui avaient amené ses doutes. Pour arriver à ce résultat, j'ai dû aussi sacrifier un grand nombre de chiens. »

## § V

En dehors de la science physiologique et de la biologie, on a invoqué en faveur de la vivisection l'utilité de *faire la main* à de bons vétérinaires.

Voyons d'abord comment on procède :

Un cheval est amené : huit élèves s'en emparent, et tour à tour s'exercent à pratiquer sur lui la série d'opérations inscrites au programme de l'Ecole ; chacun fait une saignée aux différentes veines du cou, de l'ars ; aux veines thoraciques, lacrymales, saphènes, etc. On pratique ensuite le passage d'un séton ou une ponction profonde s'étendant de la nuque à la région sous-maxillaire ; c'est l'hyo-vertèbrotomie, qui ne sera jamais employée comme moyen de traitement ; on ouvre, à droite, à gauche, en avant, la trachée, l'œsophage ; on pratique des blessures à la carotide ; on y applique des ligatures ; on coupe les muscles de la queue pour le niquetage ; on fend l'urèthre ; on ponctionne la vessie et le flanc. Jusque là, l'animal, tremblant sur ses jambes, est resté debout. On le couche pour lui faire subir une seconde et plus cruelle série d'opérations. On l'attache, et souvent on le laisse attendre, pendant plusieurs heures, que les tourmenteurs reprennent leur travail interrompu. Alors commencent la section des nerfs et des tendons aux quatre membres, la dessolation des quatre pieds, la castration, l'ablation du javart, de la seime ; le feu aux épaules, aux cuisses, aux jarrets, à la rotule, aux reins, aux tendons des jambes, etc.

Si l'on trouve quelques avantages à pratiquer certaines de ces opérations sur l'animal qui se débat pour s'y soustraire, il arrive un moment où la lutte cesse, parce que la victime est épuisée. « Après une, deux ou trois opérations, le cheval ne résiste plus, dit M. Bouley. Celles qui sont faites ultérieurement, ne sont pas plus profitables que si elles étaient pratiquées sur des cadavres. »

Est-ce que les chirurgiens qui ne s'exercent que sur des corps inanimés sont moins habiles que les vétérinaires ?

En attendant la réponse, donnons encore la parole à M. Dubois (d'Amiens) :

«..... Je n'oublierai jamais le spectacle qui s'offrit à mes yeux lorsque, pour la première fois, j'allai visiter l'école d'Alfort. Renault me fit entrer dans une vaste salle, où je vis cinq ou six chevaux abattus, et, autour de chacun d'eux, un groupe d'élèves, les uns occupés à opérer, les autres attendant leur tour. Chaque groupe se composait de huit jeunes gens, et les choses étaient arrangées de telle sorte, que chaque élève pourrait pratiquer huit opérations, ce qui ferait soixante-quatre sur un seul cheval ; mais si bien graduées que, quoique cela dût ne pas durer moins de dix heures, le cheval pourrait toutes les supporter avant de mourir.... Le mot d'atrocité sortit de ma bouche... « Soit, dit Renault ; j'accepte le mot, mais elle est nécessaire. » De ces chevaux, les uns étaient à peine entamés, d'autres étaient déjà horriblement mutilés ; ils ne criaient pas, ils poussaient de sourds gémissements (1). »

Aussi, l'honorable vétérinaire, M. Bouley, s'exprimait en ces termes :

« Je n'hésite pas à dire, — relativement aux soixante-quatre opérations, — que ce qui se produisait alors était excessif, et je concéderai même qu'aujourd'hui, bien qu'on en ait supprimé un grand nombre, comme le feu, l'arrachement d'une partie des ongles, etc., la mesure de ce qui devrait être fait est encore dépassée..... Je ne viens donc pas défendre les opérations chirurgicales, telles qu'elles ont été pratiquées autrefois, et telles qu'elles se pratiquent actuellement ; mais j'en défendrai le principe.... Je suis d'avis que moins on fera d'opérations sur un même sujet, et

(1) Eugène Renault, lui-même, nous a fait connaître à ce sujet ses propres émotions :

« Aujourd'hui encore, après trente-cinq ans d'une vie passée au milieu d'opérations de ce genre, je ne puis en supporter le spectacle, sans un serrement de cœur. »

mieux cela vaudra, non-seulement au point de vue de l'humanité, mais aussi au point de vue du résultat à obtenir. »

Voilà déjà une conquête précieuse, dans cet aveu qui n'a rien coûté à la belle intelligence de l'homme qui l'a fait. Allons plus loin :

Magendie a consigné dans son ouvrage un grand nombre d'expériences faites dans le but annoncé d'étudier la digestion, l'absorption, et finalement la nutrition. Eh bien! M. Magne, directeur de l'école impériale vétérinaire d'Alfort, a examiné, analysé, discuté, commenté ces expériences: à quelle conclusion est-il arrivé?

M. Magne a montré que ces vivisestions avaient été faites sans motifs plausibles, raisonnables; que l'on avait fait souffrir à de pauvres animaux d'affreuses douleurs pour n'arriver qu'à des résultats insignifiants. Mais écoutons-le lui-même :

« Des expériences que j'ai résumées, ***en est-il une seule*** qui ait été réellement utile, qui ait produit pour l'humanité un bien pouvant compenser les souffrances qu'elles ont occasionnées aux animaux? ***Je n'hésite pas à répondre négativement.*** »

Une citation encore :

« Quant aux vivisections qu'on se permet d'exécuter dans les écoles vétérinaires, qu'on dise à quoi elles servent, si ce n'est à la simple curiosité de quelques personnes qui désirent voir, par leurs propres yeux, les mouvements des organes chez des animaux vivants, curiosité qui prouve seulement que le cœur des expérimentateurs n'est pas sensible à la pitié. »

Un autre auteur s'exprime ainsi :

« Je dis que les élèves n'apprennent rien par ces abominables procédés : chez les animaux qui se trouvent dans les affreuses conditions où on les place, toutes les fonctions organiques doivent être horriblement troublées, et ne sauraient, en conséquence, enseigner rien de vrai, quant à leurs fonctions normales. »

L'opinion que je viens de rapporter est celle d'un célèbre anatomiste allemand, auteur de la *Théologie de la nature*, le vénérable et regretté Straus Durckheim. On le voit, la contagion s'est répandue un peu partout.

Les expérimentateurs à la suite pullulent ; on tue pour voir. Quoi ? — Par simple curiosité. Le couteau, le poison, les acides, les caustiques, tout est bon. On lit, à ce sujet, dans le journal viennois *la Lumière* :

« On estime que le nombre des animaux ainsi enlevés, à Vienne, par la physiologie, en 1850, 1851 et 1852, s'est élevé à 56,000, savoir : chiens, 26,000 ; chats, lapins, 25,000 ; grands mammifères, 5,000. Ces pauvres bêtes ont été ouvertes vivantes, autant pour recueillir les vers intestinaux, que pour étudier les fonctions animales(1). »

(1) Pour ses recherches de toxicologie, Orfila a empoisonné six mille chiens.

## § VI.

M. Couturier, de Vienne, décrit ainsi ses impressions sur une leçon publique de physiologie, dans son livre piquant : *Paris moderne :*

« Le chien a bien des ennemis; entre autres, je signalerai le *carabin*, qui vole, dans son voisinage, chiens et chats pour s'amuser à faire ce qu'il appelle des expériences ou des opérations.... Mais les pauvres animaux, ils ont encore à craindre d'autres dangers. Que Dieu les préserve de tomber dans les mains des savants ! Je suivais un des cours de l'École de médecine, et pendant deux longues leçons, le professeur nous apprit les expériences faites sur des chiens enfermés dans les caves du Collége de France... Je ne dirai pas toutes les tortures qu'un prince de la science — je tairai le nom du bourreau — avait infligées à ces pauvres bêtes, et les résultats pour l'humanité.... Il est vrai que je ne suis qu'un profane, mais j'avoue que je suis encore à les deviner, et que tout cela m'a fait l'effet de tristes puérilités scientifiques. Lorsqu'au Collége de France, j'entendais un hurlement plaintif sortir de ses caves, j'oubliais la leçon, et je prenais en dégoût l'espèce humaine, qui, non contente de dévorer, est si habile à varier les supplices. »

Tristes puérilités scientifiques ! N'est-ce pas en effet

le mot qui peut s'appliquer à beaucoup de ces expérimentations?

Dans un mémoire sur la transfusion, adressé par deux savants prussiens à l'Académie des sciences, on voit qu'ils se sont acharnés sur un pauvre petit chien, auquel ils ont refusé toute espèce d'aliments, pendant plusieurs jours, et qui, disent-ils naïvement, « s'est prêté difficilement à cet essai. »

Après six jours de diète absolue, il avait diminué de 39 pour 100 de son poids. Alors on a injecté soit dans la veine crurale, soit dans la veine jugulaire de l'animal mourant d'inanition, une certaine quantité de sang, prise par une saignée, aux dépens d'un autre chien, « et, dit M. Berthoud, les expérimentateurs se sont applaudis de ce que la malheureuse bête était arrivée vivante au 24e jour de cet atroce régime, sans perdre plus de 39 pour 100 de son poids. »

Or, comme le chien, pendant les six jours de jeûne préparatoire, a perdu un poids égal, on voit qu'on a réduit de 78 pour 100 son embonpoint primitif! Pour arriver à un pareil résultat, est-ce bien la peine, après tant d'autres tentatives analogues, d'exercer une pareille barbarie?

C'est aussi à l'Académie des sciences qu'en 1863, M. Flourens a exposé ses observations sur l'infection purulente. Voici ce qu'il a dit :

« Quelques gouttes de pus prises sur la dure-mère d'un chien et portées sur la dure-mère d'un autre chien, ont produit une méningite violente et causé la mort; j'ai fait porter quelques gouttes de ce même pus sur la plèvre d'un autre chien parfaitement sain : au bout de trente-six heures, l'animal est mort.... On a porté du pus sur les muscles abdominaux d'un chien parfaitement sain; l'animal est mort au bout de quatre jours.... Du pus pris sur la dure-mère d'un chien a été porté sur la plèvre du même chien; le cinquième jour l'animal est mort.

» Ainsi, du pus porté d'un animal sur un autre animal, ou sur le même animal, d'un viscère sur un autre viscère, produit une infection purulente des plus violentes, et finit par causer la mort.

» J'ai multiplié ces expériences, elles ne peuvent laisser de doute. L'infection purulente est démontrée. C'est d'ailleurs une théorie admise. Les faits que l'on vient de voir n'en sont que de nouvelles preuves; mais que d'études ils demandent encore! Je commence à peine. »

*Je commence à peine!* Ces mots font frémir. Quoi! c'est une théorie admise, et vous commencez à peine?

L'*Opinion nationale* — 29 juillet 1864 — s'exprimait en ces termes, au sujet des vivisections : « Regardez ce pauvre animal qu'on jette sur la table de marbre : il est plein de vie, et voici qu'on lui arrache la peau, qu'on met sa chair à nu, qu'on la coupe vivante, en ayant bien soin de ne point attaquer les organes essentiels, car la mort mettrait trop vite fin à ses souffrances. C'est comme un ressouvenir de l'horrible habileté des tourmenteurs d'autrefois. Lui aussi, on le met à la question, et il faut qu'il dise son secret, le secret de sa vie et de ses douleurs. »

C'est M. Ch. Sauvestre qui a signé ces lignes, dans un bon article que je regrette de ne pouvoir reproduire en entier.

« Murrey, qui protestait, il y a bientôt un siècle, contre les exagérations de la méthode expérimentale dans la physiologie, et contre les applications prématurées qu'on en voulait faire à la médecine, que penserait-il, demande le docteur Guardia, dans le journal *le Temps*, que penserait-il de ceux qui, de nos jours, prétendent éclairer la médecine dans la connaissance et le traitement des lésions organiques, en étudiant sur les animaux des maladies provoquées et artificielles? Ces prétentions insensées et nullement justiciables feraient sourire les médecins qui savent les principes de leur art, s'ils n'étaient profondément affligés des conséquences déplorables de cette étroite méthode expérimentale, trop rigoureusement appliquée à l'étude des sciences organiques par des esprits sans portée et sans initiative, dont le but manifeste est de constituer une physiologie et une médecine sur leur modèle, et à leur image. »

Dans son journal, *Le Protecteur*, *l'ami*, *le législateur des animaux*, M. Godin imprimait cette plainte, en 1858 :

« Je n'ose penser aux tortures de tout genre, aux horribles convulsions que subissent, chaque jour, une foule de créatures animées, sous le coup de la vivisection : violents outrages à la nature, pratiqués arbitrairement, sans règle, sans limite, sans contrôle et sans frein; le plus souvent par l'ignorance ou la légèreté, et sans aucun avantage pour la science. »

A l'une des séances de la Société médicale des hôpitaux, un médecin, à la recherche d'un moyen curatif du croup, terrible maladie de l'espèce humaine, avait fait connaître ses tentatives pour introduire, et maintenir des tubes métalliques dans le larynx d'un certain nombre de chiens. « Les violences qu'il faut employer pour enfoncer ces canules, enlèvent, avait-il dit, en terminant, toute signification à ces expériences. »

M. Victor Meunier, dans l'*Ami des sciences*, s'emparant de ces aveux, traduit le vivisecteur à la barre des protecteurs des animaux :

« C'est l'auteur lui-même des expériences qui déclare qu'elles n'ont aucune signification; qu'elles ne sont pas faites dans des conditions raisonnables ! Pourquoi les a-t-il faites ? Qui le contraignait à faire souffrir ces malheureuses bêtes, sans aucun profit pour la science, sans rime ni raison, sans raison même ?

» Ces délits-là ne sont-ils pas justiciables de la loi Grammont? Les coups de couteau donnés par un vivisecteur sont-ils moins coupables que les violences exercées par un charretier ? Suffit-il d'invoquer à tort et à travers le nom de la science, pour que la cruauté, changeant de caractère, devienne un acte méritoire ? »

Straus Durckheim voulait que le gouvernement intervînt de la manière la plus expresse, en frappant de peines sévères ceux qui osent se livrer à la vivisection; il faisait appel à la sollicitude de la Société protectrice des animaux, et citait les vivisecteurs à son tribunal.

Mais le baron Guerrier de Dumast n'accorde pas à cette Société tutélaire le temps et le droit d'agir. « Si l'on pense devoir reconnaître que, tout pesé, un arbitrage éclairé exige le maintien de la vivisection et de ses infernales horreurs, la Société protectrice ***n'a plus de raison d'être***, et ce qu'elle a de mieux à faire, est de se dissoudre sans retard. Elle doit clore, le plus tôt possible, ses séances et son journal. »

Je répondrai tout à l'heure à cet honorable élan d'indignation.

La chaire aussi s'est émue. Ses plaintes, le révérend Thomas Jackson, recteur de Stoke-Newington et prébendaire de la cathédrale St-Paul, à Londres, les a fait entendre énergiquement dans un sermon qu'il est venu prêcher, en 1860, le jour de la Fête-Dieu, à l'église anglicane de la rue d'Aguesseau. Je voudrais pouvoir reproduire en entier cette éloquente oraison, paraphrase du proverbe : *Le juste a égard à la vie de sa bête, mais les entrailles des méchants sont cruelles ;* je voudrais surtout qu'elle pût inspirer tous les prédicateurs. Je dois me borner à un court extrait :

« De toutes les mutilations et de toutes les tortures abominables que l'homme fait subir à la création animale, celles que l'on inflige au nom de l'anatomie et de la chirurgie, sont les plus atroces, les plus révoltantes, et ce sont en même temps celles que l'on excuse par les arguments les plus plausibles.

» L'humanité rougit des actes commis de sang-froid sur les animaux par certains physiologistes. On allègue, en faveur de ces vivisections, que d'importants faits sont constatés par ce procédé, et que les opérations sur les sujets malades dans nos hôpitaux, sont par là rendues moins douloureuses; mais d'éminents anatomistes ont répondu que ces faits, une fois acquis à la science, il n'est plus nécessaire de répéter de pareilles opérations; qu'une étude attentive des maladies en apprend bien davantage, et que les inductions que l'on tire de ces sanglantes expériences sont, pour la plupart, trompeuses, parce que chez l'animal, ainsi supplicié, la douleur trouble le jeu naturel des fonctions. »

## § VII.

« ..... Empêchez les vivisections ou vous n'avez plus de raison d'être...

» Votre prétention à protéger est insensée, menteuse, lorsque vous ne suffisez même pas à empêcher les tortures...

» Sauvez d'abord les victimes; vous protégerez après les créatures qui ne sont que malmenées. »

Voilà en face de quelles accusations vives, pressantes, passionnées s'est trouvée très-naturellement la Société protectrice des animaux, dans cette question.

Les séances de cette Société retentissaient, depuis trois ans, de discussions, de propositions; elle recueillait incessamment, par ses membres et par des commissaires spéciaux, tous les documents de nature à motiver les conclusions d'un rapport. Parmi les membres de sa commission, trois opinions étaient soutenues : La minorité demandait purement et simplement la suppression absolue et complète de la vivisection; une partie se prononçait pour son maintien, mais avec une réglementation sévère; la troisième enfin, adoptant les tendances très-libérales du rapporteur, tout en reconnaissant les abus, repoussait toute entrave à la liberté, toute réglementation officielle, dans la crainte qu'en employant d'autres armes que la persuasion, on risquât de frapper l'*usage,* quand il ne faudrait attaquer que l'*excès*.

Il fallait être juste.

Le rapport confié à la plume exercée de M. A. Sanson, commença par établir les états de service de la physiologie expérimentale. Analysant les recherches anciennes et récentes sur la digestion, sur le rôle des nerfs de la sensibilité et du mouvement, sur les localisations cérébrales et divers autres travaux précieux de MM. Claude Bernard, Flourens, Longet, Brown-Séquard, etc., il montra que ces recherches ont incontestablement été utiles ; que dès-lors elles échappent au reproche de cruauté qu'on doit appliquer à toute souffrance, si faible qu'elle soit, et de quelque nature qu'elle soit, imposée *gratuitement* à un être vivant quelconque. Ces recherches scientifiques sont dignes de l'approbation de tous ceux qui aiment sincèrement le progrès de la science, ce qui veut dire encore le bien de l'humanité.

« Mais pour mériter cette approbation, les vivisections ont besoin d'être strictement maintenues dans les limites de ce noble but. Elles ne doivent être que le moyen de vérifier expérimentalement une hypothèse bien circonscrite à l'avance, de manière à n'imposer à l'être sensible destiné à les subir, que la somme de douleur indispensable à la solution cherchée. Au-delà la cruauté commence, puisque là commence aussi la gratuité, l'absence du but utile. Elles ne peuvent être exécutées moralement — lorsqu'elles sont relatives à des recherches nouvelles — que dans le silence du laboratoire, dans des conditions où l'expérimentateur domine son expérience, au lieu d'être dominé par elle.

» C'est pour cela, ajouta le rapporteur, que nous avons peine à comprendre que l'on puisse faire des vivisections un art, et élever cet art à la hauteur d'un enseignement public. Il y a là un excès que nous devons déplorer, en regrettant que le sentiment de la curiosité scientifique soit assez puissant pour faire taire celui d'une sensibilité intelligente, et fournir des spectacles à un pareil enseignement. »

Malgré ces nobles sentiments, le rapport fut vivement attaqué, non pas dans sa partie scientifique, — sur ce terrain, il était inattaquable, — mais dans ses conclusions, qui laissaient subsister l'état de choses actuel, sans autres entraves que des exhortations modératrices. Un des vice-présidents, le vénérable marquis de Montcalm-Gozon, fut l'éloquent interprète de la grande majorité des membres de la Société protectrice. Il établit que si les besoins de l'étude ont des exigences auxquelles on doit faire, en gémissant, quelques sacrifices, il ne faut pas laisser au premier venu la liberté d'user ou plutôt d'abuser de cette tolérance.

« Cet art de faire durer ensemble et le supplice et la vie, ces tortures illimitées cruellement infligées à des animaux sans défense et sans parole, ce ne sont pas les plus licites des actions humaines. Eh bien ! on veut les proclamer un fait, et ce qui est bien pire, un droit, supérieur à tout contrôle, à toute réglementation possible !.... A nos grandes aspirations économiques pour la conservation et le meilleur emploi des espèces animales, vivant capital des sociétés humaines ; à notre lutte contre la méchanceté, l'ignorance et la paresse qui le gaspillent ; à notre œuvre enfin de compassion, de justice et d'adoucissement des mœurs, je croirais voir enlever tout son caractère sérieux, toute sa forte et logique corrélation, si l'on nous faisait indéfiniment accepter, pour les animaux, le pouvoir, sans merci ni miséricorde, de quiconque prendra seulement la peine de mettre en avant la physiologie pour prétexte. Ne semblerait-il pas que nous n'aurions plus guère qu'à prendre congé les uns des autres, le jour où il aurait été bien reconnu que notre protection disparaît devant tous les excès ayant pris l'expérimentation scientifique pour *mot de passe?*

« Un juge bien compétent, le sentiment public, croira voir faillir à son œuvre une Société protectrice qui s'annulerait ainsi devant des souffrances toujours affreuses, et rarement utiles, qui révoltent les sens, et font bondir le cœur.

» Au dehors, au dedans, l'opinion nous criera, et déjà elle nous crie : « Sollicitez donc au moins l'autorité publique de faire un *départ* entre les vivisections réellement nécessaires à la science, et ces milliers de tortures continuellement infligées sans motifs tolérables.

» Cette séparation accomplie, tâchez d'humaniser ces hommes qui se font de la vivisection presque un art d'horrible agrément, et demandez à l'administration supérieure de vouloir bien réfréner, par un réglement, ceux d'entre eux que vous n'aurez pu fléchir. »

M. de Montcalm rappela que des savants de premier ordre, et entre autres M. Claude Bernard, professeur de physiologie au Collége de France, et membre de la Société protectrice, s'étaient prononcés en faveur de la réglementation. Dans ce long et mémorable plaidoyer, il mit constamment en présence l'intérêt de l'expérimentation scientifique et l'intérêt protectioniste ; puis il résuma ses conclusions en ces termes : « Vous avez besoin de l'usage de la vivisection, et nous en repoussons les abus : gardez l'usage, en acceptant notre vœu pour que les abus soient réprimés. »

De toutes parts, des vœux semblables se produisaient avec une instante énergie.

M. Auguste Duméril, professeur au Muséum d'histoire naturelle, publiait, en 1861, dans l'*Ami des sciences*, un long et excellent article sur *les vivisections*, et s'exprimait ainsi : « La Société protectrice, qui renferme dans son sein beaucoup d'hommes éclairés, et en particulier des médecins familiarisés avec ce genre d'études, en a longuement discuté les avantages et les inconvénients. Aussi ai-je pu, à l'époque où je remplissais dans cette assemblée les fonctions de secrétaire général, m'expliquer de la façon suivante sur ce sujet, en présentant le compte-rendu de ses travaux pour l'année 1857 : C'est par les tendances scientifiques dont la manifestation se produit chaque jour davantage parmi nous, qu'il faut expliquer la position si digne d'éloges qu'a prise la Société dans les discussions soulevées à l'occasion de cet art d'interroger la nature vivante.... Reconnaissant la nécessité cruelle, il est vrai, mais indispensable de certaines investigations, elle n'a pas franchi les bornes que lui imposait une sage réserve. Elle a défendu, de tout son pouvoir, la cause qu'elle a embrassée ; mais elle a compris qu'une pitié excessive serait un obstacle à des expérimentations dont le résultat peut être utile à l'homme lui-même.... Elle a émis le vœu que les abus, auxquels ces expérimentations peuvent donner lieu, soient l'objet d'un examen attentif de l'administration, afin que, si cela est possible, elle parvienne à les réprimer, en s'occupant de la question, dans le plus bref délai possible. »

## § VIII.

Mais la Société protectrice établie à Londres, qui était déjà depuis longtemps parvenue à faire réduire, et même interdire partiellement les pratiques de la vivisection, dans la Grande-Bretagne, n'avait pas attendu la manifestation de notre Société pour lui offrir l'encouragement de son exemple, son appui moral et son concours direct le plus dévoué. Elle lui avait envoyé, l'année précédente, à cet effet, une honorable députation. En 1861, abandonnant les idées de prohibition absolue, qu'elle avait d'abord avancées, et qui n'étaient point acceptables dans notre studieux pays, la délégation anglaise, impatiente de voir se réaliser les vœux communs à tous les amis des animaux, prit la résolution d'une démarche dont la Société de Paris ne pouvait, d'après des convenances administratives, prendre l'initiative.

Quatre de ses membres, que l'ambassadeur de la Grande-Bretagne a eu l'honneur de présenter à l'Impératrice, et pour lesquels il a ensuite obtenu de l'Empereur une gracieuse audience, ont signalé respectueusement à Leurs Majestés les nombreux abus auxquels la vivisection donne lieu chaque jour.

« Les délégués ont su vivement intéresser le Chef de l'Etat, et provoquer des mesures énergiques et promptes qui laisseront, sans doute, a dit le docteur Lobligeois, dans son beau rapport sur les travaux annuels de la Société protectrice, pour l'année 1861, des traces durables dans l'enquête, lorsque la question, régulièrement étudiée aujourd'hui par un consciencieux et savant rapporteur, se retrouvera sous les yeux des ministres appelés à la décider, en présence du vote et des documents de la Société française. Ordre préalable a été donné de suspendre, à Alfort, les expériences, jusqu'à plus ample information; défense a été faite à la fourrière de fournir, sans contrôle, des chiens aux expérimentateurs. »

Peu de jours après l'audience impériale, son Excellence le Ministre de l'Agriculture et du Commerce invitait, comme nous venons de le voir, l'Académie de médecine à nommer une commission dans son sein, pour l'examen de la question qui intéresse, au plus haut degré, l'œuvre de la commisération appliquée aux animaux.

Mais déjà, depuis deux ans, devançant les réformes espérées, et sous la seule pression morale des idées de la Société protectrice, à l'école vétérinaire de Lyon, on ne faisait plus, sur les chevaux ou autres bêtes vivantes consacrées au cours de chirurgie pratique, d'opérations douloureuses, telles que cautérisations, dessollement et autres manœuvres sur le pied. On continuait bien à y faire, de temps en temps, les vivisections indispensables aux études de physiologie appliquée; mais toujours après avoir détruit la sensibilité par la section de la moëlle, « Ce sont des expériences et non des leçons; on n'y admet que le nombre d'élèves nécessaire pour aider le maître. »

Ces renseignements fournis par M. Tisserand, professeur d'hygiène, d'anatomie et de physiologie à l'École vétérinaire, nous ont été transmis par le docteur Fraisse, le zélé secrétaire de la Société protectrice des animaux, à Lyon.

Enfin, en 1860, au cours de physiologie comparée, professé par M. Flourens, au Muséum d'histoire naturelle, le célèbre académicien annonçait, dès sa première leçon, qu'il ne ferait plus de vivisections devant ses nombreux auditeurs; il avait compris qu'il y a des opérations de laboratoire, qui ne doivent pas être reproduites en public. Je suis heureux, en terminant, de m'appuyer sur ses belles paroles, recueillies par un de ses auditeurs, M. Bourguin, ancien et digne secrétaire général de notre Société protectrice des animaux.

« La vie est le grand problème que la physiologie est appelée à nous faire connaître; mais elle n'étudie pas seulement pour satisfaire la curiosité naturelle de l'esprit humain, elle étudie aussi pour guérir. En cherchant les moyens de sauver les hommes, elle est quelquefois forcée de sacrifier des êtres animés ; mais elle proscrit toutes les barbaries inutiles. Elle s'élève contre les mauvais traitements dont les animaux domestiques, les chevaux surtout, sont trop souvent victimes. On a fait une loi pour les protéger; ce n'est pas une loi, c'est un code tout entier qu'il fallait faire. »

## § IX.

Les plaintes arrivaient donc de Londres, mais de deux années en retard ou à peu près, et ayant à rattraper, par une certaine exagération, le temps perdu.

Elles remontaient presque à l'époque de Magendie, qui avait bravé l'opinion des Anglais chez eux.

« Magendie, dit M. Dubois (d'Amiens), avait été leur donner, pour ainsi dire, un spécimen : on l'avait vu, dans un amphithéâtre public, répéter quelques unes des scènes qu'il avait coutume de donner au Collége de France. Mais presque aussitôt dénoncé à la Chambre des Communes par la Société protectrice des animaux, il avait failli être expulsé du royaume, en vertu de l'*Alien bill.* »

Des brochures furent publiées, dans lesquelles il fut question de *pratiques inhumaines et abominables, de cruautés monstrueuses, qui sont une honte pour la civilisation moderne, un outrage à la nature et à Dieu lui-même.* Enfin on couronnait ces accusations par cette phrase : « ***En France, on prolonge les vivisections pour se procurer d'infâmes plaisirs.*** »

La question scientifique avait disparu ; c'était désormais une question d'honneur national. Toute la discussion qui eut lieu devant l'Académie impériale de médecine, le résultat même de cette discussion s'en ressentit.

Le Ministre de l'Agriculture et du Commerce demandait l'avis de l'Académie sur trois points :

1° Y a-t-il quelque chose de fondé dans les plaintes articulées par les membres de la Société protectrice de Londres, en ce qui concerne la pratique des vivisections en France ?

2° Y a-t-il lieu d'en tenir compte ?

3° Y a-t-il quelque chose à faire, et dans quelle mesure ?

Pour une Académie nationale, la réponse aux deux premières questions posées à la suite de doléances, de brochures, de journaux anglais, n'était guère douteuse, et la Commission avait presqu'à venger la France.

L'Académie fit entrer à dessein dans cette Commission des savants, qui eux-mêmes avaient mis, en quelque sorte, la main aux divers genres de vivisections ; ainsi, comme on récriminait contre les recherches faites dans le but d'arriver à de nouvelles découvertes, MM. Jules Cloquet, Cruvelhier et Robin pouvaient dire jusqu'où on avait été en ce sens ; on avait signalé les cruautés exercées sur les animaux dans l'enseignement, M. Claude Bernard pouvait répondre, et dire ce qui se fait dans ces cours; on s'était récrié sur ce qui se passe dans les Écoles vétérinaires d'Alfort et de Lyon; MM. Eugène Renault et Leblanc pouvaient parfaitement donner des renseignements à ce sujet.

Enfin le parti de l'humanité se trouvait aussi représenté dans la Commission; car sur neuf membres, six appartenaient à la Société protectrice des animaux, siégeant à Paris (1).

Je résume les conclusions formulées par M. Moquin-Tandon, rapporteur de la Commission, et par M. Dubois (d'Amiens) :

On est forcé de reconnaître que la pratique des vivisections, en France, ainsi que les exercices opératoires dépassent trop souvent les limites de l'utile; et qu'à ce point de vue, on doit tenir compte des plaintes qu'elles ont excitées, sans s'arrêter à la forme injurieuse dans laquelle elles se sont produites.

Les vivisections ne sont utiles, indispensables, que quand elles sont pratiquées en vue de quelques découvertes ou d'un progrès à obtenir; elles doivent être proscrites toutes les fois qu'il s'agit de démontrer des faits acquis à la science.

Dans l'enseignement public ou privé, les démons-

(1) MM. Jules Cloquet, Claude Bernard, Cruvelhier, le baron Larrey, Renault et Leblanc.

trations faites par voie de vivisection ne devraient plus être tolérées.

Il y a lieu d'interdire toute espèce d'opérations faites dans les écoles sur des chevaux vivants, dans le seul but de préparer les élèves à la pratique de la chirurgie vétérinaire.

La raison, l'humanité, la vérité commandaient d'adopter ces résolutions ; mais la question avait perdu le calme, le désintéressement, la philosophie nécessaires. Il y avait des accusateurs et des accusés ; des Anglais et des Français en présence.

Aussi, qu'arriva-t-il?... Mais je veux laisser parler ici M. Amédée Latour et l'*Union médicale* :

« A M. Gosselin était réservé l'honneur de formuler des conclusions qui ont réuni l'assentiment unanime de l'Académie. Après un court et substantiel résumé de la discussion, il a proposé des conclusions qui mettaient à néant celles trop timides de la Commission ; qui anihilaient complétement celles proposées par M. Dubois (d'Amiens) ; et alors, une chose sans exemple, croyons-nous, et sans antécédents, s'est vue : les conclusions de la Commission, lues et mises aux voix, pas une seule main ne s'est levée pour leur adoption, et les conclusions proposées par M. Gosselin ont été adoptées à l'unanimité. Les voici :

» *L'Académie déclare que les plaintes articulées par la Société protectrice des animaux, de Londres, ne sont pas fondées ; — qu'il n'y a pas lieu d'en tenir compte ; — et qu'il convient d'abandonner, comme par le passé, les vivisections et les opérations chirurgicales, pratiquées dans les écoles vétérinaires, à la sagesse des hommes de science.*

» La Commission dispersée n'a pas défendu son œuvre; son rapporteur, hélas! était mort; M. Dubois (d'Amiens) était absent, et n'a pu soutenir ses conclusions; M. Béclard même n'a pas prononcé un mot; de sorte que la victoire, on peut le dire, a été remportée sans combat.

» Tout est donc fini sur cette question?

» Non, tout n'est pas fini. L'un de nos plus honorables confrères de la presse, M. le docteur Bossu, rédacteur en chef de l'*Abeille médicale*, a signalé un fait grave dont il est personnellement lésé, et avec lui tous les habitants de son quartier. Les chiens raccolés errants sur la voie publique, sont envoyés à la fourrière, et, de là, s'ils ne sont pas réclamés, dirigés sur les pavillons de l'école pratique de la Faculté de Médecine. Ces pauvres animaux sont les victimes destinées aux expériences physiologiques. M. Bossu attaquait un abus, mais les exagérateurs s'en sont pris à l'usage. Eh bien! cet abus est réel, il importe qu'il cesse, dans l'intérêt même d'une cause que tous les esprits censés ont défendue, et au triomphe de laquelle ils applaudissent; mais pour cela encore il n'est pas besoin de gendarmes ou de sergents de ville; une simple invitation du prudent doyen de la Faculté suffira.

» ..... C'est aussi pour nous presque un devoir de

conscience de déclarer que les arguments, soit en faveur des *expériences fréquentes* dans les cours, soit des opérations sur les animaux vivants, ne nous ont pas convaincu ; nous persistons à croire que ces expériences doivent être rares, et que ces opérations devraient cesser. »

Beaucoup de bruit pour rien, s'est-on écrié, après de si longs débats. Pour rien, n'est malheureusement pas exact, car il a été émis des maximes d'une généralité fort regrettable. Ainsi, « se livrer, en plein amphithéâtre à une démonstration expérimentale sur un animal vivant, n'est pas un abus, mais un procédé nécessaire, qui grave inaltérablement les faits dans l'esprit de l'élève. —Les opérations, pratiquées sur les animaux vivants, sont nécessaires, non-seulement pour les élèves vétérinaires, mais même pour la chirurgie humaine : le manuel sur le cadavre ne suffit pas. »

Mais il y a plus : quelques hommes de la presse et de l'Académie avaient demandé humblement que les expériences de vivisection fussent épargnées, autant que possible, aux animaux compagnons et coadjuteurs de l'homme. — Ce vœu ne rencontrera que sourires et dérision. — Est-ce qu'il y a des chacals au marché ? — Non ; tandis qu'il existe une industrie consistant à fournir aux vivisecteurs des chevaux qui vivent sans manger, en attendant le jour glorieux de la vivisection, et des chiens qu'on vole pour les vendre aux amphithéâtres.

La campagne mal engagée a donc été mauvaise. Et, à cet égard, les lignes suivantes, empruntées à la *Gazette médicale de Paris,* résument bien l'impression du public :

« ....N'y avait-il rien à ajouter à tout ce qui a été dit et redit, avec tant de talent et d'autorité ? Ne pouvait-on pas adoucir la fin de non-recevoir un peu dédaigneuse qu'on a opposée aux lamentations et même aux délations des protecteurs des animaux ? Car on se montre d'autant plus supérieur à ses adversaires, on parvient d'autant plus à les convaincre, qu'on les blesse moins, et qu'on les éclaire davantage. Oui, il est douteux qu'à la manière cavalière et un peu brutale dont tous les orateurs ont mené leurs adversaires, à la façon même dont l'Académie a résumé et clos le débat, il est douteux, disons-nous, que les âmes attendries et compatissantes, dont ils ont heurté si violemment les sentiments, n'emportent de la lutte des blessures et des rancunes, à la place d'une haute considération pour les vainqueurs. C'est une conséquence du débat qu'il n'eût peut-être pas été impossible d'éviter. »

Encore une fois, non, tout n'a pas été, tout n'est pas dit sur cette question que les mots de progrès et de liberté obscurcissent.

L'Angleterre exceptée, jamais il n'a été sérieusement demandé d'interdire absolument la vivisection. La lettre suivante que j'adressais à M. Barral, directeur de la *Presse scientifique des Deux-Mondes*, appuiera cette affirmation :

« Dans son intéressante chronique de la science et de l'industrie,—octobre 1862,—M. Amédée Guillemin, à propos du meeting de l'Association médicale anglaise, a été conduit à énoncer qu'un congrès ouvert sous les auspices de *la Société royale pour prévenir les cruautés envers les animaux*, et avec le concours de la *Société protectrice siégeant à Paris*, s'était tenu, vers le milieu du mois de mai dernier, au Cristal-Palace, pour protester contre le droit de faire des expériences sur des animaux vivants.

» Comme vous aimez et cherchez la vérité, vous accueillerez, je l'espère, Monsieur le directeur, la réfutation des erreurs qui concernent, dans cet article, les Sociétés protectrices, en général, et celle de France, en particulier.

» Une date a son importance : les réunions provoquées par la Société de Londres, ont eu lieu dans la seconde semaine d'août dernier, quelques jours seulement après celles du *Congrès général des Sociétés protectrices*, à Hambourg, où le droit de l'expérimentation physiologique a été reconnu, proclamé, en ces termes :

« *Le Congrès est loin de s'opposer aux vivisections; mais il demande que les abus qui peuvent se produire soient réprimés.* »

» Notre secrétaire général, M. Bourguin, et M. Leblanc, le savant vétérinaire, délégués au Congrès allemand, avaient mission de soutenir cette formule.

» A Londres, un de nos vice-présidents n'a pris la parole que pour la répéter, comme l'expression du vote de la Société protectrice française :

» Les procès-verbaux de nos séances, et les nombreux articles publiés dans notre *Bulletin* mensuel, vous montreront, Monsieur le directeur, qu'en ce point, il existait un désaccord persistant entre notre opinion et celle de la société anglaise. »

Tout n'est pas dit, je le répète, et je m'en réjouis, avec nos amis de Londres, qui font d'honorables concessions : la Société royale pour la prévention des cruautés offre un prix de mille francs à l'auteur du meilleur essai, écrit en langue française, sur la vivisection des animaux.

Voici le programme de la question à traiter :

« La vivisection est-elle *indispensable* pour donner au praticien l'assurance et l'habileté nécessaires dans les opérations chirurgicales vétérinaires ?

» Si elle est *indispensable,* dans l'intérêt de la science, sous quelles conditions peut-elle être exercée ? »

Les mémoires devront être adressés avant le 1er février 1867, à la Société anglaise ou à la Société protectrice de Paris. Le prix sera décerné dans une des séances du congrès des Sociétés protectrices, qui aura lieu pendant l'Exposition universelle.

Attendons avec espoir : la campagne mal engagée ne pouvait être heureuse. Une question d'humanité a été traitée avec passion comme une question politique : le progrès que l'on invoque, le progrès des mœurs, la fera reprendre en sous-œuvre. Non, la liberté des vivisections ne sera pas laissée à la ***conscience*** du premier venu, car la passion n'a pas de conscience.

### RÉSUMÉ.

L'opinion publique a raison de s'émouvoir des abus de la vivisection.

Le moyen peut être *utile*, dans certains cas ; mais il sert l'erreur aussi bien que la vérité scientifique.

L'utilité a été gravement compromise par ses propres excès.

La chirurgie vétérinaire, ainsi que l'a dit le regretté Parchappe, avec ce bon sens qui est le génie des causes honnêtes, peut se contenter de ce qui suffit à la chirurgie humaine.

Les expériences sur les animaux vivants ne sont, en aucune sorte, indispensables à un enseignement efficace de la physiologie.

Il y aurait abus à introduire ce mode d'enseignement dans les cours publics, autrement que par exception, et quand, par exemple, l'expérience se rapporte à des questions dont la solution, admise par le professeur, est nouvelle dans la science, et non encore acceptée ;

Encore serait-il nécessaire, en pareil cas, de s'abstenir de toutes celles de ces opérations qui seraient de nature à provoquer chez les animaux de violentes douleurs, et chez les spectateurs, une impression pénible .

Le premier venu n'est pas libre de se livrer à la vivisection ; une maîtrise est nécessaire à l'expérimentateur ;

Toute vivisection doit avoir déjà pour elle l'induction tirée de la structure anatomique, et de la physiologie ;

Tout animal ayant déjà servi à une expérience, doit être immédiatement sacrifié, à moins qu'il ne soit constaté que le travail ou les recherches auxquels on se livre, exigent une série d'expériences ayant un rapport *direct* les unes avec les autres ;

Les animaux soumis aux expériences doivent être nourris pendant leur séjour aux pavillons d'études ;

On doit apporter une sévère restriction, dans les Ecoles vétérinaires, aux répétitions des opérations chirurgicales sur les animaux vivants ;

La médecine opératoire peut être apprise sur le cadavre, pour être pratiquée ensuite, avec succès, par les élèves, devant les professeurs, sur les animaux amenés aux cliniques ;

Une invitation doit être faite aux opérateurs d'employer, autant que possible, l'éther, l'acide carbonique ou d'autres anesthésiques, sur les animaux mis en expérience (1).

(1) M^lle^ Douglas, membre dévoué de la Société protectrice des

Un dernier mot : Je ne suis pas, certes, un ami de la réglementation à outrance, même contre la vivisection; mais je repousse de toute la force de mes instincts, de toute l'énergie de mon âme, la torture. Je réprouve la cruauté prétentieuse et l'ingratitude, même lorsqu'elles agitent le drapeau de la science et de l'humanité.

animaux, s'est inscrite pour une somme importante sur une liste de souscription pour fournir aux Ecoles vétérinaires des substances anesthésiques.

# XI

## TRANSPORT DES ANIMAUX EN CHEMIN DE FER, A PIED ET PAR EAU.

§ I. La niche à chiens. — § II. Le fourgon des chevaux. — § III. Les vachères. — Coupable incurie des expéditeurs. — Les Compagnies responsables.— § IV. La race des toucheurs. — Du marché à l'abattoir. — § V. Ce qu'on peut faire.— § VI. Le transport en navire.

### § I.

« Les chemins de fer ont à ce point oublié leur mission de progrès et d'humanité, à l'égard du transport des animaux, que des esprits distingués ont cru devoir examiner si ce mode de transport ne devait pas être abandonné, dans l'intérêt général. »

*(M. E. Delattre, avocat à la Cour impériale de Paris).*

L'accusation portée dans cette épigraphe est grave et sévère. Est-elle juste ? Ouvrons une enquête.

Je rapporterai tout de suite des faits que chacun de nous est à même de contrôler chaque jour, dont il est révolté ou affligé, mais qu'il faut subir.

Les chiens, qui payent bel et bien leur place, sont traités, en chemin de fer, comme s'ils n'étaient qu'une surcharge ; comme s'ils n'avaient pas un maître ; et, ce qui paraîtra plus fort à bien des gens, comme s'ils n'avaient ni prix ni valeur.

Souvent, au moment de l'ouverture de la chasse, à raison de l'insuffisance du matériel, les chiens, mâles et femelles, de tout âge, de toute force, de toute race, sont enfermés ensemble, dans d'étroites niches. Libre aux plus agressifs d'attaquer les plus timides, aux plus vigoureux d'étrangler les plus faibles. Une chienne de race sortira de son cabanon pour donner, plus tard, à son maître qui l'a payée fort cher, des produits bâtardés, informes.

Cependant la prudence et les règlements exigent que ces animaux soient toujours séparés les uns des autres.

M. Armand Durantin, M. de Ribaucourt et Madame Niboyet ont, à diverses reprises, réclamé, dans le Bulletin de la Société protectrice, chacun de son côté, contre l'inconvénient de ces niches où le chien voyage séparé de son maître.

« En hiver, si, revenant de la chasse, dit M. Durantin, il a chaud, il y contracte une maladie de poitrine ; en été, la chaleur l'y suffoque. Au débarcadère, en ouvrant ces affreux cabanons, on y trouve plus d'un chien asphyxié. Le sang s'échappe par les naseaux, la gueule et les yeux. »

La muselière exigée, avec raison, pour la sécurité des agents, ajoute encore à ce supplice.

Un voyageur descend, et réclame, en exhibant son

récépissé, la bête qu'il n'a confiée qu'à regret à la prison cellulaire. Si, dans un moment de presse, on se trompe de cabanon, le chien d'un autre voyageur s'échappe, et ne peut être rattrapé. Il sera poursuivi, peut-être, traqué dans la campagne, et mis à mort, comme un animal dangereux.

La litière est facultative, et le propriétaire peut en faire garnir la niche à ses frais. Mais s'il est cupide, ou s'il n'a pas prévu que son chien, pendant un long parcours, dans la saison rigoureuse, pourra périr de froid dans ce compartiment où la bise souffle à travers la grille ouverte à chaque extrémité, la Compagnie, pour éviter le reproche d'avoir, par imprudence, ainsi causé la mort de l'animal, pourra-t-elle arguer qu'elle n'aurait pas refusé de fournir, pour un prix convenu, la paille demandée ? En droit strict, elle le pourrait. Elle pourrait aussi continuer de transporter, sans abri, sans rideaux ou vitres, des voyageurs exposés à mourir, en hiver, dans ses wagons de troisième classe. Mais au-dessus du droit, il y a le devoir.

Pourquoi ne pas garnir d'un volet à vitre la double ouverture des niches ? Pourquoi ne pas fournir d'office, moyennant une faible somme, la paille nécessaire à la santé, à la conservation du chien ? Pourquoi ne pas lui donner, dans les arrêts du train, de l'eau pour sa soif, au lieu de laisser à l'expéditeur ce soin facultatif et souvent impraticable.

Qu'on rende la Compagnie responsable. Elle redoublera de surveillance ; elle imposera de sévères amendes à ses agents, qu'elle doit charger *seuls*, sauf quelques exceptions, de faire sortir le chien de sa niche.

Ne serait-il pas possible de réserver, à chaque train, un wagon mixte contenant les trois classes, et destiné aux voyageurs qui tiendraient à ne pas se séparer de leurs chiens ? Cela se fait bien pour les fumeurs ; pourquoi ne le ferait-on pas pour les gens qui aiment les animaux ? Cela me paraît d'autant plus réalisable, que les femmes, pour jouir de leur privilége, ne payent aucun excédant de taxe, tandis que les propriétaires de chiens payent, et continueront de payer pour leurs compagnons de voyage. J'ai posé cette question dans un petit livre plein de renseignements utiles, l'*Almanach général des chemins de fer pour l'année* 1866, publié par M. Évariste Thévenin, avec la collaboration de MM. Babinet, Perdonnet et Barral. J'attends encore la réponse.

## § II.

Le monopole de tout transport d'hommes, d'animaux, de marchandises que le chemin de fer exerce sur son parcours, puisque la concurrence est impossible, constitue un immense privilége, que le législateur n'a certainement pas accordé pour le profit exclusif de ceux qui l'exploitent, mais dont il a fait sagement la concession, dans un but d'intérêt général.

*En expropriant pour cause d'utilité publique* une

liberté commerciale, dont il dote les Compagnies, l'État leur impose, envers le public, des devoirs nombreux que M. Delattre a commentés, en légiste érudit, dans un livre intitulé : *Tribulations des voyageurs et des expéditeurs en chemin de fer.*

En ce qui concerne les espèces animales, les abus qu'il signale avec énergie, ceux que j'ai pu moi-même observer, ou dont j'ai recueilli les détails à des sources authentiques, sont de nature à soulever de vives et légitimes réclamations. Mais aussi, je reconnaîtrai que l'avarice, la rapacité, la dureté des propriétaires de bestiaux sont plus funestes encore que le vice du matériel de transport, et la mauvaise organisation des trains. Si les fourgons ne permettent aux animaux ni de boire, ni de manger pendant la route, les propriétaires ont oublié aussi de prévoir ces besoins cruels.

Un remarquable mémoire du docteur Bertherand rappelle la statistique des vaches et bœufs morts de fatigue, de 1845 à 1849, à Paris, après y avoir été conduits par les voies vicinales, et qui n'arrivaient généralement que surmenés.

Mais ce fait n'excuse ni les vices ni les dangers du mode actuel de transport. Aussi des plaintes nombreuses ont-elles éveillé la sollicitude de tous ceux qui aiment les animaux. M. Allier a particulièrement étudié les inconvénients qui résultent de l'installation des chevaux dans les fourgons-écuries. La chaleur y est parfois étouffante. Les chevaux y souffrent à ce point, que, dans plus d'un cas, on a été obligé de les saigner à leur arrivée. D'autres ont été frappés *d'immobilité*, c'est-à-dire d'une affection paralytique.

Le colonel du Paty de Clam, commandant d'un régiment de dragons, déclare que le mode de transport des chevaux en commun est très-défectueux, dangereux pour eux et pour les palefreniers. Chaque wagon renferme de 7 à 9 chevaux. Ils entrent par une ouverture ménagée au centre latéral du fourgon. On place les animaux en travers. Pendant toute la route, ils sont dans un état de malaise évident : campés sur un bipède latéral, pour résister à l'action du mouvement du fourgon, ils restent contractés, s'appuyant les uns sur les autres. Dans les à-coups, il n'est pas rare que toute une rangée tombe sur le dernier cheval, et l'étouffe presque.

Comme ces animaux occupent, de tête à croupe, toute la largeur de leur écurie, le palefrenier ne peut circuler derrière eux. En cas d'accident, il est obligé de passer sur le dos de ceux qui le séparent de la bête à secourir.

La nourriture qu'on jette devant eux est piétinée et perdue. Dans l'état de contraction et de malaise où ils se trouvent, ils ne songent nullement à manger ni à boire, pendant que le fourgon est en marche.

Au lieu de laisser le palefrenier assis sur un strapontin suspendu par des cordes au centre du wagon, il faudrait qu'il pût circuler sur un marche-pied extérieur. Il faudrait aussi que la partie correspondante à la tête des animaux s'ouvrît par un mouvement de bascule, de manière à former une crèche extérieure, où serait répartie, pendant les haltes, la nourriture des chevaux, et dans laquelle on les ferait boire. On fermerait ensuite cette ouverture, au moment où le train devrait se mettre en marche.

Le colonel du Paty de Clam ajoute qu'il serait urgent de placer, de deux en deux chevaux, une planche rembourrée, formant stalle volante et fixée aux parois latérales du wagon-écurie, pour que chaque cheval n'eût à supporter au plus que l'accotement d'un de ses voisins.

Les boxes pour les transports particuliers sont de deux espèces : les unes contiennent deux chevaux, les autres trois. Tout y est prévu pour que les animaux qui sont placés parallèlement à la voie, n'éprouvent ni chocs pendant les temps d'arrêt, ni frottements nuisibles; les parois sont rembourrées et couvertes de cuir, de même que les plastrons contre lesquels ils peuvent s'appuyer. La litière est abondante ; la ventilation, bien combinée, est tamisée par des persiennes, empêchant les chevaux de voir au dehors, et de s'effrayer. Placé dans un compartiment attenant au fourgon-écurie, un palefrenier les accompagne, et les rassure. Une auge et une mangeoire complètent l'installation confortable de ces voyageurs de première classe.

Il n'y aurait donc là rien à changer, si l'on ajoutait au pont volant qui sert à l'embarquement de l'animal, un garde-fou très-élevé, lui donnant la forme d'un pont américain. Dans l'état actuel, une partie de la paroi du wagon se renverse sur le quai, pour faire rentrer l'animal dans sa stalle, soit par côté, soit par bout. Malgré les hommes d'équipe placés à droite et à gauche, il arrive assez souvent que le cheval, en se défendant, mette le pied entre le wagon et le mur du quai. De graves accidents se sont produits de la sorte.

Je ne parlerai que pour mémoire d'une pauvre bête oubliée dans une boxe et trouvée morte d'inanition. C'est un détail, un accident. Il faut pourtant y mettre une certaine bonne volonté, pour oublier un cheval !

Au moment de la fermeture des wagons-écuries, surtout de ceux dont la porte se renverse toute entière pour former pont, si des chevaux indociles déplacent leurs pieds, leurs sabots sont pris quelquefois entre les charnières, et même arrachés par cet accident. On le préviendrait en faisant glisser une planche, placée de champ parallèlement à l'entrée, avant de relever la portière. Chaque Compagnie améliorant son matériel suivant les besoins indiqués par l'expérience, il y a lieu d'espérer que toutes les causes de danger qu'on peut prévoir disparaîtront, dans les moyens de transport.

## § III.

M. Montalent Bougleux, témoin oculaire des faits qu'il rapporte, a fait insérer, en 1856, dans l'*Union de Seine-et-Oise*, une page navrante : Un bœuf était resté gisant, pendant trois heures, sur le boulevard de Paris, à Versailles, sans que la sollicitation du fouet, de la main et de la voix de son bouvier pussent lui donner la force de se relever. Il fut laissé là, puis emporté sur une charrette. Le même spectacle s'offrit le même jour, à la même heure, sur le boulevard du Roi ; l'épuisement de ces bœufs avait pour cause la fatigue résultant d'un voyage en chemin de fer. Tous deux faisaient partie d'un troupeau qui venait de descendre à la gare de l'ouest, rue des Cordiers.

« Les personnes qui habitent le voisinage de la station du chemin de fer de Chartres, peuvent entendre, au passage ou à l'arrivée des convois de bestiaux, des cris de souffrance et de rage poussés par les bœufs, les porcs, etc.

» Parmi ces derniers, il n'est pas rare d'en trouver quelques-uns privés de la queue ou d'une oreille, ou ayant le dos ouvert par une entaille longue et béante ; d'autres mis à mort par leurs compagnons. Les bouviers, bergers, porchers entassent, par une économie fort mal entendue, leurs animaux en si grand nombre dans un petit espace, que ces bêtes cahotées, privées d'air, ne pouvant se mouvoir, ne tardent pas à entrer en fureur, et à se déchirer les unes les autres. »

Je pense, avec M. Montalent, que si la gêne de la respiration, la contrainte, la terreur, les chocs, les blessures suffisent pour donner la mort à quelques animaux, il n'est pas déraisonnable d'avancer que la chair de ceux qu'on abat, après de telles souffrances, doit être nuisible à la santé des consommateurs. Je suis convaincu que beaucoup d'affections graves, telles que le charbon, l'anthrax, l'érysipèle gangreneux, peuvent avoir pour cause l'usage de la viande provenant d'un animal malade ou surmené.

Déjà, en 1850, Eugène Renault, alors directeur de l'École vétérinaire d'Alfort, signalait au ministre de l'Agriculture et du Commerce des abus flagrants, au nom d'une commission composée de MM. Magne, Delafond, H. Boulley, Goubaux et Raynal. Quand les animaux sont arrivés dans les gares, ils sont, dit le rapport, « livrés à la merci des préposés de l'administration des chemins de fer, hommes étrangers, presque tous, au gouvernement du bétail, qui en ont peur, qui ne savent comment l'aborder. Au milieu de la confusion qu'entraîne souvent l'encombrement, l'agitation et l'effroi des bœufs, par suite du bruit inaccoutumé qu'ils entendent, ces hommes, pressés par l'heure du départ, et impatients de la résistance des animaux pour se placer dans les wagons, dont rien ne leur facilite l'entrée, ne savent, pour les contraindre à y monter, d'autre moyen que la violence et les coups. »

Les fourgons affectés aux bestiaux s'appellent des *vachères*. C'est là qu'ils sont entassés, étouffant ou morfondus. Ils y manqueront de fourrage, ils y manqueront d'eau. Combien de temps se prolongera cette torture? Vingt-quatre heures, trente-six heures, quarante heures; plus encore, s'il y a retard ou accident.

La privation de nourriture et de breuvage irait même à quatre jours, si l'*Opinion nationale* est bien renseignée. Des wagons-bergeries du chemin de fer d'Aix-la-Chapelle arrivent, dit-elle, régulièrement à Pontoise, apportant de Westphalie ou de Pologne, 2,500 à 3,000 moutons, qui ne reçoivent rien pendant la durée du voyage !

Une vachère renferme quelquefois deux, et même trois fois autant de bestiaux qu'elle n'en doit, qu'elle n'en peut contenir. Nous verrons pourquoi tout-à-l'heure.

Ce sont presque toujours, selon Eugène Renault, les animaux les plus beaux, les plus gras, les mieux réussis, ceux dont la valeur est le plus élevée, qui sont le plus sensibles aux effets du transport.

J'ajoute qu'il s'agit, le plus souvent, de bêtes jeunes, vivant presque à l'état sauvage, et quittant pour la première fois l'étable ou la prairie. Tout les effraie, et les effarouche. Leur consternation est au comble, quand, la nuit, sous le tunnel retentissant, des convois se croisent, rapides comme la foudre, avec le sifflet aigu des signaux, la lueur ardente des fournaises et le ronflement strident de la machine. Voyez-les, quand elles débarquent : leur état est pitoyable. Dans ces yeux rouges, dilatés, pleins de larmes et de sang, dans ces gueules béantes, d'où tombe un sourd mugissement, il y a, dit M. Borgella, quelque chose de profondément triste, et qui glace le cœur.

Et savez-vous quel est le nombre des victimes sur

lesquelles s'exerce annuellement cette traite des bestiaux? Voici des chiffres puisés à une statistique officielle : en 1862, les six grandes Compagnies ont transporté environ quatre millions cent quarante mille cinq cent quatre-vingt-sept têtes de bétail (1).

Le transport des animaux de boucherie a été bien plus considérable en Angleterre, qui est loin de fournir assez de viande pour sa consommation, en temps ordinaire, et qui a été si gravement frappée par l'épizootie contagieuse. Elle a reçu, dans les sept premiers mois de l'année 1866, cinq cent quatre-vingt-dix-sept mille sept cent quarante-deux (597,742) bœufs ou taureaux, vaches, veaux, moutons ou porcs, provenant de l'Allemagne, de la France, de la Suède, de la Norvège, du Danemark, de la Hollande, de la Belgique, de l'Espagne et du Portugal.

Chaque fourgon mesurant 4 mètres 13 centimètres de long, sur 2 mètres 41 centimètres de large, soit une surface intérieure de 10 mètres carrés (9 m. 95 c. 33 m.), est destiné à transporter cinq bœufs, vaches ou taureaux — ou quatorze veaux ou porcs, —

| | Chevaux | Bœufs | Veaux et porcs | Moutons chèvres | TOTAL |
|---|---|---|---|---|---|
| (1) Lyon...... | 11,318 | 107,853 | 533,778 | 553,778 | 923 648 |
| Orléans..... | 419,923 | 143,105 | 324 856 | 325,539 | 843 423 |
| Est........ | 81 | 642 | 315,480 | 457,236 | 755,058 |
| Ouest...... | 42,295 | 213,949 | 219,043 | 143 022 | 718,310 |
| Nord, ne publie que le produit, qui, comparé aux autres, donne........................ | | | | | 480,000 |
| Midi....... | 17,047 | 32,218 | 51,588 | 299,297 | 420,148 |
| TOTAL GÉNÉRAL... | | | | | 4,140,587 |

ou vingt-cinq moutons, brebis, agneaux — ou chiens.

L'espace est suffisant pour que ces animaux ne soient point gênés, et qu'on puisse aisément leur donner les soins nécessaires ; mais, au lieu de stipuler impérativement pour les bestiaux, comme on le fait pour les chevaux et les mulets, le nombre que doit contenir un fourgon, chaque Compagnie, usant d'une déplorable tolérance qui n'est pas dans son intérêt, a inscrit, dans son tarif, la clause que voici :

« Il est loisible aux expéditeurs de charger dans un wagon le nombre de têtes que bon leur semblera, au-dessus des nombres ci-dessus fixés; mais la Compagnie sera affranchie de toute responsabilité pour les risques et périls qui pourront résulter, en cours de transport, de cet excédant de chargement. »

Sans doute, l'expéditeur a intérêt à ce que ces animaux arrivent en bon état; mais, s'il a profité de l'absence de toute limite pour entasser ses bestiaux de manière à les étouffer, il ne suffira pas de dire qu'il en souffre seul dans sa fortune : sa perte pécuniaire n'excuse pas la cruauté volontairement commise, sciemment tolérée.

« Comme la loi Grammont, s'écrie M. Delattre, serait bien à propos appliquée aux wagons ! Comme on applaudirait les commissaires de surveillance qui dresseraient des procès-verbaux contre les Compagnies, les propriétaires de bestiaux et les conducteurs, coupables, chacun, dans diverses proportions, selon les circonstances !

» J'ai vu soixante-dix animaux morts, étouffés dans un de ces maudits fourgons, et personne n'a été puni ! »

Sur le chemin de fer de Rouen, un marchand de porcs avait placé soixante-douze de ces animaux dans des wagons de moitié trop petits pour ce troupeau. Notre spéculateur comptait économiser sept francs. Malheureusement les bêtes, serrées les unes contre les autres, et privées d'air, n'ont pu supporter ce mode de transport, et à la station de Bernay, il n'en restait que quatre en vie.

C'était une perte de trois mille francs; et, comme le nombre des porcs excédait trop manifestement ce que les wagons doivent en contenir, elle est restée toute entière sur le compte du marchand cupide.

D'autres cas se présentent :

Le nombre normal n'a pas été dépassé; néanmoins les animaux ont souffert; un accident, qui n'est pas rare, a mutilé des bœufs turbulents; leurs sabots ont été pris entre les charnières des portes s'ouvrant à bascule pour former un pont d'embarquement, parce qu'au moment de la fermeture on n'a pas pris une attention suffisante.

Ou bien, la durée du voyage a été nuisible au bétail, comme il est arrivé pour un lot de moutons, expédiés de Bourges à Paris par le baron Augier, le trajet ayant duré quarante-huit heures !

Ou bien, ainsi que M. de Lavalette l'a constaté, des moutons, transportés d'Alger à Poissy, ont mis plus de temps à franchir la distance par voie ferrée, qu'à traverser la Méditerranée en steamer.

Ou bien, on n'a pas veillé aux besoins d'un animal passant d'une Compagnie à une autre, parce qu'il n'était pas ***recommandé;*** c'est-à-dire parce que l'expéditeur n'avait pas remis à un agent de marche l'argent nécessaire pour payer à un autre agent, d'une autre Compagnie, les déboursés nécessaires.

Mais le mandataire peut être infidèle ; et que de peine pour trouver un agent au départ! que de peine à celui-ci pour voir son collègue à l'autre compagnie! Plus d'une pauvre bête est morte de soif, de faim, de froid, de coups, de mauvaises manœuvres, étouffée, mal aérée, mal assujettie. En payant pour le transport de ce ***colis,*** on ne l'avait pas ***recommandée.***

Quelle est la part de culpabilité de chacun ? M. Delattre répond : « La plus grave accusation doit peser, selon nous, sur les propriétaires des animaux. Ils savent fort bien que le transport durera un jour, un jour et demi; et néanmoins ils les embarquent sans nourriture; ils n'exigent pas qu'aux temps d'arrêt déterminés d'avance, il soit donné à boire à ces infortunés. Ces barbares, lorsqu'ils louent des wagons entiers, poussent l'avarice et la cruauté jusqu'à entasser, à grands renforts de coups, quelquefois quarante bêtes dans un espace destiné à n'en contenir que vingt ! »

Évidemment, si la Compagnie n'est pas, aux termes de son règlement, responsable du préjudice, elle n'en est pas moins complice du délit de mauvais traitement, en laissant commettre ces entassements horribles. Quoiqu'en louant ses wagons elle en ait abandonné le gouvernement intérieur aux propriétaires et conducteurs de bestiaux, elle ne peut échapper à l'application de la loi du 2 juillet 1850. Jamais il ne lui sera loisible de dire : Je consens à transporter vos animaux, mais seulement à vos risques et périls. Une Compagnie qui agirait ainsi, violerait un principe public.

L'auteur des *Tribulations des voyageurs et des expéditeurs en chemin de fer* nous apprend quelle serait, pour des faits analogues à ceux que j'ai cités comme exemple, la jurisprudence adoptée par les juges.

« Si j'établis que les wagons sont tellement mal construits qu'il m'a été impossible de donner ni à boire ni à manger à mon troupeau; que le trajet s'est effectué avec une lenteur insolite; que les animaux devaient forcément se blesser dans les mouvements de va-et-vient, etc., la Compagnie sera bel et bien déclarée responsable.

» Les cours et tribunaux, dans cent cas divers, se sont prononcés dans ce sens. »

Aux administrateurs je dirai, avec M. Blanche, avocat général à la Cour de cassation : « Vous êtes fonctionnaires publics et entrepreneurs de transport. En cette dernière qualité, louez vos wagons, rien de mieux; mais souvenez-vous de votre premier titre, qui est votre raison d'être. Ne souffrez d'aucun de vos locataires cruauté ou insensibilité; surveillez l'exécution de la loi Grammont; affichez-la, et prévenez, dans vos contrats, que vous dresserez procès-verbal contre les infractions à cette loi. Modifiez la construction de vos wagons. Faites concurrence à la batellerie, mais ne lui faites pas la guerre. Faites-vous plutôt bateliers sur les fleuves latéraux à vos grandes lignes ; ils sont la véritable route des marchandises à petite vitesse, et surtout des bestiaux. »

Tous les tarifs généraux et spéciaux fixés par l'État et inscrits dans le *Livret-Chaix,* publication officielle des chemins de fer, stipulent des délais de transport, au-delà desquels les Compagnies deviennent responsables, et doivent une indemnité. Seuls les tarifs pour le transport des bestiaux ne contiennent point de stipulation spéciale pour les délais. Les animaux voyageant en petite vitesse sont assimilés aux marchandises ; et, comme il est accordé aux Compagnies un jour par 120 kilomètres, des moutons expédiés de Marseille à Poissy pourraient rester sept jours en route, non compris ceux du départ et de l'arrivée.

En nous donnant ces détails, M. Evariste Thévenin fait remarquer que fort heureusement les Compagnies n'usent pas rigoureusement de leur droit; chacune d'elles organise, pour l'approvisionnement des marchés de La Chapelle, Sceaux et Poissy, des trains spéciaux de bestiaux qu'elle transporte en grande vitesse, et qu'elle tarifie au prix de la petite vitesse.

Voilà un acte qui réfute dignement le reproche

qu'on a fait aux entreprises de chemin de fer de mettre leur intérêt au-dessus de l'humanité. Comme exemple, M. Thévenin cite ce qui se pratique sur la ligne de l'Est, où deux fois par semaine, le lundi et le vendredi, des bestiaux sont transportés de Strasbourg à La Villette, au prix de la petite vitesse, tout en ne restant dans l'enceinte du chemin de fer que vingt-quatre heures, en comptant le temps nécessaire à l'embarquement, celui du trajet, et celui du débarquement. En additionnant tous les temps d'arrêt, on trouve un total de cent soixante-quinze minutes, ou trois heures moins cinq minutes, ce qui réduit la durée de la marche à quinze heures vingt-cinq. Et il ajoute : « Il est inutile de faire remarquer que, dans toutes les gares d'arrêt ou d'arrivée, l'eau est abondamment et gratuitement mise, par la Compagnie, au service des conducteurs de bestiaux. »

## § IV.

Il existe une classe d'hommes habituellement cruels, qui aident les conducteurs de bestiaux au chargement et au déchargement, et qui accompagnent les troupeaux qu'on emmène, à pied, de la gare jusqu'au marché, plus ou moins distant, où ils doivent être vendus. Ce sont les *toucheurs*. Ils forment une corporation redoutable ; ils rançonnent les propriétaires, et violent, à tout propos, et de parti pris, la loi Grammont. Leurs actes de férocité sont innombrables, et leurs chiens, à la dent terrible, harcelant, mordant, ont souvent la gueule ensanglantée.

« Si l'habitude et la vue des mauvais traitements, m'écrivait le docteur Bourdin, de Choisy-le-Roi, n'endurcissaient pas le cœur, et ne pervertissaient pas la conscience, les toucheurs ne trouveraient pas aussi facilement des recrues dans une population qui, au fond, n'est pas aussi mauvaise qu'elle en a l'air. »

Entre le quai d'embarquement et le wagon, il existe un intervalle sur lequel on doit placer un pont volant en charpente ou un plan incliné, pour épargner des blessures, des chûtes aux animaux qu'on charge et qu'on décharge. Les compagnies ont fait établir ces appareils; mais les toucheurs se gardent bien de les employer; aussi voit-on souvent ces pauvres bêtes, dans leur trouble et leur précipitation, poser leur pied à faux, glisser, et se déchirer la peau des jambes aux arrêtes saillantes de la vachère ou du quai. Si l'animal se blesse de manière à ne pouvoir marcher, il faudra l'installer dans une voiture; et l'on dit que l'événement est d'autant plus fréquent que le toucheur lui-même le prépare, en vue d'une rémunération secrète, dont le voiturier, digne compère, lui glisse la monnaie dans la main.

Le bœuf, après sa chûte, comme celui qui tombe épuisé par la fatigue ou la souffrance, et celui que la trépidation du convoi, la station debout trop prolongée ou des marches forcées avant l'embarquement ont exténué, et qu'on désigne sous le nom de *mal à pied*, subit d'abord l'attaque des chiens qui le couvrent de morsures aux jarrets, aux flancs, aux endroits les plus sensibles. Puis, le toucheur le frappe rudement avec son bâton, il le pique, et lui marche cruellement sur la queue.

Si l'animal ne peut se relever, on fait avancer la charrette qui bascule de manière à former un plan incliné, et qui porte, à l'avant, un treuil sur lequel s'enroule un cable. On lie par les cornes à l'un des bouts de la corde la bête qu'on traîne, et qu'on hisse en tournant la manivelle, sans souci de ses souffrances et de ses beuglements. J'ai vu cette triste scène à Choisy-le-Roi : j'avais fait le voyage pour assister, un dimanche, au débarquement d'un troupeau de bœufs, et j'affirme, avec plusieurs des témoins navrés, qu'il est impossible d'assister à un de ces spectacles hideux, sans indignation et sans colère.

Ces faits doivent être signalés, flétris : ils constituent de véritables scandales ; ils appellent toute la sévérité de la loi. L'économiste et le savant s'en inquiètent, en outre, au point de vue de la salubrité et de la santé publique.

Un médecin assiste un jour à l'enlèvement de moutons placés dans un wagon à double étage, et étouffés par suite de l'écroulement du deuxième. Il s'empare d'un de ces animaux, et l'ouvre pour examiner les lésions intérieures. Au bout de cinq heures, toutes les chairs étaient vertes, livides ou tombées en putréfaction.

Un chimiste analyse le sang des ***mal-à-pied***, et trouve qu'il a subi des altérations profondes, analogues à celles qu'engendrent certaines formes du typhus.

Ailleurs, un train de marchandises, venant de Tours, apporte des animaux dont la valeur est évaluée à deux mille francs, et qu'on est obligé d'enfouir immédiatement, par ordre du commissaire central, sur l'avis d'un vétérinaire : ils étaient affectés de charbon.

L'intérêt de la santé publique, autant que l'humanité, réclame des améliorations dans le mode de transport des animaux de boucherie. On ne saurait entourer de trop de surveillance la préparation de la viande, afin que sa qualité reste inaltérable, et que son prix ne s'élève pas au-delà d'une juste rémunération pour ceux qui la produisent et pour ceux qui la vendent. La consommation tend tous les jours à s'accroître. Je lis dans un travail publié par feu Beaudement, professeur de zootechnie au Conservatoire des arts et métiers, qu'en France, la moyenne, qui ne s'élevait annuellement et par individu, qu'à 17 kilogrammes en 1812, était, en 1862, de 50 kilogrammes.

Mais combien cette moyenne se répartit inégalement ! Combien d'habitants des campagnes sont presque entièrement privés de cet élément réparateur ! Et, chose singulière, d'après l'auteur que je cite, les départements qui élèvent, et qui engraissent le plus d'animaux, sont ceux qui en consomment le moins.

De Choisy-le-Roi, lieu d'arrivée de la plus grande partie des bœufs fournis par les départements de l'ouest et du sud-ouest, le moindre trajet qu'ils ont à faire à pied, pour se rendre au marché le plus proche, est de 4 kilomètres au moins. Souvent on les conduit directement à Poissy, distant de 28 kilomètres. Ils viendront ensuite aux abattoirs de Paris.

Arrivés à Choisy, le dimanche, les bœufs et les moutons qu'on amène à Sceaux pour le marché du lundi, sont ramenés le lendemain ou le jour même à Choisy, et dans toute la banlieue, pour l'approvisionnement de ces localités. Leur épuisement est extrême ; ils ont les flancs creux, le poil terne, la tête basse. Leur sang a taché la route.

Des expériences faites sous la direction d'une commission nommée par le préfet de la Seine, et composée de MM. Delangle, Ledagre, Perrier, Devinck, Germain Thibaut, Baube, Husson, Durand et Daffry, montrent l'influence de la marche exagérée sur l'amaigrissement des bestiaux.

Quatre bœufs sont dirigés de Choisy sur Paris :

| | |
|---|---|
| Au moment du départ, leur poids est de | 2,638kil. |
| Il se réduit, à l'abattage, à. . . . . . . | 2,269 |
| La différence est de. . . . . . . . . . . | 369 |

Sur seize bœufs, la perte causée par la fatigue du parcours s'est élevée à 1,137 kilogr. Combien elle aurait été plus grande, si l'on eût pesé les animaux au sortir de l'étable, au lieu de les mettre sur le plateau de la bascule après le voyage en chemin de fer, et surtout si l'expertise se fût étendue sur les bêtes qui avaient subi, pendant le transport en wagon et dans le trajet pour se rendre au marché, puis du marché à l'abattoir, les plus mauvais traitements.

Pendant toute la durée du marché, ces animaux restent debout; puis, formés en bandes de trente ou quarante, ils sont dirigés, le soir même, et souvent sans avoir pu satisfaire leur faim et leur soif, vers le lieu du dernier supplice. Deux bouviers les conduisent, souvent à marche forcée, et frappent sans pitié les retardataires ou ceux qui tombent, incapables d'aller plus loin. Ceux qui meurent en route sont transportés au Jardin des Plantes pour les animaux carnassiers. Les autres sont livrés à la consommation des hommes. Quelle différence y a-t-il entre la chair de ces bêtes surmenées, et de celles qui sont crevées en chemin? Je n'en aperçois guère.

Une amélioration considérable, à divers points de vue, est heureusement en voie d'exécution. Le Ministre de l'agriculture et du commerce, dont la sollicitude s'étend particulièrement à toutes les questions qui touchent à l'élève du bétail et à sa vente en bon état sur les lieux d'approvisionnement, annonçait dans une réunion solennelle où les producteurs de tous les pays écoutaient avidement sa parole, que dans le nouveau marché qui s'élève aux portes de Paris, à La

Villette, rien ne sera négligé pour obtenir les conditions d'installation les plus favorables. Là, les animaux arriveront directement, et n'auront plus à supporter, après les tourments du wagon, la fatigue du voyage à pied, et ses tortures supplémentaires.

## § V.

J'arrive aux conclusions :

Le transport des animaux, par voie ferrée, malgré ses inconvénients, est le seul moyen qui permette de suivre le mouvement de la civilisation, et de suffire aux besoins toujours croissants de la consommation des grandes villes. Grâce à des réductions de tarifs bien entendues, au bétail produit par la France s'ajoute, dans des proportions croissantes et assez considérables, l'importation des bestiaux étrangers. Des moutons nous arrivent de Hongrie, de Pesth, de Belgrade, et de divers autres points de la Moravie et de la Servie : la gare de Strasbourg en a reçu 39,504, du 1er avril au 1er octobre 1864. Certaines expéditions se sont élevées à 3,600 têtes.

Pour remédier aux abus que j'ai signalés, il suffirait d'introduire quelques modifications dans le cahier des charges, et de les imposer aux Compagnies. L'administration publique est toute-puissante, quand elle agit en vue de l'intérêt général; mais ici, l'intérêt particulier même est favorisé, car les mesures qui protégeraient les animaux préviendraient des procès coûteux et de légitimes réclamations de dommages-intérêts.

En exerçant rigoureusement vis-à-vis de ces entreprises de transport son droit de tutelle, l'autorité leur rendrait donc un service réel et pouvant s'estimer en chiffres.

Si j'avais voix dans son conseil, je l'adjurerais d'ordonner immédiatement une réforme, en insistant sur les points suivants :

1° Réserver, à chaque train, un wagon mixte, contenant les trois classes, et destiné aux voyageurs qui tiennent à ne pas se séparer de leur chien ;

2° Prescrire aux Compagnies un modèle de wagons offrant de meilleures conditions d'installation pour les animaux, plus d'espace et de solidité ;

3° Déterminer rigoureusement le nombre des animaux de telle ou telle espèce que chaque wagon ou vachère doit contenir pour prévenir tout entassement et tout mélange dangereux ;

4° Prendre les dispositions nécessaires pour que l'aération s'y fasse d'une manière convenable, et pour que les animaux n'aient point à souffrir d'une chaleur excessive, du froid, du vent et de la pluie ;

5° Prémunir les bestiaux contre les accidents habituels, les chocs et les chutes, par le moyen qui, jusqu'ici, paraît le plus simple et le moins coûteux, c'est-à-dire la division des wagons en compartiments parallèles à la voie. — On obvierait à la difficulté du chargement et du déchargement à l'aide d'un truck tournant, qui mettrait l'entrée ou la sortie des vachères en rapport direct avec le quai;

6° Les pourvoir d'une litière renouvelée à chaque voyage, et suffisamment épaisse pour amortir la trépidation déterminée par le roulement;

7° Rendre obligatoire, pour l'embarquement et le débarquement, les mesures nécessaires pour préserver les animaux des contusions et des lésions auxquelles ils sont exposés;

8° Établir une communication entre toutes les vachères, de façon qu'un gardien puisse, pendant le trajet, circuler sans cesse le long du train, surveiller les animaux, les rassurer du geste et de la voix, veiller à leur nourriture;

9° A ce dernier effet, établir des rateliers, des auges, pour l'alimentation et l'abreuvage pendant le transport;

10° Régler la marche des trains, de manière à diminuer autant que possible la durée du voyage;

11° Apposer à l'entrée, comme à l'intérieur des gares, des affiches permanentes de la loi Grammont;

12° Multiplier, aux points de départ et d'arrivée, les moyens de surveillance; augmenter la sévérité des instructions données aux agents, de façon que la loi protectrice ou les règlements provoqués par son esprit ne puissent être violés impunément par les propriétaires d'animaux, par les Compagnies, par les conducteurs, toucheurs et autres agents intermédiaires.

## § VI.

Le mode d'embarquement des animaux que l'on transporte par navires, leur installation, leur hygiène à bord et leur débarquement laissent, dans bien des cas, beaucoup à désirer.

J'ai vu fonctionner, au Hâvre, la grue servant à l'arimage de ces colis vivants. C'est pitoyable ! L'animal est enlevé par une chaîne de fer dont un bout passe sous son ventre et dont l'autre s'enroule sur un treuil. Souvent on attache ensemble plusieurs veaux ou porcs qu'on laisse suspendus ainsi sur la poulie, pendant plus ou moins longtemps, sans s'inquiéter de la douloureuse pression qu'ils éprouvent.

Une boxe volante épargnerait cet acte de cruauté.

Sur divers ports de mer, le mouvement de transit est considérable : chaque année on embarque, à Nantes seulement, pour nos colonies des Antilles, de la Réunion et pour l'île Maurice, près de trois mille animaux, chevaux, mulets, ânes et vaches. On les place dans les entreponts des navires disposés en écurie, où ils sont assez serrés les uns contre les autres pour se soutenir mutuellement, et attachés de manière à ce qu'ils ne puissent se coucher pendant toute la traversée, qui dure de un à trois mois.

On les confie à la surveillance du capitaine commandant le navire, et aux soins d'un muletier qui ressemble beaucoup à un empirique. Toujours ignorant et souvent brutal, ses connaissances en médecine et en chirurgie se bornent à saigner à tort et à travers, et à passer des sétons, sans nécessité.

M. Cornué, vétérinaire, a rédigé une instruction sur les soins à donner aux animaux en cours de transport, pour éclairer les capitaines aux longs cours, qui, presque tous, ignorent les besoins du bétail en état de santé et de maladie. Ils y trouveront des indications utiles sur les maladies les plus fréquentes auxquelles les diverses espèces sont sujettes, et sur les moyens de les traiter.

Mais avant le remède qu'on oppose au mal, il y a l'hygiène qui le prévient : bonne installation de parcs où sont logés les bestiaux ; liberté suffisante pour les mouvements ; propreté constante et lavages fréquents pour ne pas laisser vicier l'air qui se renouvelle difficilement dans un entrepont de navire, surtout si le mauvais temps oblige de fermer les panneaux ; tout, jusqu'aux détails de la litière, de la boisson et du nombre des repas pour chaque genre de bétail, est bien indiqué dans cette excellente brochure.

Les chevaux transportés par vaisseaux à voiles sont habituellement placés dans la cale et dans l'entrepont ; à bord des navires à vapeur, ils sont dans les mêmes conditions ; mais ils sont, de plus, embarqués sur le pont, où leur installation est loin d'être bonne. Là, du moins, ils ont de l'air, tandis qu'ils en manquent, et souffrent beaucoup dans l'entrepont, et surtout dans la cale, malgré l'emploi des manches de ventilation. « L'atmosphère de l'écurie, dit le colonel du Paty de Clam, colonel du 2me régiment de dragons, est promptement viciée par les déjections, les émanations corporelles des animaux, et par la transpiration permanente à laquelle ils sont soumis, par suite de l'extrême chaleur produite par leur agglomération. »

Les vapeurs anglais, faisant le service de l'Inde, peuvent, faute de mieux, servir de modèle pour l'arrimage des chevaux sur le pont. Des stales étroites, placées à deux mètres environ du bordage, reçoivent chacune un cheval dont la tête est tournée vers l'intérieur du navire, et la croupe du côté de la mer. L'entrée en est facile : une barre de bois relie les boxes, et soutient une mangeoire individuelle et fixée en dehors de la boxe.

La cale ne devrait recevoir des animaux que lorsqu'il y a nécessité absolue. Ils y sont dans les conditions les plus mauvaises.

Sous le nom d'*hippiscaphes*, ou navires pour les chevaux, M. Frédéric Billot, d'Arles-sur-Rhône, a publié un livre où sont exposées, avec toute la chaleur d'une conviction profonde, des vues neuves et ingénieuses sur les moyens de transporter en mer la cavalerie, pour les besoins de la guerre, ou d'autres animaux destinés à l'exportation.

C'est une réforme complète et bien nécessaire que l'auteur propose pour remédier aux graves inconvénients reprochés aux dispositions du matériel naval, insuffisant, incommode et fort onéreux, auquel il substitue une vaste écurie flottante qui marche sans voilure, remorquée par un pyroscaphe.

Sur les plus grands bâtiments de commerce que l'Etat nolise à grands frais, trente-cinq ou quarante chevaux seulement trouvent place, et sont mal installés. Tourmentés par l'embarquement qui, toujours, est lent et difficile, par les coups de mer, le défaut d'espace, et mille autres causes de fatigue ou de souffrance, dans une longue traversée, un grand nombre périt; les autres, pendant longtemps, restent incapables de faire un bon service.

L'hippiscaphe transporte à la fois mille chevaux et leurs cavaliers, avec les provisions de bouche pour quinze à vingt jours, et l'équipement des hommes et des bêtes. L'embarquement et la circulation dans les galeries du navire, et la sortie, se font aisément, à l'aide de plans inclinés. Chaque cheval a sa case, où tout est disposé d'une manière intelligente pour la sécurité, l'hygiène, la facilité de l'alimentation, de l'abreuvage, du repos, etc.

Puisse l'expérience en être faite en grand, pour les besoins de l'industrie, mais non pas pour la guerre!

## XII

### DEUX VILAINS SPECTACLES.

**§ I. Le repas du Boa. — § II. Le festin du Sauvage.**

### § I.

Nous sommes en l'an de grâce et de spiritisme 1865; nous sommes dans la capitale du monde civilisé, à Paris : il s'agit d'amuser le peuple, en attendant les mystifications des frères Davenport, et d'inviter les familles à un spectacle, à une fête : c'est, du reste, le *jour de la Fête-Dieu;* cette circonstance sera rappelée en grosses lettres sur l'affiche.

Que va-t-on imaginer?

Lisez bien ceci :

GRANDE EXHIBITION

**DES SERPENTS BOAS**

Ces animaux mangeront publiquement des Lapins et des Pigeons.

**RIEN N'EST PLUS CURIEUX**

que de les voir courir après. — Une cage a été disposée exprès. Il n'y a aucun danger pour les spectateurs.

En recevant, au coin d'une rue, l'annonce dont je donne le texte, j'ai regretté de n'avoir pas sous la main l'outillage nécessaire pour faire imprimer ces lignes de Montaigne :

« Les naturels sanguinaires à l'endroit des bêtes témoignent une propension naturelle à la cruauté. Après qu'on se fut apprivoisé à Rome au spectacle du meurtre des animaux, on en vint aux hommes..... Nature (crois-je) elle-même a attaché à l'homme quelque instinct à l'humanité.... Nul ne prend son esbat à voir les bêtes s'entredéchirer, et démembrer, et afin qu'on ne se moque de cette sympathie que j'ai avec elles, — je ne prends guère bête en vie à qui je ne redonne le champ. — La théologie nous ordonne quelque faveur en leur endroit, et considérant qu'un même maistre nous a logés en ce palais pour son service, elle a raison de nous enjoindre quelque respect et affection envers elles. »

J'aurais fait distribuer ces quelques paroles *gratis*, en manière de programme, à tous les spectateurs.

Si pareille affiche était renouvelée, il faudrait y joindre une recommandation : *Amenez les enfants* : la cage les préservera de la peur, et le spectacle commencera leur éducation.

Je n'insisterai pas davantage. Passons à Bruxelles.

## § II.

La ville est en fête. Malgré le soleil de juillet, suivons la foule à la kermesse de Saint-Gilles. La place située devant la porte de Hat est couverte de barraques. Quel entrain, quel mouvement, quelle cohue, quel bruit !!!! La grosse caisse, le fifre, le tam-tam, la cloche, le trombonne, tout sonne, résonne, bourdonne, glapit et cric à la fois. Voilà le pitre sur l'estrade, voilà la femme à barbe, le veau savant, l'hercule, l'acrobate ; voilà l'escamoteur, le sorcier, le sauvage ! un vrai sauvage, pour tout de bon, un cannibale. On s'étouffe à sa porte. Deux sous ! c'est pour rien ; le spectacle est nouveau. Un homme demi-nu, un monstre, dans le costume de l'emploi, mange à belles dents des pigeons, des rats, des lapins tout vifs. Il y a sur la place un autre sauvage, qui croque aussi des volailles vivantes. Depuis huit jours que cela dure, la concurrence a fait baisser la recette, malgré les rats et les lapins. Il faut ranimer l'intérêt. Donc, on tire un chien d'un pannier ; le sauvage le saisit, le mord au ventre, le déchire, et lui dévore les entrailles.

La bête hurle, le public bat des mains, l'homme joue de la mâchoire. Le sang lui découle sur la poitrine, jusqu'à la ceinture.

Il y a là des mères avec leurs enfants !

Entrez, entrez, mesdames et messieurs, suivez la foule, on va recommencer.

L'*Étoile belge* nous apprend que le lendemain, 18 juillet, ce cannibale est parti pour Ninove, laissant le champ libre à son confrère, le *propre à rien*, établi dans la première division de la place, et qui continue à travailler sur le vif, dans la volaille.

Chiens de Ninove, prenez garde à vous !

La police n'a donc rien vu? Si fait, parbleu ! La police s'est même indignée... tranquillement. Le bourgmestre n'a pas voulu troubler un peuple qui s'amuse, qui a tort peut-être ; mais il s'en lave les mains, attendu que si les barraques sont installées sur le territoire de la ville, l'administration locale de Saint-Gilles doit seule intervenir, « puisque c'est à l'occasion de sa kermesse que le spectacle est donné. »

Et Saint-Gilles ne se mêle pas de ce qui se fait à Bruxelles.

Le Conseil provincial de Brabant, alors réuni, a manifesté, dit-on, hautement sa réprobation. *L'Indépendance belge* annonce que justice a été faite, envers les agents de police coupables de tolérance, de tacite complicité. Un *blame* rétrospectif est venu les atteindre. La kermesse étant finie, le dernier sauvage avait levé sa tente.

Un mois d'emprisonnement pour chaque délinquant aurait été d'un bon exemple.

De ces deux faits, celui de Paris n'est que lâche et dégoûtant ; celui de Bruxelles est odieux et criminel.

Une population qui s'y laisserait inviter, qui les encouragerait de sa présence, se déshonorerait bientôt dans l'esprit des autres peuples. Si elle ne se faisait pas cruelle, elle deviendrait abrutie.

# XIII.

## GUERRE AUX MOUCHES.

§ I. Un massacre d'abeilles.—§ II. Saint Bernard et les mouches. —Méfaits de ces vampires.—§ III. *Buen retiro* d'un Florentin. —§ IV. Filet préservateur. — Le bonhomme Tobie. — Frottons d'assa le cheval et le bœuf.

### § I.

L'abeille a bien des ennemis, mais le pire c'est l'homme. Pour récolter le miel, il asphyxie, il écrase,.. et se moque encore du sauvage qui coupe l'arbre pour avoir le fruit. Voilà pour l'ignorance et la routine. Naturellement la bêtise et la méchanceté viennent s'y joindre, par ci, par là. En voici un exemple :

Un chimiste, un chercheur habile, avait un rucher dans son jardin. C'était un sujet d'observations, un bonheur de savant. Les actives ouvrières, dès l'aube, butinaient au calice des fleurs; le soir elles bourdonnaient dans des ruches pleines. Un jour d'automne, il arriva que les mouches allèrent en maraude au voisinage. On s'y livrait à la fabrication des confitures. Attirées par l'odeur, elles avaient voulu goûter au produit dont elles n'avaient pas fait les frais, j'en conviens. Les confituriers se montrèrent impitoyables; plus de vingt mille abeilles furent écrasées. Cette destruction avait certainement fini par amuser les fabricants de marmelade.

A la rigueur, ils étaient dans leur droit; il y avait invasion de leur domicile, vol, avec circonstances aggravantes, préméditation, escalade, complicité, ventre armé, récidive. Le dommage pouvait devenir grave. Un raffineur n'a-t-il pas retiré du corps des abeilles qu'il a exterminées le poids incroyable, et pourtant constaté, de trois cent kilogrammes de sucre?

Mais l'exercice rigoureux d'un droit n'est pas toujours le moyen le plus équitable. — *Summum jus, summa injuria.*

L'abeille est un animal domestique, et des plus utiles, au même titre que le ver-à-soie, la poule, le pigeon, etc. En détruire des milliers, même pour se défendre contre une intrusion, me semble un acte coupable, s'il n'est pas indispensable, car il cause un préjudice, il annule une valeur. Faites des confitures, mais laissez la vie aux ouvrières qui fécondent les fleurs, et qui font le miel. Vous êtes dans le cas de légitime défense, soit; mais y a-t-il, pour le massacre, urgente nécessité? Avisez, prenez quelques précautions. Je vais, tout-à-l'heure, vous en indiquer une.

Mais d'abord parlons d'autres mouches. Pour celles-là, je le sais bien, on se prévaudra contre elles des ennuis parfois intolérables qu'elles nous donnent, en outre de leur piqûre, dangereuse, dans certains cas. J'irai même avec vous au-devant des objections.

## § II.

Le bourdonnement d'une mouche, a dit Blaise Pascal, empêche souvent le penseur le plus grave et le plus fécond de coordonner ses idées. Selon Jonathan Franklin, derrière lequel je m'abrite, le caractère des femmes s'aigrit très-vite aux taquineries des mouches. De là, croit-il encore, plus d'une querelle de ménage. De là sans doute aussi ce dicton : *Quelle mouche vous a piqué?*

Elles feraient damner un saint. Ecoutez Laurent Surius, le révérend père chartreux : « Notre cher et bienheureux saint Bernard, abbé de Clairvaux, étant à Froigny, village des Ardennes, diocèse de Laon, entra dans une église pour en faire la dédicace. Il fut tellement incommodé par un tourbillon de mouches, qui ne respectaient en rien le saint homme, qu'il pensa en perdre patience, et n'y voyant aucun autre expédient *(nullo succedente remedio)*, il s'écria : « Je les excommunie ! » Et les mouches de tomber dans l'instant asphyxiées, à la grande satisfaction des fidèles ébaubis, qui n'eurent qu'à les jeter dehors à pleines pelles. »

Encore une extermination ! nous cherchons un préservatif.

Je n'ai pas besoin de rappeler combien il importe d'éloigner les mouches du lit d'un malade, d'un blessé. Elles peuvent aggraver une affection nerveuse, envenimer une plaie.

Leur piqûre a souvent causé le charbon.

Chacun de nous voit avec dégoût une mouche effleurer la viande, qu'elle souille, et vicie instantanément.

Tout le monde regarde comme un ennemi personnel, acharné, la mouche d'automne, stomax mutin, à trompe cornée, pointue, acérée, qui rode partout, suçant, piquant, faisant le mal, rendant la campagne presque désagréable, lorsque le temps est à la pluie ou à l'orage.

Voici un accès d'humour et de colère à l'occasion de ces insectes : « Les mouches, s'écrie Arthur Yung, constituent le plus incommode des fléaux, en Espagne, en Italie et dans certains districts de la France où croissent les oliviers.

Ce n'est pas encore qu'elles mordent ou piquent; mais elles bourdonnent, tourmentent, et dévorent. Les yeux, la bouche, les oreilles, le nez, tout en est plein. Elles fourmillent, pullulent autour de toute espèce de comestibles. Les fruits, le sucre, le lait, elles attaquent tout par myriades. Si une personne, n'ayant rien autre chose à faire, ne les chasse continuellement, il est impossible à un étranger de prendre son repas. Je crois que si j'avais une ferme dans ces pays-là, je pourrais fumer quatre ou cinq acres de terre, chaque année, avec des mouches mortes. »

Les hommes, j'insiste sur ce point, ne souffrent pas seuls de l'attaque de ces insectes, dont la campagne abonde encore plus que la ville. Nos bestiaux en sont pitoyablement tourmentés ; ils n'ont, pendant les longues et chaudes journées, aucun répit : souvent ils en dépérissent. Une mouche de l'Afrique australe, la Tsesté, les tue de sa piqûre. Des buissons ou des roseaux qui bordent les marais, elle s'élance, rapide comme un trait, sur le bœuf, le cheval, le chien ; elle s'attaque au ventre, aux cuisses ; tous meurent plus ou moins rapidement, et leur chair, M. de Castelnau, célèbre voyageur, l'a constaté, ne tarde pas à entrer en putréfaction.

Pour borner la multiplication du dangereux insecte, on a soin, dans toutes les parties de l'Afrique méridionale, de mettre le feu chaque année aux pâturages.

Laissons les aborigènes ignorants lutter, comme ils peuvent, contre un fléau local, qui fort heureusement épargne l'homme ; revenons aux mouches, nos patriotes.

M. Amédée Joux demande leur tête : « Il me paraît utile et raisonnable, dit-il, que les académies instituent un prix de grande valeur pour celui qui aura trouvé le moyen réellement efficace et pratique de détruire sûrement, instantanément, avec économie, et sans danger pour la vie des hommes et des animaux, toutes les mouches qui auront pénétré dans les appartements, les hôpitaux et les étables. »

Il n'admettrait pas même l'incarcération, fût-elle à vie : pour d'autres motifs qne M. Jules de Claretie, il protesterait contre la *cage à mouches*, un jouet récent, en vente partout, avec ses barreaux étroits, son préau de fer-blanc, une prison portative dont l'écolier est le gardien.

« Qu'en dites-vous, s'écrie, dans l'*Illustration*, le spirituel moraliste? Moi, je trouve l'invention odieuse. C'est l'encouragement au meurtre. L'enfant, c'est reconnu, déteste l'animal, ou plutôt il l'aime à la façon des bêtes de proie, de l'aigle, par exemple, qui adore l'agneau. Cet âge est sans pitié, la chose est sûre. La nature tremble devant les enfants. Le chien, caressé par le vieillard, a les oreilles tirées par le gamin. L'oiseau, même apprivoisé, est plein de crainte : entre l'enfant et le chat, il ne voit guère de différence.... Je ne dis rien des hannetons; mais s'ils parlaient! Quant aux mouches, plus que les autres, elles pâtissent. L'enfant les décime, les empale, leur coupe en riant les ailes, les guillotine entre deux queues de cerises. Les savants prétendent que les mouches meurent quand vient l'hiver : les savants se trompent. Et, s'il n'est plus de mouches à la fin de l'automne, c'est que les vacances ont passé sur la race, et que les collégiens, tout en bâillant, ont organisé, pour se désennuyer, les massacres de septembre. »

Je suis bien persuadé qu'elles ont, dans la nature,

un rôle utile, bien qu'il ne soit guère apparent, et je félicite l'avocat d'office qui, sans s'abaisser à plaider la circonstance atténuante, demande la vie sauve et la liberté.

J'use de la mienne, en votant leur exil en masse, leur bannissement, à perpétuité, des lieux que, bêtes et gens, nous fréquentons.

Qu'elles aillent, les misérables, se faire... écraser ailleurs !

Mais ce serait encore une extermination à l'étranger.

## § III.

Voici, sous l'autorité du docteur Spencer, de Londres, qui le tenait d'un de ses amis, le préservatif désiré :

L'ami du docteur Spencer résidait tout près de Florence, entouré de voisins dont l'habitation entière, et la salle à manger surtout, étaient infectées par des essaims de mouches, tandis que, pour trouver chez lui deux ou trois couples de ces maraudeuses, il aurait fallu chercher, comme un naturaliste en quête d'un rare diptère.

Depuis trois ans, notre paisible Florentin jouissait de ce repos envié. De quel moyen usait-il donc, pour l'obtenir ?

Fermant volets et rideaux, faisait-il la nuit en plein

jour, dans sa demeure oisive? Non : la chambre était inondée de lumière, sous le ciel bleu de l'Italie; ses fenêtres, grandes ouvertes, n'étaient pas obstruées par ces canevas de fil végétal ou métallique, qui donnent à l'élégant salon l'aspect utilitaire d'un garde-manger dans une office; ni par ces nattes chinoises de jonc ou de roseau qui tamisent le jour, en substituant l'image enluminée d'affreux magots grimaçants, immobiles, à la vue de tout ce qui vit, s'agite, ou brille, ou verdoie au dehors; ni par un moustiquaire hermétique, dont le monotone écran impose au logis le calme plat de la retraite appropriée aux besoins d'un dormeur ou d'un malade; ni même par un des gracieux et diaphanes stores de gaze, aux riches dessins, aux couleurs éclatantes et vitreuses, qui laissent respirer librement, et voir, sans être vu, et que l'auteur de ce livre a récemment inventés.

Pour éloigner ses ennemies, il ne s'était pas, résolvant l'eau jaillissante en agréable brouillard, entouré de fraîcheur, précurseur privilégié de l'asthme, des névralgies et du rhumatisme; il ne se livrait pas, non plus que ses gens, à cette gymnastique agaçante et risible, qui se pratique avec un mouchoir au bout d'un bâton, ou quelqu'autre épouvantail qu'on lance à la poursuite de l'intruse au vol fantastique, obstiné; il ne répandait pas les émanations du chlorure de chaux, qui tiennent à l'écart les insectes, et jusqu'aux souris, mais qui ne sont pas tout-à-fait inoffensives pour nos poumons et nos peintures; ni l'âcre senteur de l'huile verte et visqueuse du laurier, dont on vante les vertus pour chasser les mouches d'une boucherie ; ni la narcotique fumée du tabac, qui laisse aux plafonds, ainsi qu'aux tentures, le bistre de l'estaminet, et sa puanteur enivrante à l'air respirable; ni cette panacée volatile, qui mène vite à l'impuissance, le camphre, qu'un spéculateur, s'improvisant médecin, prône audacieusement contre tous les maux de l'humaine espèce, parce qu'il tue certains parasites.

S'était-il avisé d'entourer, comme d'un cordon sanitaire, son *buen retiro*, de l'apocyn en fleurs, dont l'odeur cadavéreuse attire la mouche affamée, et dont la perfide corolle se referme sur sa victime ? Ou bien, s'était-il permis de semer, à pleines mains, le cobalt et divers poisons déguisés, au risque d'occire d'un même coup d'autres et innocentes bestioles, ou des animaux de toute taille, et même accidentellement de plus nobles créatures ?

Ou, plus prudent, et dévançant M. Fashbender, avait-il ingénieusement caché l'appât insecticide dans une de ces vastes cages où les morts s'entassent, et qui retiennent ces légers cadavres empoisonnés ?

Avait-il donc, à son service exclusif, autour de l'habitation privilégiée, une volée d'oiseaux, dont l'obligeant appétit le délivrait des mouches ? Hélas ! pour ces hôtes aimables, le beau pays des arts est inhospitalier : l'Italien, dans sa folle passion de la chasse, détruit jusqu'au rossignol, jusqu'à l'hirondelle !

En dehors de la fenêtre, notre homme avait suspendu simplement un filet à larges mailles, si larges que plusieurs mouches à la fois auraient pu les traverser, les ailes étendues. Et, chose étonnante! aucune n'osait s'aventurer à travers ce réseau de fil.

Peut-être le prenaient-elles pour un piége terrible, le *drap de mort* de quelque araignée géante, ou d'une mygale exotique traîtreusement embusquée, et pratiquant en grand le braconnage?... Peut-être,... mais je n'ai pas qualité pour pénétrer les secrètes pensées et les causes de l'effroi des mouches, ou pour deviner quelle impression sensoriale peut transmettre à l'esprit de chacun de ces insectes volants, chacun des quatre mille yeux distincts, dont la couronne de sa tête est ornée, avec ses multiples facettes, son iris propre, sa pupille et l'appareil nerveux très-parfait qui l'anime.

Le Florentin n'expliquait pas davantage l'effet heureux de son filet tendu, n'en revendiquant, d'aucune façon, l'idée première. Il l'avait reçue par tradition, ayant ouï dire que les moines d'un couvent voisin s'étaient bien trouvés de ce moyen protecteur : un artiste, résidant à Rome, lui avait, de plus, affirmé qu'il l'employait, et qu'il pouvait ainsi laisser ouvertes ses fenêtres, tout en soustrayant sa personne et ses tableaux nouvellement peints, aux injures des mouches.

Le docteur Stanley donne à ce sujet le récit de ses propres et constantes expériences, dans les *Mémoires de la Société entomologique*. Il fit préparer des filets de différentes couleurs, dont les mailles variaient de trois quarts de pouce à un pouce. On les tendit sur les deux fenêtres d'une chambre très-exposée à l'intrusion des mouches, principalement de l'espèce connue sous le nom de *musca vomitoria*, qu'attiraient des touffes de clématite et de chèvrefeuille. Pour bannir ces insectes, dont les tracasseries étaient insupportables, il fallait tenir les croisées toujours fermées, même pendant les journées d'été les plus étouffantes.

A peine les filets furent-ils en place, que tous ces inconvénients disparurent. L'air pénétra sans obstacle, et les mouches n'entrèrent plus.

« Je les entendais, dit le docteur, voleter de l'autre côté de cette frêle barrière; mais, quoi qu'elles se posassent çà et là, sur les mailles, je ne me rappelle pas en avoir vu une seule qui osât franchir la limite. »

Si l'on ouvrait une porte qui faisait communiquer cette chambre avec une pièce voisine, les mouches entraient immédiatement, à travers le réseau de la fenêtre : tâchait-on de les chasser, elles volaient avec violence vers les panneaux supérieurs, ayant toujours grand soin d'éviter le filet.

On fit un autre réseau très-léger, avec des mailles d'un pouce et un quart : le fil en était si délicat, et pour ainsi dire tellement invisible, que la lumière et la vue des objets n'en étaient nullement gênées. Seules quelques guêpes se hasardèrent entre les mailles du filet, mais leur nombre en fut bien moindre qu'il ne l'était avant l'apposition de cette clôture.

Oui, le filet est un moyen éprouvé ; j'en ai la preuve sous les yeux. Une de mes jeunes voisines, dont la peau délicate frissonne au contact d'une aile de mouche, a fait, sur mon conseil, clore une de ses fenêtres orientées à l'ouest, par un réseau dont la maille a 17 millimètres carrés ; l'autre est restée libre. Dès qu'on l'ouvre, les mouches, que le voisinage d'une fruiterie attirent, envahissent la chambre. Qu'on les chasse, et qu'après avoir fermé ce côté, l'on ouvre la fenêtre à résille, aucun diptère n'entrera ; et cela se voit depuis les premiers soleils de mai jusqu'à la fin de l'automne. Quand vient la nuit, des centaines de mouches se posent sur les mailles du filet, sans passer outre : dès le matin elles s'envolent.

L'abeille aussi serait arrêtée par un réseau tendu : qu'on l'applique donc aux laboratoires où l'odeur du sucre est pour elle un appât perfide. Un cannevas léger aurait le même effet, et ferait mieux que tout autre moyen dans les usines, les offices et les cuisines.

Qui voudra maintenant se laisser manger par les mouches, ou perdre son temps à les massacrer ?

Mais, en vérité, nous ne souffrons, de même que nous ne sommes méchants que par ignorance. Le monde a oublié que le procédé ci-dessus était connu, appliqué du temps d'Hérodote, 484 ans avant notre ère !

« Contre les moustiques, dit le célèbre historien

grec, — lesquels se rencontrent en grand nombre, — voici le moyen qu'ils ont inventé : Les tours rendent de grands services à ceux qui habitent les parties supérieures des contrées marécageuses ; ils montent dans ces tours, et y dorment en repos ; car les cousins, par la nature de leurs ailes, ne peuvent voler très-haut. Mais les gens qui vivent autour des marais ont trouvé une autre méthode pour se mettre à l'abri de cette persécution : chaque homme possède un filet, avec lequel il prend du poisson pendant la journée ; la nuit, il place ce même filet autour de son lit ; ceci fait, il se glisse sous le réseau de fil, et dort tranquillement. S'il se couchait dans un vêtement de laine ou de lin, les moustiques le mordraient à travers le tissu ; mais ils ne cherchent point à mordre à travers le filet. »

Le compatissant docteur Franklin, pour protéger, dans son hermitage, les heures d'étude et de loisir, usait aussi de ce stratagème. « A cela je trouve, écrivait-il, un double avantage, celui de me délivrer d'ennemis insupportables, sans leur donner la mort. Quoique la mouche, — je parle surtout de celle aux instincts sanguinaires, — mérite peu de pitié, il m'en coûte de l'exterminer, depuis que j'ai lu dans Sterne, l'histoire du bon oncle Tobie :

« Va, dit-il un jour à une mouche énorme qui l'avait tourmenté cruellement tout le temps du dîner, et qu'après des tentatives infinies il avait attrapée au vol, je ne te ferai pas de mal. » Puis, se levant et traversant la salle, la mouche dans la main, il ajouta : « Je ne t'arracherai pas un cheveu de la tête. » Enfin, soulevant le chassis et ouvrant la main, pour la laisser échapper : « Va, dit-il, pauvre drôlesse, va-t-en ; pourquoi te ferais-je du mal? Le monde est, ma foi, bien assez grand pour nous contenir tous deux. »

Oui, sans doute, pourvu que chacun s'y tienne à sa place, et ne fonde pas sur son voisin pour le taquiner, le piquer, le sucer jusqu'au sang. Arrière les parasites!

Voici pour en préserver nos animaux domestiques, et surtout nos chevaux, que les mouches et les taons tourmentent au point de les rendre fous et dangereux, un moyen expérimenté, peu coûteux, d'un emploi facile. Il suffit de les imprégner d'un arôme antipathique à ces diptères. Rien de mieux pour cela qu'une solution d'assa-fœtida, conseillée par M. Charles Martin, vétérinaire à Brienne-Napoléon. Après bien des essais, il a constaté l'efficacité des émanations de cette gomme-résine, qui nous vient de l'Orient, empruntée au suc des ombellifères, et n'a d'autre inconvénient que celui d'exhaler une odeur d'ail très-pénétrante.

Si, malgré sa saveur âcre, l'animal venait à en avaler une dose même assez grande, en se léchant, il n'en serait point incommodé. On emploie cette substance à l'intérieur, comme un bon calmant du système nerveux. Les brames, qui se nourrissent exclusivement de végétaux, la prennent comme un antiventeux. On l'utilise même, en Perse, comme assaisonnement.

A Surate, l'usage en est si général, que les rues en sont infectées.

Faites dissoudre dans un verre de vinaigre et deux verres d'eau mélangés 60 grammes d'assa-fœtida. Avec une éponge ou un ***bouchon de paille*** imbibé de cette solution, mouillez les poils de votre cheval ou de votre bœuf, aux endroits où les mouches se fixent de préférence. Parfumé d'assa, il traverse les plaines et les bois entouré d'un essaim de ces insectes, et pas un ne se posera sur lui.

En faisant connaître ce préservatif, la ***Revue agricole régionale de l'Aube*** a rendu un bon office à nos précieux auxiliaires. J'en remercie son spirituel et zélé rédacteur, qui met sa plume au service de tous les progrès.

Mais j'y songe, avant de prôner des palliatifs, ne vaut-il pas mieux conseiller un remède ? Si l'ennemi reste à nos portes, nous ne pourrons désarmer jamais. Je finis par où j'aurais dû commencer : Contre le fléau des mouches, l'appétit des oiseaux est le meilleur préservatif.

## XIV.

### LA MORT DES INSECTES.

**§ I. Leur obstination à vivre. — § II. Les hannetons noyés, macérés et vivants.—§ III. L'empalement prolonge l'existence. —Le cerf-volant enragé.—§ IV. Tuons vite, et ne martyrisons pas. — Conseils pratiques.**

### § I.

Les insectes ont, comme on dit vulgairement, *la vie dure*. Leur mort est lente, lorsqu'elle n'est pas donnée, ou qu'elle n'arrive pas d'un seul coup. Beaucoup de faits mettront tout-à-l'heure cette observation hors de doute. Personne, après les avoir lus, ne s'amusera plus à commettre de petites lâchetés volontaires, de petites cruautés inutiles, dans le but d'étudier, de posséder des insectes, ou de s'en préserver, et de les détruire.

Les insectes souffrent-ils ?

Je crois sincèrement qu'ils éprouvent, comme nous, le plaisir et la douleur ; qu'ils sentent, à un degré moindre ; mais ils sentent, et ils témoignent de leur souffrance : les personnes qui ne sont ni bêtes ni méchantes le voient.

Pas de mièvrerie sur ce chapitre, pas d'insensibilité non plus. L'auteur du livre charmant : ***L'air et le Monde aérien***, a parfaitement résumé le sujet, et marqué la mesure. « Il ne faut pas, dit mon ami Arthur Mangin, pousser les choses à l'excès, et tomber dans les superstitions de ce faquir indien, qui craint de commettre un crime en tuant une mouche, et qui se laisse ronger par les parasites, plutôt que d'attenter à la vie de ces animaux. Quant à se faire un jeu de leurs souffrances et de leur agonie, c'est la marque d'un caractère ingrat, méchant et pervers. »

J'ajouterai que les *tueurs* sont toujours lâches devant la souffrance, lâches devant le danger qui les menace.

Un de mes érudits confrères, le docteur Chéreau, qui consacre à l'étude de l'antomologie le temps que lui laissent de graves occupations, ne craint pas d'avouer qu'il était presque ému, lorsque, enfonçant avec lenteur et précaution l'épingle à travers les organes palpitants et délicats d'un insecte, il le voyait se contracter, faire rentrer sa tête dans le corcelet, agiter ses pattes, ses antennes ou ses ailes, et exprimer ainsi la douleur que lui causait l'opération.

Le martyre de ces petits êtres peut durer des jours, des semaines, des mois, toute une saison même, dit-il, tant est grande et exceptionnelle, chez les insectes, tant est puissante la résistance qu'ils offrent a la mort.

## § II.

M. Lemarchand, pharmacien distingué, de Caen, a communiqué le fait qui suit à l'*Ami des Sciences* :

« Il y a une vingtaine d'années, j'étais enfant, et, à ce titre, j'aimais à jouer avec les hannetons : comme mes pensionnaires répandaient une odeur infecte, mon père les jeta dans l'auge de notre cour. Deux jours après, il me vint à la pensée de les piquer sur un carton, pour les conserver. Je repêchai donc mes hannetons, et les plaçai sur la grille d'un fourneau, d'où l'on venait de retirer le feu. En attendant leur dessèchement, j'allai jouer avec mes petits camarades.

» Une heure ou deux après, je retournai à mes hannetons. Quelle fut ma surprise, en en trouvant une grande partie se promenant sur la grille du fourneau ! »

L'auteur fait remarquer que l'asphyxie était complète, qu'il devait même y avoir commencement de désorganisation des tissus, car les coléoptères étaient maculés de taches circulaires plus brunâtres que la couleur naturelle. Cette expérience, il l'a, depuis cette époque, tentée à deux reprises, une fois avec succès, une autre fois il n'a pas réussi.

Dans une brochure intéressante, et qui a pour titre : ***Histoire naturelle et agricole du hanneton et de sa larve, ou traité de leurs mœurs, de leurs dégâts, et des*** *moyens de borner leurs ravages*, le savant professeur d'histoire naturelle, M. Pouchet, de Rouen, a publié les faits que voici :

« Dans nos premières expériences, les hannetons furent placés sous l'eau, dans des cloches que l'on avait remplies. La submersion ne fut prolongée que pendant une heure. Alors tous étaient parfaitement immobiles, et offraient l'apparence de la mort. Exposés ensuite à l'air libre, à une température de 25 degrés centigrades, tous se ranimèrent rapidement, et ils reprirent leur vol, au bout d'environ trente minutes.

» Dans d'autres expériences, la submersion fut prolongée pendant vingt-quatre heures. Tous les insectes semblaient non-seulement morts, mais avoir subi sous l'eau un commencement de décomposition, à cause de la fétidité et de la légère coloration que ce liquide avait contracté. Les hannetons ayant été retirés de l'eau, et exposés à l'action de la lumière et d'une température de 25 degrés centigrades, au bout d'une heure donnèrent presque tous des signes de vie consistant dans des mouvements spasmodiques des tarses antérieurs. Abandonnés ensuite, pendant une nuit, dans un lieu où la température s'abaissa à 15 degrés, le lendemain, les quatre cinquièmes de ces insectes reprirent leur vol.

» Dans des expériences durant lesquelles la submersion fut prolongée de quarante-huit heures à cinq jours, les hannetons, qui semblaient évidemment en putréfaction lorsqu'on les retira de l'eau, donnèrent encore quelques signes de vie. Après quelques heures d'immobilité, quelques mouvements se manifestérent dans leurs tarses ; mais aucun de ces insectes ne put se ranimer complétement.

» L'observation suivante montre qu'une température assez élevée, jointe à la privation d'air, ne suffit pas pour tuer rapidement ces coléoptères. Ayant rempli de hannetons une cloche de verre, et l'ayant exposée à un soleil qui élevait alors le thermomètre centigrade à 45 degrés, après quinze minutes, tous ces animaux paraissaient avoir été frappés de mort. Aux mouvements désordonnés qui s'étaient d'abord manifestés, avait succédé la plus parfaite immobilité. Cependant l'expérience fut prolongée. Après une heure, les hannetons furent enlevés, et placés dans un endroit où la température était à 15 degrés. On n'espérait pas qu'à la suite d'une pareille épreuve, aucun pût revenir à la vie. Cependant, le lendemain, à peu d'exceptions près, tous avaient repris leur vol. »

## § III.

Un autre fait a pour sujet un scarabé aux longues cornes, connu sous le nom de cerf-volant, ou lucane : je l'extrais, comme ceux qui précèdent, et celui qui va suivre, du journal si varié, si pittoresque, à son début, *l'Ami des Sciences*. L'observateur qui le raconte est M. Hérétieux, président de la Société d'agriculture de Tarn-et-Garonne :

« Dans le commencement du mois d'octobre 1854, j'étais occupé à faire des recherches au milieu des débris d'un chantier de bois de chauffage, pour me procurer quelques insectes qui vinssent accroître ma collection entomologique, lorsqu'en soulevant un vieux tronc d'arbre, j'aperçus un *lucanus servus* (cerf-volant) de la plus grande taille, qui s'y était fortement cramponné.... De retour chez moi, je le perçai, selon l'usage, avec une épingle que j'enfonçai sous l'élytre droite, et que je fis ressortir vers le milieu du *sternum*. J'attachai ensuite un fil au-dessous de la tête de l'épingle, puis je suspendis mon insecte en l'air, dans un cabinet où je n'allume jamais de feu, et de manière à ce qu'il ne pût s'accrocher à aucun objet voisin. Ce pauvre animal, ainsi empalé, a traversé tout l'hiver de 1854 à 1855, et a vécu jusqu'à la fin de septembre dernier, en passant ainsi au moins un an sans rien manger : il était habituellement immobile, mais, pour peu qu'on cherchât à le toucher, ou même simplement à s'en approcher, il agitait aussitôt ses pattes et ses antennes d'une manière assez brusque, et avec assez de vivacité. Du reste, peu de jours avant qu'il ne cessât de vivre, il fallait encore exercer un certain effort pour lui faire ouvrir ses mandibules. »

L'empalement des insectes prolonge donc leur vie et leurs souffrances.

L'entomologiste Ledoux fut un jour trouver un de

ses confrères, M. le docteur Lemaoût. Il tenait à la main une boîte dans laquelle se trouvait un coléoptère de la famille des carnassiers. Cet animal avait le corps traversé par une fine épingle solidement fichée dans un morceau de liége. « Je le garde ainsi depuis un an, dit Ledoux, et il se porte mieux que moi. » Six mois plus tard, le naturaliste expirait, léguant son calosome à M. Lemaoût, qui continua de le nourrir avec des chenilles sans poils et des intestins de poulet, selon la prescription du testateur. L'animal vécut encore quatre mois ainsi, et il mourut par accident. « Un jour, dit M. Lemaoût, qu'il dévorait sa pâture ordinaire, je voulus la lui arracher, et l'effort qu'il fit pour la retenir, lui tirailla violemment le cou. Le lendemain, je le trouvai mort. Ainsi, ce coléoptère, qui devait mourir quelques jours après la ponte de ses œufs, laquelle suit de très-près sa dernière métamorphose, fut conservé vivant pendant près de deux ans, parce qu'il n'avait pas accompli sa destinée. »

M. Péremé raconte qu'en 1830, il avait attrapé, dans les Pyrénées, un cerf-volant magnifique :

« La difficulté, dit-il, était de le tuer sans le mutiler, ou l'altérer. Je ne pouvais me résoudre à le percer d'une épingle, et à le voir souffrir indéfiniment sur un liége. Après avoir bien cherché, je crus que le moyen le plus sûr était de le noyer.

» Je le plongeai, à cet effet, dans un verre d'eau, en me couchant, et le lendemain matin, je le trouvai raide et sans mouvement, bien qu'il eût surnagé.

L'ayant placé, en attendant mieux, dans une soucoupe, sur une cheminée, je sortis pour mes excursions journalières.

» Je fus, en rentrant, fort surpris de ne plus trouver mon grand coléoptère à sa place. Je crus qu'on me l'avait dérobé; mais, sur les protestations de la personne qui seule était entrée dans ma chambre, je me mis à sa recherche, et je finis par retrouver l'insecte se promenant gravement sous mon lit. J'attribuai sa résurrection à une asphyxie incomplète, provenant de ce qu'il n'avait pas été submergé.

» Pour le forcer à plonger, je l'attachai avec un fil à l'anneau d'une grosse clé, et je le maintins ainsi sous l'eau, au fond du verre. Je ne le retirai que le lendemain au soir, cette fois bien noyé, laissant tomber ses pattes et ses antennes, impassible aux piqûres et à tous les stimulants. Je crus pouvoir, en cet état, le fixer au mur avec une épingle, et je m'endormis, satisfait de penser qu'il ne pouvait plus souffrir.

» Mais, quelle ne fut pas ma stupéfaction, en me réveillant, de voir mon pauvre animal remuant toutes ses pattes et faisant des efforts désespérés pour se débarrasser de sa cruelle entrave!

» Mon premier mouvement fut de le rendre à la liberté; mais, en réfléchissant qu'il était transpercé par le milieu du corps, et qu'il ne pouvait plus vivre, je me résolus à achever ma pénible opération, et je le remis au fond de l'eau, attaché à la clé. Il y resta trois jours et trois nuits.

» Au bout de ce temps, ne doutant plus qu'il eût cessé de vivre, je le retirai, mais, dans quel état!.... Sa couleur était altérée; son éclat avait disparu; sa carapace était devenue molle et gluante; ses pattes étaient repliées contre son corps, et ses antennes rentrées. Il y avait, à mon jugement, commencement de décomposition. Je le mis, pour le faire sécher, sur le dos, au soleil, au milieu d'une feuille de papier blanc, et je sortis.

» Quand je rentrai, le soir, le cerf-volant était à la même place, encore sur le dos; mais je crus voir ses pattes remuer. Je le retournai, et il se mit à marcher.

» Je ne puis dire ce que j'éprouvai en ce moment : une crainte superstitieuse s'empara de moi; je crus avoir affaire au diable! Je me reprochai ma cruauté; j'eus horreur de l'insecte et de moi-même, et je le jetai par la fenêtre, renonçant, pour toute ma vie, à l'entomologie et aux expériences sur les animaux. »

## § IV.

J'ai cité quelques faits parmi les plus intéressants. Ils abondent d'ailleurs. Je ne rappellerai pas les belles pages de Moquin-Tandon, dans son *Éloge* du professeur Duméril, ce naturaliste enthousiaste, consciencieux et plein de finesse; mais je dirai simplement, à propos de *ces petits animaux industrieux qui nous étonnent par leur instinct, encore plus que par leur organisation, et dont nous ne saurions trop admirer les associations ou les travaux, les ruses ou les combats, les chants ou les amours,* je dirai, comme au début de ce chapitre, ne montrons à leur égard ni scrupule maladif, ni insensibilité absolue. Il dépassa la mesure, le célèbre peintre Gros, lorsqu'il chassa de l'atelier un jeune élève qui avait fixé un beau papillon sur son chapeau. « Quoi ! s'était écrié le grand et infortuné maître, vous rencontrez une créature charmante, et ce que vous trouvez de mieux à faire, c'est de la torturer ! Sortez, ne reparaissez jamais devant mes yeux. »

Certes, la colère ici n'était pas en rapport avec le motif qui l'avait provoquée, et l'on peut déjà entrevoir le caractère aigri, endolori, l'humeur sombre qui conduira l'homme à terminer sa glorieuse carrière par un suicide.

Cherchons, avec tous ceux dont le cœur a quelque pitié pour les souffrances des plus humbles bestioles, comme pour les douleurs des êtres que nous jugeons plus parfaits et plus sensibles aussi, cherchons incessamment les moyens d'adoucir autant que possible, en le rendant instantané, ce passage de la vie à la mort, cet anéantissement d'une créature animée, petit chef-d'œuvre dont la loupe et le microscope ne nous ont pas encore révélé toutes les merveilles : si notre légitime égoïsme nous accorde le droit de tuer un animal pour la satisfaction de nos besoins ou l'accroissement de nos jouissances, un devoir nous interdit de torturer la plus infime des créatures.

Pour donner immédiatement à ces pages une application pratique, — on doit tendre sans cesse à ce but, — je signalerai, d'après l'expérience de plusieurs entomologistes que j'ai consultés, l'emploi de la benzine ou des autres liquides analogues qu'on obtient, sous des noms différents, par distillation du goudron minéral. Ils peuvent produire, instantanément, l'asphyxie de l'insecte mis en contact avec ces substances, ou plongé dans un vase imprégné de leurs émanations.

La benzine est un liquide incolore, d'une grande volatilité, dont l'emploi n'offre aucun danger, qui n'altère en rien les formes des espèces les plus délicates : après qu'on les a desséchées, elles perdent, en peu d'heures, l'odeur empyreumatique de cette essence, et sont, pour fort longtemps, préservées de l'attaque des teignes et des larves qui souvent ravagent obstinément les plus riches, ainsi que les plus modestes collections. Une gouttelette du pénétrant fluide, déposée sur la tête d'un papillon, le tue instantanément, sans altérer l'éclat de ses ailes soyeuses, sans enlever aux hyménoptères, aux diptères diaphanes, pas plus qu'aux scarabés les vives couleurs qui les parent.

M. Chéreau préfère, pour la préparation de ces insectes, l'éther ou le chloroforme employés à l'état de vapeurs. « Dans leurs chasses, dit-il, où le grand saint Hubert n'a rien à faire, mais où les patrons se nomment Linné, Réaumur, Latreille, Fabricius, de

Géer, Duméril, etc., plusieurs entomologistes ont l'habitude de se munir d'un flacon en cristal, à large ouverture et renfermant des bribes de papier imprégnées de chloroforme ou d'éther : ils plongent dans ce milieu asphyxiant toutes leurs captures, qui cessent de vivre en quelques secondes. »

Le but est atteint sans provoquer de lutte inutile et douloureuse : l'étude et la curiosité n'ont plus rien de cruel, et l'esprit d'observation peut se satisfaire, sans émousser l'instinct ni le sentiment de la solidarité universelle.

On raconte que Jules César, ayant menacé des pirates, qui l'avaient retenu prisonnier, de les faire mettre en croix s'il les prenait jamais, les prit, et les condamna à être mis en croix,... après leur mort pure et simple. Agissons de même avec les insectes.

# XV.

## L'HYGIÈNE VIOLÉE.

§ I. Chevaux et chiens à la mode. — Le poison sur nos tables. — § II. Les reclus perclus des jardins zoologiques. — § III. La torture du joug-à-deux. — Voitures et harnais. — L'abeille ensoufrée. — Les vilaines bêtes et le charbon. — § IV. L'attelage des chiens. — § V. L'habitation des animaux. — L'étable du nourrisseur. — L'eau, le feu, l'asphyxie. — § VI. L'imprévoyance et ses suites. — L'engraissement forcé. — § VII. Sang de rate et peste bovine. — Croisade hygiénique.

### § I.

Zoroastre, ce grand génie dont l'enseignement moral et religieux fut pratiqué, de l'Euphrate à l'Indus, 400 ans avant l'ère chrétienne, s'exprimait ainsi :

«.... Si j'ai frappé des bestiaux ; si je leur ai fait du mal ; si je les ai tués sans raison ; si je ne leur ai pas donné l'habitation, l'eau et le foin, trois choses qui leur appartiennent de droit, et ne les ai pas garantis du voleur, du loup, du passant ; si je ne les ai pas préservés du froid, du chaud ; si j'ai tué les animaux beaux, jeunes, le bœuf qui laboure, le cheval de bataille, les petits des animaux,..... je m'en repens. »

Peut-on, mieux qu'en ces lignes, tracer un code abrégé de l'hygiène appliquée aux espèces animales qui font notre nourriture, qui nous servent, nous protégent, et nous enrichissent? Eh bien! ce code est à chaque instant violé par des millions d'individus, et pas un des coupables n'éprouve de repentir.

Certaine mutilation subie par les chevaux entiers et les taureaux peut être excusée par la nécessité de leur enlever une ardeur qui les rendrait parfois dangereux; mais comment absoudre la mode, heureusement abolie, de la résection des oreilles, qui causait souvent une inflammation interne suivie de surdité; celle qui retranchait au cheval le fouet naturel au moyen duquel il chasse les insectes obstinés dont la piqûre le fait cruellement souffrir? Sots imitateurs des excentricités de l'Angleterre, nous lui avions emprunté ses chevaux à courte queue et sans oreilles. Il a fallu tous les efforts de la Société protectrice établie à Londres, pour faire abolir, dans la Grande-Bretagne, cette pratique absurde que nous avons vue, et qui datait de loin, puisque, au 8e siècle déjà, une assemblée ecclésiastique, tenue à York, avait, d'après les ordres du pape Grégoire II, fait un réglement pour proscrire, entr'autres coutumes cruelles, celle de couper la queue et les oreilles des chevaux. Si les oreilles sont préservées, la queue ne reste pas toujours entière. Le fait suivant, rapporté par l'*Interna-*

*tional*, en est la preuve. On lit sur un grand poteau, à l'entrée d'un champ, près de Londres, l'affiche suivante :

« On admet les chevaux dans ce pré, aux prix suivants :

» 1° Chevaux à longue queue : 3 schillings 6 pence;

» 2° Chevaux à queue courte : 2 schillings.

» Je m'approchai du gardien, dit le chroniqueur, et lui demandai la raison de cette différence de prix. — C'est bien simple, Monsieur, me répondit-il, les longues queues peuvent chasser les mouches, tandis que les chevaux à queues courtes sont tellement tourmentés par ces insectes, qu'ils ne mangent presque absolument rien. »

O sage économie !

La mode des chiens teints en rouge, en violet, en vert, etc., n'est pas ancienne. En l'an de grâce 1865, nous l'avons vue naître,... fleurir, et mourir. C'était pourtant assez ridicule pour avoir une fin moins précoce. On rencontrait des gens tenant en laisse des caniches, des lévriers et autres échantillons de la race canine, agrémentés de la sorte. Les raffinés en avaient de multicolores. Les dames de Vienne, dans un but de coquetterie auquel nos Françaises n'avaient pas songé, teignaient leurs chiens de la même couleur que leurs robes. Hélas ! les femmes et certains hommes se maquillent aussi. J'ai vu trotter dans les rues, traînant un petit cabriolet, un cheval entièrement écarlate. Il appartenait évidemment à quelque teinturier voulant perfectionner la nature, ou bien se faire une réclame. La bête est morte sans postérité.

Beaucoup de substances tinctoriales, comme beaucoup de cosmétiques, sont de véritables poisons capables d'altérer la santé des animaux auxquels on les applique, et même de causer la mort.

La pêche imprévoyante et frauduleuse, s'exerçant en tout temps; la suppression des berges où le poisson pourrait frayer; le clapotage des bateaux à vapeur qui entraîne et détruit le produit de la ponte; toutes ces causes, et de moins nuisibles, suffiraient pour achever le dépeuplement de nos cours d'eau, malgré les louables efforts de nos pisciculteurs. Mais des moyens bien plus expéditifs de destruction du moindre frétin enrichissent certains braconniers : ces voleurs empoisonnent les ruisseaux, les rivières, les étangs, avec de la chaux, ou de la coque du Levant, ou de la noix vomique. Peu d'instants après, on voit les cadavres des poissons flotter à la surface, le ventre en l'air. Ces hommes les ramassent, et les expédient au marché.

A la carpe crevée hors de l'eau, dont nous nous régalons, ajoutons la carpe empoisonnée dans l'eau, et vive la matelote !

On empoisonne aussi les oiseaux. D'autres braconniers, de la pire espèce, imprègnent des grains de blé d'une décoction de noix vomique, et les répandent dans les champs. L'effet de cette substance vénéneuse est infaillible et foudroyant; des masses énormes d'oiseaux attirés par l'appât, surtout en temps de neige, tombent bientôt sur le sol. Le scélérat n'a plus qu'à ramasser sa proie morte ou mourante, dont il emplit des sacs.

Et voilà comment on voit s'entasser dans les boutiques des monceaux de becs-fins venus du Languedoc et de la haute Provence. Par suite d'une habitude malsaine et dégoûtante, on croque ces petites bêtes au complet, sans les avoir *vidées*, avec leurs intestins et le poison qu'elles renferment.

A Bréchat, près Coutances (Manche), deux villageois ayant mangé des corbeaux pris avec de la chair saupoudrée de noix vomique, l'un succomba à une attaque de tétanos ; l'autre put être sauvé, mais après avoir été, pendant plusieurs jours, dans un état desespéré.

## § II.

Les animaux qu'on réunit à grands frais dans les jardins zoologiques, comme un moyen fécond d'études et de satisfaction pour la curiosité publique, y sont, le plus souvent, dans les conditions les plus opposées à leurs habitudes ; par conséquent ils subissent un *maltraitement* continu. N'est-ce pas une cruauté d'encaisser dans d'étroites cellules les puissants carnassiers nés pour la liberté du désert ? d'enfermer dans un parquet de quelques mètres l'éléphant, le chameau, la girafe, le dromadaire, et tant d'autres représentants des espèces animales qui souffrent moins du changement de climat que du manque d'espace et de mouvement?

Pourquoi ne pas donner à ceux qu'il serait dangereux de laisser courir en liberté, tels que les grands fauves, des abris spacieux, avec des rochers, de l'eau, du sable, des arbustes et quelques compagnons de captivité? Au lieu de bêtes tristes et maladives, qui se traînent sur le plancher de leur cage, on les verrait bondir, agiles, vigoureuses, en pleine santé. Certes, il en coûterait moins pour leur donner ce bien-être que pour renouveler sans cesse les sujets de la ménagerie, où la mortalité est grande.

Pourquoi ne pas établir pour les animaux qui sont pacifiques, et qu'on pourrait réunir, une sorte d'arène, un grand parc, comme au Jardin d'Acclimatation, pour donner carrière à leurs ébats?

Pourquoi ne pas utiliser la force de ceux qu'on peut facilement employer à quelques travaux, qu'on peut monter ou atteler soit au manège, soit au tonneau d'arrosage? Les Anglais, dans l'Inde, attèlent l'éléphant à la charrue. Chaque matin, au point du jour, le docile pachiderme prend son ami le cornac par la ceinture, le place sur son dos, et s'en va aux champs. Deux valets de la ferme tiennent les deux mancherons de l'énorme charrue. Tant que le soleil est au-dessus de l'horizon, l'éléphant marche; il trace un sillon d'un mètre et demi de largeur sur un mètre de profondeur, un véritable fossé.

Tout en rendant quelques services d'intérieur et montrant leurs aptitudes, nos animaux exotiques, en exercice, seraient certainement un curieux spectacle. Ils s'acclimateraient mieux ; ils seraient moins inféconds, et ne périraient pas si jeunes, dans l'inaction, la langueur et l'ennui.

Mais l'argent manque, je le sais, au Muséum d'histoire naturelle. Loin d'avoir des ressources suffisantes pour des créations nouvelles et des essais désirables, l'administration peut à peine suffire aux frais d'entretien, nourriture et habitation de sa ménagerie. L'établissement le plus populaire, le mieux pourvu de savants professeurs et de naturalistes, le croirait-on, n'a pas le nécessaire ! Nous ne sommes pourtant plus aux jours troublés de 1798, où Cuvier pouvait écrire à son ami Hartmann de Stuttgard : « On doit douze mois au Jardin des Plantes et à tous les établissements d'instruction publique ; et, si nous portons envie aux éléphants, ce n'est pas qu'ils soient mieux payés que nous; mais c'est que s'ils vivent, comme nous, à crédit, du moins ils ne le savent pas, et n'en ont par conséquent pas de chagrin. »

La dotation de l'État pour une institution si célèbre, d'utilité si bien reconnue, devrait être assez large pour permettre au zèle des hommes compétents qui dirigent le Muséum, d'y apporter toutes les améliorations capables d'en faire toujours le premier jardin zoologique de l'univers.

Si j'étais Gouvernement, je n'hésiterais pas, et j'ajouterais à mes ressources, en exigeant, tous les jours, sauf les dimanches et fêtes, de chaque visiteur, un droit d'entrée, pour le parc des animaux. — Et je laisserais les *Gavroches* à la porte, pour le repos des bêtes et des gens.

Les bœufs sont liés au joug, deux à deux, par les cornes ; si bien liés, que l'un ne peut faire un mouvement sans que l'autre aussitôt n'en ait le contre-coup. C'est un torticolis permanent, à moins qu'ils ne restent immobiles. Dans les chemins étroits, creusés par l'ornière, ou raboteux, la marche et surtout le tirage d'un char leur ébranlent le crâne. Ils portent la tête basse ; ils vont à pas lents, parce qu'ils sont gênés, et qu'ils souffrent. C'est pire encore à la descente. La journée faite, ils ont l'œil injecté, l'oreille chaude ; ils sont rendus.

Dans le département du Tarn, le joug est si court que les mufles des compagnons se touchent.

On attèle les bêtes à cornes avec un collier, dans quelques parties du Nord : c'est un progrès sur le joug double ; mais ce harnais blesse souvent l'épaule du bœuf, à laquelle il ne peut s'appliquer convenablement, comme pour le cheval. Il coûte cher, et devrait être changé fréquemment, puisque les attelages sont renouvelés après deux ou trois années de travail. *Un collier à tous bœufs* est pire qu'*une selle à tous chevaux*.

Coiffez chaque animal isolément avec un demi-joug s'appuyant bien au front, comme celui du baron

Augier, et laissant libre les mouvements de l'encolure. Le couple aura la marche vive, et fera plus d'ouvrage avec moins de fatigue. C'est simple, économique et rationnel. La routine luttera vingt ans avant de l'adopter.

Près d'un quart des animaux qui nous donnent leurs forces périssent avant l'âge, par suite du défaut de soins ou de nourriture, par excès de travail, ou par l'incurie du maître qui appelle trop tard le vétérinaire pour les soigner, s'ils sont malades, ou qui les livre aux pratiques absurdes des empiriques.

Une mère commune, l'ignorance, a donné le jour à ces hommes impuissants et vantards, ainsi qu'aux sorciers et aux guérisseurs par l'exorcisme ou les amulettes.

Incapables de distinguer une maladie contagieuse de celle qui ne l'est pas, ils peuvent, dans un cas donné, compromettre la vie des animaux de toute une contrée, rendre même l'homme victime d'une sécurité trompeuse. Si chaque fois que leurs manœuvres causent directement la mort d'un animal, on leur intentait un procès comme civilement responsables, ils deviendraient moins entreprenants.

Le bétail fait partie de la richesse nationale. Il est temps que la loi le protége contre l'empirisme qui le décime.

J'ajoute, avec M. Piton du Gault, que la morale exige qu'on mette un terme à des escroqueries dont souffrent surtout les petits cultivateurs, race ignorante et crédule : la justice ne peut tolérer la concurrence faite aux vétérinaires, qui ont acquis, par de longues et pénibles études, des droits réels à la confiance publique.

A l'état de domesticité, les animaux devraient toujours trouver en l'homme un protecteur, un tuteur, veillant sans cesse aux moyens d'améliorer leurs conditions, tout en augmentant la somme de leurs produits.

Ne semblerait-il pas que l'homme a systématiquement oublié ce précepte ?

Chez les cultivateurs, les véhicules, chars et tombereaux sont abandonnés en plein air et jamais nettoyés; c'est à peine si l'on songe à graisser par hasard les parties frottantes, quand le grincement du fer agace le charretier. Cette négligence coûte cher : la fatigue inutile imposée aux animaux se résume en une dépense inutile de nourriture.

Dans quel état de délabrement trouve-t-on le plus souvent les harnais ? mal graissés, mal soignés, jetés dans un coin de l'écurie ou de la cour, ils s'usent promptement ; ils blessent les bêtes de somme ou de trait, et les rendent rétives.

La bourrellerie agricole est, en général, abandonnée à la routine.

Partout, à la campagne, on voit des colliers aux énormes attelles, pesant de 12 à 25 kilogrammes. Ils sont couverts d'une peau de mouton aux longs poils, gênante en hiver, insupportable en été. Trop grands ou trop petits, ils servent pour toutes les encolures.

Les chevaux, à la ville, sont ridiculement enrênés : ils perdent leur aplomb, et sont dans un état de gêne, de souffrance et de mauvaise humeur qui les excite à s'emporter. Un homme compétent, l'honorable directeur de l'Imprimerie impériale, M. Anselme Petetin, combat vigoureusement cet abus.

Partout, et le plus souvent, la ferrure est mal appliquée, trop lourde. On brûle la corne, on la détruit par la rape, en façonnant le pied pour le fer. De là des boiteries parfois incurables. Le maréchal de village qui n'a de sa vie étudié ni la conformation, ni l'anatomie, va de la lime, du brochoir, des tricoises, n'écoutant, dit M. Dosseur, ni avis, ni conseil, tirant la routine de sa trousse, et ne se doutant pas de la portée de ce dicton qui, à force d'être vulgaire, doit être vrai : ***Faute d'un clou on perd le fer, faute d'un fer on perd le cheval.***

Pour s'emparer plus facilement du produit des ruches, dans beaucoup de localités on asphyxie, on tue les abeilles et leur couvain par des vapeurs sulfureuses. Au fond d'un trou creusé dans la terre, et ayant le diamètre de la ruche, on fixe sur de petites fourches de bois des morceaux de linge qu'on a d'avance trempés dans du soufre fondu. Dès que ces mèches sont allumées, on place sur la flamme bleuâtre le pannier à mouches, qu'on entoure d'un bourrelet de terre. Toutes les abeilles tombent, et périssent.

Il suffirait pour engourdir, et rendre inoffensifs ces précieux insectes, de les enfumer légèrement, en faisant brûler, à l'entrée de la ruche, à l'aide d'un soufflet, un peu d'étoupe imprégnée d'une solution de sel de nitre et bien desséchée, ou du lycoperdon.

Il ne suffit pas à l'homme de tuer sans pitié certains animaux parce qu'il les trouve laids, ou qu'il les croit nuisibles ou dangereux. Il se livre envers ces *vilaines bêtes*, à des actes de basse et sotte cruauté. Il coupe en deux ou trois morceaux la couleuvre, l'orvet innoffensifs, et s'amuse à voir leurs tronçons s'agiter; il brûle à feu lent la salamandre qui épurait sa fontaine; il cloue l'aile membranneuse et frémissante de la chauve-souris à la porte des logis qu'elle débarrassait des insectes crépusculaires; il empale vivant le crapaud, chasseur de limaces, ainsi que la taupe, ennemie de la courtillière et du ver blanc. Autour de son champ ou de son jardin, il aligne en trophées ces cadavres. La mouche carnassière arrive; elle imprégne sa trompe des sucs viciés par la putréfaction, et les inocule ensuite aux animaux de l'étable, à l'homme lui-même. Ainsi naissent fréquemment des pustules malignes, gangreneuses, souvent mortelles, l'anthrax et le charbon.

Pour supprimer l'attelage des chiens, à Paris et dans d'autres villes, il a fallu que la police intervînt. A Poitiers, dans plusieurs localités du Nord, à Bruxelles et dans presque toute la Belgique, cet abus subsiste encore. On voit ces pauvres animaux traîner des charriots ou des charrettes, haletants, les pattes chaudes, gonflées par la fatigue, usées jusqu'au sang par les efforts sur les aspérités du chemin. On les surcharge, on les traite en vraies bêtes de trait; on les frappe du pied ou du bâton : la disposition des harnais est si maladroite, que l'animal s'étrangle, en appuyant sur le collier.

Il en est de même en Hollande, où pourtant, en général, on traite avec douceur les animaux. M. Charles de Roth rapporte qu'il a vu à Bréda, à la Haye, de petites charrettes pesamment chargées, traînées par des chiens attelés à deux ou trois. Ces animaux étaient très-fatigués, et avaient grand soif : leurs conducteurs ne paraissaient nullement s'apercevoir des souffrances qu'enduraient ces patients et doux animaux.

A l'Académie de médecine de Bruxelles, on a émis cette opinion : que l'usage d'atteler le chien pourrait bien être une des causes de la rage; mais les preuves manquent; ce qui n'empêche pas la Société protectrice des animaux de protester contre cet usage abusif, au point de vue du bon sens et de l'humanité.

Ces attelages occasionnent, dans les rues, de nombreux accidents. Si la police, indulgente à bon droit, tolère que de pauvres diables transportent, à l'aide d'un chien, tirant un petit charriot, du lait, du pain et d'autres denrées d'un poids minime, elle n'a pas de motif d'indulgence pour le riche oisif qui se prélasse sur les promenades, rênes et fouet en main, dans un dogt-cart élégant, et tiré par un épagneul bâtardé. Un chien, même de grande taille, est trop faible pour traîner la sottise humaine à l'âge adulte. Pourquoi les sifflets des passants ne font-ils pas une ovation méritée à cet imbécile? Voudrait-il, par hasard, singer en petit Héliogabale, qui mettait quatre chiens à son coche?

La Société protectrice des animaux établie à Bruxelles, sous le patronage du roi Léopold II, est nombreuse, active, entourée de sympathie: le diplôme de membre honoraire qu'elle m'a conféré m'autorise à la solliciter de porter de nouveau, devant l'opinion publique, l'abusif emploi de la race canine à titre de moteur.

Entasser les animaux dans d'étroits réduits où ils subissent, suivant la saison, l'humidité, le froid, l'excès de chaleur; où l'air est infecté par leurs déjections, où ils manquent d'une bonne litière, d'une nourriture suffisante, saine, conforme à leurs goûts, à leurs besoins, c'est leur infliger une souffrance permanente, qui altère leur santé, qui prépare les épizooties.

J'ai vu, dans Paris, des écuries où l'espace était insuffisant pour qu'un cheval pût s'y coucher. L'insensibilité de l'homme va jusqu'à priver de pauvres bêtes du repos indispensable! Ailleurs, j'ai trouvé des chevaux dans un sous-sol bas, froid et humide. En faut-il davantage pour déterminer la morve?

Pour vieillir un jeune cheval, les maquignons arrachent violemment les dents mitoyennes, ou au moins les coins de lait. L'acheteur trompé fait travailler prématurément l'animal dont la force n'est pas encore suffisamment développée, et qui s'usera d'autant plus vite que, pendant le travail inachevé de sa dentition, il souffre, et se nourrit mal. C'est ce qu'a démontré M. Salles, vétérinaire aux Dragons de l'Impératrice.

Pour rajeunir un vieux cheval, on fait avec un burin, sur le plan horizontal de la dent, un trou dans la matière jaune éburnée; puis, ayant rempli ce trou de soufre, on brûle cette substance à l'aide d'une pointe de fer chauffée au rouge.

Après cette opération douloureuse, la table de la dent, qui ne portait plus aucun des signes caractéristiques de la jeunesse, présente une cavité noirâtre, imitant grossièrement la cavité naturelle du cornet dentaire, qu'après la douzième année on ne voit plus sur aucune des incisives.

Si l'animal a passé quinze ans, ses dents se sont fort alongées : le maquignon les scie pour leur donner la longueur des dents adultes, puis il les burine, et les cautérise.

Cette *contre-marque*, plus facile à reconnaître que la précédente, met le cheval complétement à la diète, et hâte son dépérissement.

Nous avons, dans divers quartiers, vingt fabriques de lait chaud pour les malades et les petits enfants qu'on élève au biberon. Les vaches qui le produisent sont étiques et phthisiques, grâce à la sécrétion exagérée qu'on obtient de leurs mamelles par une alimentation trop aqueuse ; grâce à la stabulation forcée, à l'air méphitique de l'étable. Avant qu'elles crèvent, complètement épuisées, on les tue, et on les livre à la consommation.

Par ironie, sans doute, on donne aux industriels qui exploitent ces fabriques le nom de *nourrisseurs.* Nourrisseurs de qui ? des malades, des petits enfants, des vaches ou des consommateurs ?

Partout, presque sans exception, dans les villages et dans les métairies, l'habitation des animaux réunit toutes les conditions d'insalubrité que puisse accumuler l'ignorance unie à la routine : le sol creusé, détrempé par l'urine et autres liquides fétides ; les murs suintant le salpêtre ou verdis par la mousse ; les planchers disjoints, feutrés par la toile de l'araignée, brunis par la poussière ; les jours supprimés, la porte étroite et servant seule à l'entrée de l'air ; le manque d'espace, et souvent le mélange du bétail avec les porcs et la volaille, voilà le triste tableau d'un des coins de la vie rurale.

Presque tout est à réformer, sous ce rapport, aussi bien pour les animaux que pour l'homme. « L'amélioration des campagnes, a dit l'empereur Napoléon III, dans une lettre à M. de Persigny, est encore plus nécessaire que la transformation des villes. »

Si l'étable avoisine un cours d'eau, l'emplacement est si mal choisi d'habitude, qu'aux jours de grandes crues elle est de suite envahie et souvent emportée avec le bétail et même le berger.

Ailleurs, si l'on n'a pas à redouter l'inondation, l'incendie est toujours menaçant. Pour l'allumer, il suffit de la chandelle ou du chalet sans lanterne, de l'allumette phosphorée ou de la pipe du fumeur. Et tout fume à présent; le soldat et le palefrenier, le dandy et le groom, le maître et l'écolier, le berger, le valet de ferme, jusqu'aux femmes dans nos villes du nord, en Belgique, en Hollande, ailleurs encore, et dans le quartier Bréda. Quel désastre quand le feu prend au village ou à la ferme! les moyens de secours y manquent, et seraient inutiles avec le toit de chaume et tant de débris qui flambent.

Les bestiaux terrifiés refusent de quitter l'étable : pour les sauver, il faut leur couvrir les yeux : ne voyant pas les flammes, ils se laisseront emmener. Si l'on avait à sa disposition l'appareil respiratoire de M. Galibert, on pourrait, malgré la fumée asphyxiante, entrer sans danger dans l'écurie.

Le mal produit par les habitations insalubres n'est pas toujours évident, palpable, immédiat : dans quelques cas il apparaît soudainement. En voici un exemple : « Dans nos campagnes, dit la *Revue de Saint-Pont*, on a l'habitude d'enfermer les bêtes à laine pressées dans les bergeries, et d'y laisser pénétrer le moins d'air possible, par ce motif que le gaz qui se dégage, et qui n'a pas d'issue, *nourrit* la laine, et lui donne de la couleur. » Au domaine de Chapertis, on a suivi de point en point la recette. Trois cent cinquante brebis et moutons, bien portants, étaient rentrés, le soir, du pâturage : on a clos, avec soin, l'étable. Le lendemain matin, il restait une cinquantaine de bêtes en vie. — On n'avait pas bouché assez hermétiquement les ouvertures pour tuer tout le troupeau. — Deux cent trente-neuf cadavres couvraient la litière. Les survivants avaient grimpé sur les autres pour atteindre une petite lucarne qui laissait entrer un peu d'air.

La décomposition des corps fut si rapide qu'on ne put les dépouiller de leur peau. Il fallut se hâter de les transporter au loin, de les couvrir de branchages et de feuilles sèches, d'allumer ce bûcher, et de détruire par le feu toutes ces bêtes asphyxiées.

## § VI.

La privation de nourriture n'est pas seulement une mauvaise action commise au détriment des animaux ; c'est, de plus, un mauvais calcul. Quels produits peuvent donner des êtres qui ont à peine de quoi ne pas mourir de faim ? Leur force ? ils en ont juste assez pour se tenir debout, et se soutenir en marchant ; leur chair ? ils n'ont, sous la peau, que les os ; leur lait ? la source en est tarie ; leur laine, leur duvet ? ils n'ont point poussé ; leurs œufs ? la volaille affamée ne songe pas à pondre. Tuez plutôt, ou vendez ce que vous ne pouvez convenablement nourrir : vous gagnerez plus, et ne serez pas cruels.

La *Gazette autrichienne* du 12 juin 1863 a fait connaître un acte empreint d'une douce pitié qui fait honneur à la Hongrie, et dont vous rirez peut-être : La disette des fourrages avait pris des proportions effrayantes dans les environs de Zsœrvas; les pauvres paysans, pour ne pas laisser mourir de faim leurs bestiaux, attachèrent à leurs cornes de petits écritaux portant cette inscription : « Celui qui pourra nourrir cette bête en sera de bon droit le propriétaire. » Puis ils les chassèrent hors des limites de leurs communes.

Tantôt vous dites que la couleuvre et l'engoulevent tètent vos vaches; comme si un reptile ou un oiseau pouvait têter; tantôt vous croyez qu'un méchant a jeté un sort sur votre étable. Le diable s'en mêle, et vous appelez le sorcier ou le curé, — tous les deux quelquefois, — pour chasser le diable. Le diable, c'est votre avarice, votre incurie, votre paresse et votre bêtise. Voilà votre mare : voyez ce qu'elle contient d'ordures! L'eau ménagère et le jus du fumier y coulent; les oies, les canards, le cochon y barbotent; les plumes, la fiente, la mousse et la poussière irrisent la surface; le soleil assèche la vase, et y fait fermenter tous les débris, pulluler, et grouiller la vermine. Cette eau pue la corruption. — C'est assez bon, dites-vous, pour des bêtes. — Les bêtes ont besoin, comme vous, homme d'esprit et sans cœur, d'eau saine, aérée et fraîche. Essayez de boire ce poison ; vous en crèverez comme elles.

Imprévoyants, méchants envers vos animaux par les privations que vous leur imposez, par l'insalubrité de la nourriture ou des boissons, vous êtes imprévoyants et méchants aussi, quand, par l'appât du lucre, vous exagérez leur alimentation au point de les rendre malades. Je ne parle pas seulement de l'engraissement forcé des oies et des canards, et de l'éthisie produite exprès pour obtenir des foies gras et dégénérés, « cette expression de tant de souffrances infligées à d'infortunés volatiles, en vue, dit M. Bouley, de la satisfaction d'un de nos plaisirs qui n'est pas le plus relevé. » —Je parle aussi des animaux de boucherie, et je m'appuie sur les observations de M. Gant, chirurgien d'un hôpital de Londres, et pathologiste distingué. Après avoir constaté les mauvais effets, comme aliment, de la viande provenant d'animaux arrivés à un état d'engraissement extrême, il a examiné avec le plus grand soin, au microscope, les muscles, le cœur, le poumon, le foie et les autres organes des bœufs, moutons et porcs vendus à l'exposition de Baker-Street, et primés parmi les plus gras.

Chez tous il a trouvé la dégénérescence du cœur et sa conversion partielle en masse de graisse. Ce viscère perd sa puissance contractile et son pouvoir d'impulsion. Il bat faiblement et irrégulièrement ; le sang engorge les poumons, et n'y circule pas. De là cette respiration haletante et incomplète. La peau et les extrémités du pauvre animal sont glacées ; l'expression stupide de son regard et de ses traits annonce un cerveau congestionné ; le moindre exercice le ferait mourir.

Avis aux obèses de l'espèce humaine.

La chair des animaux, qu'on abat dans cet état maladif, est nécessairement détériorée, et ne mérite pas les honneurs d'une prime comme type d'une viande de première qualité. Elle n'en a que l'apparence, et non la réalité. « Le vendeur et l'acheteur sont trompés à la fois, dit M. Rambosson, dans la *Réforme agricole*. Nous avions compté sur une nourriture saine pour entretenir nos propres muscles ; nous serons fatalement déçus. » Et il ajoute :

« Exagérer l'engraissement pour gagner des prix de concours, c'est de la folie et presque un crime. »

Voici qui n'est qu'un vol doublé d'une abominable cruauté : c'est l'*ensablement* appliqué à l'espèce bovine à titre de lest. M. Deleporte-Bayart en a constaté les effets, et les a publiés :

« Le 26 janvier 1863, il y avait un grand concours d'animaux de boucherie à Anvers. On y avait institué des prix pour les animaux vivants les plus pesants. C'est, dans ce chef-lieu de province belge, une erreur analogue à celle du bœuf gras, dans notre capitale de l'Empire.

» Pour atteindre le plus grand poids possible, plusieurs détenteurs de bestiaux avaient fait avaler, de force, de l'eau et du sable à beaucoup de ces animaux d'élite, au point que plusieurs d'entre eux ont dû être abattus immédiatement après le pesage, afin de ne pas les voir crever des suites de la grande quantité de sable qui pesait sur leur estomac. L'an dernier, à pareil jour, il y en a qui sont morts subitement. »

C'est principalement à l'alimentation forcée qu'on attribue deux maladies parasitaires, la ladrerie et la trichinose, qui affectent les porcs, et rendent la chair de ces animaux malsaine et parfois mortellement dangereuse.

## § VII

L'introduction de certaines cultures donnant d'abondants fourrages, tels que le trèfle ou la luzerne, a fait la richesse de quelques-uns de nos départements, qui maintenant engraissent de nombreux troupeaux de bêtes à laine sur un sol où l'on ne voyait, auparavant, qu'un petit nombre de moutons chétifs. C'est un progrès : mais n'a-t-on pas dépassé la limite? N'est-ce pas à cette cause qu'on doit attribuer le *sang de rate*, maladie épizootique, qui tue presque instantanément le bétail de la ferme, et qui règne, chaque année, dans plusieurs de ces départements? En 1862, dans l'arrondissement de Provins, où la population animale était de 8,767 chevaux et juments, de 25,505 vaches et taureaux, de 173,290 bêtes à laine, la mortalité par le *sang de rate* s'est élevée à trois pour cent des chevaux, cinq pour cent des bêtes à cornes, et au quinzième environ de la totalité des brebis et moutons.

Dans la Beauce, les ravages ont été plus grands encore. La perte en argent, constatée par l'autorité supérieure, sur ces trois grandes espèces, a été, de 1850 à 1863 inclusivement, de plus de trois millions sept cent trente-huit mille trois cents francs. On l'évalue, pour tout le pays, à près d'un milliard chaque année.

La cause de cette épizootie n'est pas encore bien connue; on l'attribue, avec beaucoup de probabilités, à l'usage de la nourriture trop azotée, trop riche, fournie par les prairies artificielles. Ce régime alimentaire augmente vite la taille et les produits des animaux qui y sont soumis; il en résulte une sorte de pléthore, un sang trop riche que la moindre cause accidentelle altère : l'animal meurt avec tous les symptômes d'une affection charbonneuse, communicable, même à l'homme, par la chair et par les dépouilles, qu'on doit se hâter d'enfouir.

Le *Moniteur de l'Algérie* nous fournit une preuve récente, — novembre 1866, — du danger que peut offrir l'usage alimentaire d'un animal affecté de charbon. Vingt-quatre Arabes de la commune de La Rassauta, au haouch ben Assouf, ont succombé après avoir mangé la viande d'une vache malade; et le docteur Payn a reconnu, sur ces malheureux et sur ceux qui ont pu survivre à ce fatal repas, tous les signes d'un empoisonnement septique.

Cent fois plus terrible encore est le typhus contagieux des bêtes à cornes : il fit sa première invasion dans les mauvais jours de 1814, avec les troupes ennemies des Cosaques, nos *chers alliés ;* il dépeuple, depuis l'été de 1865, les étables de l'Angleterre, de l'Ecosse, de l'Allemagne, de la Hollande.

Une lettre de lord Grandville, insérée au *Times*, nous apprend que dans une de ses fermes il avait laissé trente-huit vaches, distribuées dans quatre bâtiments, et qu'un mois après, il n'avait retrouvé que deux de ces animaux.

Deux fermiers de Merionetshire, revenant de la foire de Barnet, d'où ils emmenaient avec eux plus de cent têtes de gros bétail, ont perdu en route, en peu de jours, tout leur troupeau, qui avait coûté environ 75,000 francs. Pas un seul animal n'a échappé à la contagion.

En quelques mois, 219,965 cas ont été officiellement constatés dans la Grande-Bretagne. 80,595 animaux malades ont été tués ; 124,187 sont morts ; il a fallu, en outre, abattre 51,313 têtes saines, mais exposées à subir la contagion. Il y a eu 35,989 guérisons seulement. Sur 4,463 moutons atteints, 4,002 sont morts ou ont été abattus. Le vingtième du bétail, en Angleterre, a été attaqué, et sur mille bêtes malades, huit cent soixante-deux ont péri.

Cette peste bovine a gagné la Belgique : elle menace aussi nos bestiaux. Les mesures énergiques et prévoyantes du ministre de l'Agriculture sont malheureusement impuissantes pour l'empêcher de franchir nos frontières.

C'est de la Russie qu'elle nous vient. On a pu suivre

sa marche éminemment migratoire, depuis le golfe de Finlande jusqu'aux bords de la Tamise. Elle naît dans les grands troupeaux qui couvrent les steppes de l'Europe orientale. C'est là qu'il faudrait chercher la cause productrice de ce mal funeste, et l'y combattre.

Comme il se propage avec une effrayante rapidité; comme il est éminemment communicable par le contact, par les déjections ou les débris, par les émanations ou les effluves, même à distance; par l'infection des objets ayant touché les bêtes malades, ou par les animaux de diverses espèces qui les ont approchées, sans en excepter l'homme, les intérêts internationaux de l'alimentation, de l'industrie, de l'agriculture, de la santé publique, sont partout gravement compromis. Le devoir de tous les gouvernements est de prendre énergiquement des mesures de salut pour les bestiaux menacés, en détruisant cette peste sibérienne à son point d'origine.

Une croisade internationale, entreprise au nom de l'hygiène universelle, ne coûterait pas autant que la moindre guerre; elle n'amènerait point le deuil et la misère à sa suite. Il serait glorieux pour notre pays de civilisation d'en prendre l'initiative.

Il l'a prise, on le sait, pour une conférence sanitaire ayant pour but de s'entendre avec les gouvernements orientaux afin de prévenir la propagation de l'épidémie cholérique. C'est bien, mais ce n'est pas assez : il faut, en même temps, le conseil et l'action ;

il faut de l'argent et des bras; il faut, pour l'assainissement général, une armée de savants, de médecins, d'ingénieurs, de travailleurs, à l'œuvre, cherchant le lieu d'origine et les causes de chaque fléau, les détruisant sur place, avec le concours des populations locales, ou malgré leur opposition, au nom du salut public.

Le choléra, qui a fait tant de victimes en Egypte, en Turquie, en Italie, en Espagne, en Angleterre, en France, on sait d'où il vient : il naît sur les bords infectés du Gange, au milieu de cette population ignorante et superstitieuse de l'Orient, pour qui les eaux du fleuve sont sacrées. Mourir dans le Gange, c'est pour les Indous se préparer le bonheur éternel. Ils y jettent les cadavres de leurs enfants, de leurs amis, de leurs bestiaux. Dans les crues périodiques d'avril et de juillet, où l'eau limoneuse couvre un espace de plus de 400 kilomètres, toutes les immondices s'accumulent dans l'immense delta du fleuve; leur fermentation putride engendre des effluves pestilentielles, sans cesse renouvelées, que les courants atmosphériques balaient, et portent au loin. Les miasmes sont les agents producteurs des fléaux qui, sous divers noms, et avec des symptômes différents, frappent les espèces animales et les agglomérations humaines.

Tous les ans le choléra sévit sur les grandes caravanes de Mahométans qui se rendent en pélerinage au tombeau du prophète.

En 1865, il a été importé en Égypte par ces croyants,

à leur retour de la Mecque et de Djeddah. L'affluence des hommes, femmes et enfants rassemblés dans la ville sainte, pour le Kourban beïran (fête du sacrifice) était énorme. Plus de deux cent mille individus, venus de l'Inde et de tous les pays musulmans, campaient en plein air, soumis aux privations de toute nature, manquant souvent d'eau, sous un soleil torride, vivant de fruits ou d'aliments peu nutritifs, ne changeant pas de linge, et respirant un air empesté. Autour d'eux des amas d'immondices donnant naissance à des myriades d'insectes nuisibles, se putréfiaient sur le sol, avec les débris et les dépouilles des animaux offerts, par chaque pèlerin, en sacrifices propitiatoires. Des moutons et des chameaux immolés, en vue du paradis, pendant ces fêtes, le nombre dépasse un million!

Toujours et partout des victimes! Qui pourra jamais compter celles que l'homme a faites par superstition et fanatisme religieux?

Au milieu de cette agglomération, la dyssenterie se déclare. Elle abat les croyants par centaines; leurs cadavres, enterrés sous une couche de sable très-légère, ajoutent les miasmes de la corruption humaine à celle des substances animales en décomposition.

Le choléra, latent d'abord, ne tarde pas à décimer les pèlerins privés de tout secours, indifférents devant la mort. Il voyage avec eux ; il apparaît où ils arrivent. Il entre à Marseille, avec ceux qui, le 11 juin, débarquent de la *Stella*, venant de la Mecque, par Djeddah et Alexandrie.

Ces faits sont reconnus et consignés dans un rapport officiel, par la commission sanitaire que le gouvernement égyptien a chargée de leur étude.

Abandonnera-t-on à ses propres ressources, pour prévenir le mal, ce peuple hindou que sa croyance abrutit, et aveugle, qui serait incapable, avec son apathie, son ignorance et sa misère, d'assainir, par la canalisation et la culture, le delta du Gange? Laissera-t-on ces dévots mahométans agglomérés en un troupeau malsain, continuer leurs pieuses caravanes, leurs funestes pratiques, leurs sanglantes hécatombes? Souffrira-t-on qu'ils propagent ainsi le fléau mortel; qu'ils tombent sous ses coups, sans rien tenter pour s'y soustraire, en répétant, dans leur fataliste résignation : « C'était écrit! »

« La meilleure *hygiène* pour le monde entier serait, dit le docteur Armand Després, de supprimer le foyer du mal.

» Civiliser, transporter, et disséminer les populations des bords du Gange, si elles ne veulent point enterrer leurs morts ; raser La Mecque, si les Musulmans ne veulent point renoncer à laisser pourrir leur bétail autour de la ville sainte ; tel est le véritable préservatif du choléra.

» Aucune morale ne condamnera cette violence, ou plutôt cette justice qui frapperait deux peuples dont les habitudes malsaines coûtent, depuis un demi-siècle, et en quelques mois, plus d'un demi-million de victimes aux peuples civilisés des deux mondes. »

# XVI

## LES CRUAUTÉS DE L'ABATTOIR.

§ I. L'antre des morts. — § II. La dernière étape des victimes. —Le supplice de la soif et de la faim.—La torture avant la mort. — § III. Les procédés d'abattage. — L'égorgement à la juive. — Les veaux guillotinés. — Les moutons sur la claie. — § IV. La viande empoisonnée. — § V. Améliorations désirables.

### § I

Nous voici en face d'un sujet que la nécessité domine, puisque l'homme se nourrit de viande, à moins qu'il n'appartienne à un ordre religieux ou philosophique, ayant fait vœu contraire.

L'abattoir est un antre où les animaux pénètrent vivants ; d'où ils sortent cadavres, écorchés, coupés en morceaux. Qu'un simple hangar l'abrite, ou qu'il s'élève en vaste édifice, sa vue seule attriste les sens : une atmosphère fade et nauséabonde l'environne ; des mugissements, des plaintes s'en échappent. Le sang y coule à flots.

O terrible question de la nécessité, de la souffrance et du mal ! C'est sur le seuil de l'abattoir qu'il faudrait t'agiter... avec la certitude de ne pas te résoudre !

A l'abattoir, chaque jour, et surtout à l'approche de nos fêtes, des milliers d'animaux jeunes, inoffensifs, qui nous ont nourris déjà ou vêtus, pour la plupart, tombent sous les coups de merlin, ou expirent égorgés. Là, des centaines d'hommes, aux bras nus, aux vêtements ensanglantés, les pieds dans des flaques rouges et fumantes, gagnent leur vie en dépeçant ces innocentes victimes.

A l'abattoir l'homme est bourreau, rien que bourreau. Il reste froid, le plus souvent : il *travaille*. Parfois il croit lutter, et il y met de la fureur. Chaque profession a ses entraînements.

J'ai assisté à ces spectacles. Pour m'absoudre, j'avais l'espérance, la conviction d'arriver peut-être à adoucir des souffrances inévitables, à abréger les préparatifs et les procédés d'exécution, à supprimer d'inutiles tortures.

Aujourd'hui, joignant mes propres observations à celles du docteur Carteaux et aussi de plusieurs membres estimés de la boucherie, je signalerai quelques améliorations désirables, possibles. La plupart des garçons bouchers se réjouiraient, tout les premiers, de l'adoption de ces mesures ; car s'il en est qui sont cruels de gaîté de cœur, c'est par exception.

Les abattoirs en commun sont de date récente. Vainement, sous Louis XV, l'administration avait tenté leur établissement, pour obvier aux inconvénients des *écorcheries* chez les particuliers. Le 15 septembre 1818 seulement s'ouvraient les cinq tueries de Montmartre, Ménilmontant, Grenelle, le Roule et Villejuif, décrétées le 10 juillet 1810, à l'honneur de Napoléon Ier. Le règne de Napoléon III verra leur réunion sur un seul point et la suppression des cent quinze ateliers qui, disséminés dans la banlieue, sont, depuis l'annexion, rentrés dans l'octroi de Paris, et dont plusieurs déjà ne sont plus ouverts (1).

A divers points de vue les grands abattoirs offrent de nombreux avantages : ils diminuent les chances d'accidents produits par le parcours du bétail, ainsi que les causes d'insalubrité résultant de la dissémination des débris et matières putrescibles ; ils permettent une surveillance qui prévient la mise en vente des bêtes malades ou de la viande altérée ; ils atténuent les frais généraux ; ils rendent facile aux Sociétés protectrices d'exercer un contrôle tutélaire, et de faire adopter, par la persuasion, les procédés d'immolation les moins douloureux. Là aussi les garçons bouchers acquièrent plus d'adresse, et trouvent plus de sécurité.

Ces lieux placés à l'écart, et dont l'accès est interdit à tout individu que n'y appellent pas les devoirs de sa

(1) L'abattoir et le marché aux bestiaux qui sont en voie d'exécution, à la Villette, sur les plans de M. Baltard, l'habile architecte de la ville, seront desservis par un chemin de fer, s'embranchant sur la ligne de ceinture, qui amènera les animaux de toute provenance, et qui réalisera beaucoup d'améliorations désirables.

profession, cachent au peuple, et surtout aux regards curieux de l'enfant, des actes propres à retarder son éducation morale, ou même à développer chez lui de dangereux instincts. « Les convulsions d'un animal qui se meurt, les coups redoublés qu'on lui assène, le sang qui coule, l'odeur qui s'en échappe, sont autant d'éléments portant le trouble dans l'intelligence des assistants, et qui finissent par endurcir le cœur de l'homme, en plaçant sous ses yeux de hideux appareils de mort. »

J'ai lu dans une note extraite du voyage de Richardson, par M. Paul Méruau, que le plus grand amusement d'un enfant, en Afrique, c'est d'égorger un mouton, d'entendre ses cris, de voir palpiter sa chair sous le couteau. A certaines époques, il est d'usage, parmi les tribus, de sacrifier des animaux vivants. On les livre aux passants, dans les rues ou sur les places publiques, et c'est à qui les frappera avec le plus d'acharnement. Cette dégoûtante tuerie s'achève au milieu des cris de joie ; il n'est pas une jeune fille qui n'ait les mains teintes de sang ; et quand ces innocents animaux tombent à terre, il n'y a pas sur leur corps un seul lambeau de chair intact.

Par cet exemple, on voit où peut mener l'apprentissage de la cruauté. L'abbé Maury, s'opposant à ce qu'on fît, en public, l'usage de la guillotine, s'exprimait ainsi : « Elle pourra tendre à dépraver le peuple, en le familiarisant avec la vue du sang. » Cachons avec soin toute espèce d'exécution à mort, « *nous qui sortons à peine d'une effroyable barbarie,* » ainsi que l'a dit Fénelon.

Ce spectacle peut avoir, pour des enfants ou des personnes trop impressionnables, des conséquences très-fâcheuses. J'ai donné des soins à une jeune personne que la vue d'un porc râlant, égorgé, baigné dans son sang, avait rendue épileptique. Dans le *Bulletin mensuel* de la Société protectrice des animaux (1864), M. Emile Chuchu a cité, d'une manière saisissante, ses impressions personnelles.

« En 1857, j'habitais Châlons-sur-Saône. J'avais pour voisin d'en face un boucher qui, deux fois par semaine, allait à la campagne s'approvisionner de veaux et de moutons qu'il amenait, dans une voiture, empilés et garrottés. Pour éviter les recherches de la police qui défend de tuer à domicile, il rentrait fort tard, et, en arrivant, il jetait dans sa cave les pauvres animaux qui tombaient pêle-mêle, et les jambes broyées. Aussitôt la femme entortillait les têtes pour empêcher les cris; puis le mari suspendait les veaux au moyen d'un bâton piqué dans les jarrets, et le fils, ou l'aide-boucher, plaçait les moutons sur l'étal. Alors se passait une scène affreuse qui me clouait, malgré moi, aux carreaux de ma fenêtre, ou qui me faisait me tordre sur mon lit, de rage et d'indignation. Le boucher se chargeait des veaux, le valet s'occupait des moutons. Aux uns on donnait un coup de massue sur la tête; aux autres un coup de couteau dans la gorge... Une fois le *travail* terminé, ces individus remontaient en silence, la lumière éteinte, comme des coupables; et je me sentais alors le cœur déchargé d'un poids énorme, mais dans l'impossibilité de m'endormir, tant la fièvre me tourmentait. »

S'il est nécessaire de fermer les portes de l'abattoir, est-il indispensable d'étaler avec des enjolivements ironiques les morceaux découpés, et de composer, dans les boutiques ouvertes, un spectacle de boucherie pour les passants?

Quand à l'étalage des tripiers, il révolte les gens les moins délicats. Ces lambeaux sanglants, ces têtes fraîchement coupées ont quelque chose de répugnant, d'horrible et d'immoral. La Société protectrice établie à Lyon a demandé que cette dégoûtante exhibition fût supprimée. Qu'on étende la mesure à ces voitures de bouchers qui, chargées de chairs pantelantes, rougies de sang, parcourent les rues, en plein jour, et vont approvisionner « ces maisons de carnage où l'on vend, a dit Voltaire, tant de cadavres pour entretenir le nôtre. »

## § II.

Les animaux destinés au marché de Sceaux ou de Poissy, sont ordinairement amenés par étapes, ou par les chemins de fer. Chacun de ces modes a ses inconvénients. Lorsque les bestiaux voyageaient uniquement par les routes et voies vicinales, ils étaient le plus souvent malmenés. Les fournisseurs leur imposaient des marches forcées, pour les faire arriver à jour fixe; plus fréquemment encore, les conducteurs, après s'être arrêtés pour boire, au lieu de suivre régulièrement leur route, cherchaient à réparer la perte du temps en lançant le chien derrière le troupeau, qui touchait le but, haletant, épuisé, couvert de poussière ou de boue. Même pour les moutons, l'étape ordinaire, de 24 à 28 kilomètres, était parfois doublée.

Indépendamment de la fatigue, on observait sur beaucoup de bêtes à cornes des affections graves des pieds, produites par la marche, telle que l'usure des sabots.

Le transport par le chemin de fer, qui paraissait, au premier coup d'œil, devoir supprimer tous ces inconvénients, est, dans beaucoup de cas, — des personnes compétentes l'affirment, —presqu'aussi nuisible que l'arrivage à pied par étapes. J'ai signalé l'état déplorable des animaux qu'on entasse dans les *vachères*, où ils manquent d'air et d'espace, de boisson et de nourriture. On a vu qu'ils se blessent pour y entrer, et pour en sortir. En proie à une terreur profonde, causée par le bruit et le sifflement de la locomotive, il font, pour s'échapper, d'inutiles efforts; ils éprouvent, aux temps d'arrêt, des chocs qui les meurtrissent. S'ils tombent, ils sont foulés aux pieds. M. Tuffet, maître-garçon boucher, m'écrivait: « J'ai abattu, à son arrivée, un veau qui avait les côtes cassées en plusieurs morceaux par ces trépignements.

Il m'a fallu tuer immédiatement aussi trois de ces animaux, qui arrivaient du chemin de fer de Lyon, mourant par asphyxie. » La perte de la vie par étouffement n'est pas un accident rare, même pour des lots entiers de porcs et de moutons.

Pour améliorer ce mode de transport, une surveillance sévère et de tous les instants serait indispensable.

A la sortie du chemin de fer, d'autres misères attendent l'animal. Heureux s'il peut, en arrivant à Poissy, la veille du marché, trouver dans l'écurie un peu de paille pour se repaître, et de place pour se coucher. Heureux si, le lendemain, il a mangé, dès le matin; car, s'il est vendu, toute alimentation lui sera interdite jusqu'à son entrée à l'abattoir, où nous le verrons encore manquer d'aliments des jours entiers.

Au marché de Sceaux, plus encore qu'à Poissy, d'excessives cruautés sont commises sur les bœufs, au seuil des parcs, et sur les moutons qu'on entasse dans des compartiments trop étroits. Des groupes de jeunes vauriens, armés de gourdins ou de bâtons pointus, frappent, et harcèlent les pauvres bêtes.

C'est ordinairement à pied et la nuit que les bœufs et les moutons, acquis par les bouchers, voyagent pour se rendre aux abattoirs. Leur marche s'effectue par bandes. Une voiture suit d'ordinaire les moutons, pour ramasser ceux qui ne peuvent marcher, et qu'on nomme les *mal à pied*.

Le temps qu'ils doivent mettre pour le trajet est

fixé. Si les conducteurs se sont attardés, ils accélèrent, comme je l'ai dit, la marche ; et l'on voit parfois les pauvres bêtes, exténuées, se laisser rouer de coups et déchirer par la dent des chiens, plutôt que de faire un pas.

Si c'est un bœuf, c'est aux jambes principalement qu'on le frappe, avec le bâton, pour éviter *d'abîmer la viande*. Cela s'appelle *ergoter*. Voilà pourquoi l'on voit tant de bœufs ne pouvant plus marcher. Les *mal à pied* sont abandonnés sur la route, pour être repris plus tard et hissés brutalement sur une charrette, à l'aide d'un treuil.

Quant aux moutons, si le conducteur a des cordes, il s'en sert pour attacher les quatres membres réunis de l'animal ; dans le cas contraire, il *courmanche* la bête, c'est-à-dire qu'il lui tord, entrecroise, et noue de force les deux membres antérieurs, d'où résultent souvent des luxations ou la fracture des os. On la jette ensuite à la volée dans la voiture.

Et qu'on ne croie pas qu'à leur arrivée à l'abattoir on se hâtera d'abréger les tortures de ces animaux en les égorgeant : nullement. Ils sont ordinairement déposés dans des caves, où ils attendent qu'il plaise au garçon boucher de venir les prendre pour mettre fin à leur agonie.

Grâce aux mesures prescrites par l'autorité, sur les pressantes sollicitations de la Société protectrice, les veaux sont, depuis quelques années, amenés du chemin de fer au marché spécial, et du marché à l'abattoir, libres de toute entrave, et debout dans des voitures.

Ce mode de transport supprime pour ces animaux le supplice de la ligature, qui blessait, et parfois gangrenait leurs membres ; mais il a besoin encore de quelques améliorations, pour obtenir un résultat entièrement satisfaisant. Les voitures sont ordinairement trop chargées ; ils s'étouffent ; si l'un d'eux vient à tomber, il arrive parfois que ses jambes s'engagent entre les barreaux, et sont exposées à être broyées par les roues. J'en ai rencontré un, sur la route de l'abattoir du Roule, à cheval sur l'une des ridelles de la voiture, l'épaule et la jambe de devant brisées et pendantes au dehors.

Il serait nécessaire de séparer ces animaux par des claies ; de n'établir la claire-voie qu'à la hauteur d'environ 30 centimètres ; d'interdire que, sous aucun prétexte, un animal blessé fût placé vivant dans la voiture, et d'exiger qu'immédiatement après son accident, il fût abattu dans la tuerie la plus voisine.

A Paris, la place du marché où les veaux sont exposés pour la vente, étant exhaussée d'un mètre environ au-dessus des rues circonvoisines, les animaux peuvent descendre facilement de la voiture qu'on accule ; mais, aux abattoirs, il n'en est pas ainsi. Des plans inclinés avaient été disposés pour faciliter le déchargement : quoique très-imparfaits et trop rapides, ils avaient une utilité réelle. L'insouciance et le mauvais vouloir les ont fait abondonner ou détruire : le plus souvent les veaux sont forcés de sauter du haut de la voiture, et, comme l'a récemment écrit, dans une note très-véridique, un membre de la Société protectrice attaché à l'abattoir, de là des foulures ou la fracture des côtes et des membres. Il serait important que le plancher de toute charrette ou chariot servant à transporter les animaux de boucherie fût assez bas pour qu'ils pussent monter, et descendre facilement. On n'aurait qu'à prendre pour modèle les dispositions *des binards à essieux coudés*, de M. Labouret. Ces voitures, qui sont employées à conduire des pierres, et dont la charge s'équilibre parfaitement, ont reçu de la Société protectrice des animaux une médaille d'argent en 1854. En y ajoutant un traineau, comme on le fait pour le placement des matériaux, on pourrait facilement charger les bœufs, les descendre et les transporter où l'on voudrait.

Les bestiaux privés d'aliments depuis le moment de leur arrivée aux marchés de Sceaux ou de Poissy, et quelquefois même depuis le départ de chez le nourrisseur, devraient au moins en trouver en abondance à l'abattoir. Eh bien, non. L'alimentation y est facultative; presque toujours elle est insuffisante. A peine si chaque bœuf reçoit une botte de paille pour vingt-quatre heures, et encore la confusion qui existe dans le classement des animaux sert de prétexte à certains bouchers qui, ayant dans leur bouverie des animaux ne leur appartenant pas, tandis que les leurs sont confondus dans d'autres étables, s'abstiennent de fournir de la nourriture dont ceux d'autrui profiteraient.

Quant aux moutons, la ration ordinaire, à l'abattoir, est de deux bottes pour vingt têtes. Or, comme ils sont serrés souvent de manière à ne pouvoir faire aucun mouvement, et qu'ils n'ont qu'un ratelier unique, quelques-uns seulement, les mieux placés, prennent un peu de nourriture ; le plus grand nombre en est privé. De plus, la distribution est faite sans contrôle, par des garçons bouchers jeunes, insouciants et persuadés que des bêtes destinées à mourir n'ont droit à aucun soin ; souvent elle est remise au lendemain.

Pour les veaux, l'alimentation ou *buvée*, qui se compose, en grande partie, d'œufs battus dans de l'eau, reste confiée d'ordinaire au plus jeune garçon. Si, le matin, il rencontre des camarades avec lesquels il puisse jouer, les œufs qu'il apporte servent trop souvent de projectile, et le repas des pauvres bêtes est de suite terminé. D'autres fois, pour faire boire l'animal, il lui plonge avec force le museau dans le seau. Si celui-ci refuse, effrayé, ou seulement s'il hésite, il reçoit presqu'aussitôt sur la tête un coup de sabot, et la *buvée* est jetée sans profit.

Si l'on exigeait de chacun des bouchers une ration convenue par chaque tête de bétail, et dont la distribution faite, à des heures régulières, par des employés responsables, serait surveillée par des agents *spéciaux*, de service à tour de rôle, le supplice de la soif et de la faim serait épargné à ces malheureux animaux.

Les animaux arrivant par bandes, et le plus souvent pendant la nuit, il est difficile d'en faire immédiatement le triage et le classement; une grande partie séjournent dans les parcs, exposés à toute l'intempérie des saisons et privés de nourriture.

L'affluence est telle parfois que j'ai vu les bœufs et les moutons mêlés, entassés ensemble: les plus forts blessent les plus faibles. Avant la liberté du commerce de la boucherie, le syndicat exerçait une surveillance active, et contraignait les membres de la corporation à ne faire entrer que successivement à l'abattoir les animaux qu'ils avaient achetés. De plus, il faisait attacher chaque bête à cornes avec des cordes qu'il fournissait aux bouchers, moyennant rétribution, et qu'il renouvelait quand elles étaient usées. Cette mesure utile n'existe plus, et les bœufs, libres, sans attaches, dans les bouveries, peuvent se battre, s'échapper, et causer de graves accidents.

Un nouveau genre de torture commence pour les animaux lorsqu'on les conduit à l'*échaudoir*, où l'on met les bêtes à mort. Le bœuf y est ordinairement amené par deux garçons de service, dont l'un marche en avant, tirant l'animal à la remorque à l'aide d'une corde liée aux cornes, tandis que l'autre, armé d'un bâton, et quelquefois suivi d'un chien vigoureux, accélère la marche, en frappant de préférence, le plus souvent sans nécessité, sur les articulations, sur les canons et les sabots.

La douleur est telle, parfois, qu'on voit le bœuf s'arrêter court, lever péniblement le membre contus, et s'acheminer ensuite sur trois jambes.

Sans défiance ni pressentiment, exténuées par la fatigue et par la faim, les malheureuses bêtes n'opposent ordinairement aucune résistance, si ce n'est à l'entrée de cette cour où le mouvement, le bruit, les débris pantelants, peut-être aussi la vue et l'odeur du sang, les épouvantent. Alors les coups redoublent, le chien mord ; les garçons bouchers saisissent la queue de l'animal, ils en brisent successivement les articulations ou les coupent avec leurs couteaux. Nous avons vu, le docteur Carteaux et moi, dans l'abattoir Montmartre, un garçon boucher en fureur, enfoncer dans le rectum d'un bœuf un gros morceau de bois servant à tenir les moutons courmanchés, et le retirer souillé de sang ; ailleurs, à l'abattoir du Roule, un garçon venir en aide à ses camarades, en introduisant son doigt sous la paupière d'un *mal à pied*, pour le faire avancer moins lentement.

Si l'animal vient à glisser sur les dalles, et à tomber, pour l'obliger à se relever, on lui marche sur la queue, en la faisant rouler sous le pied, jusqu'à en déchirer la peau.

Pour amener un veau de l'étable à l'échaudoir, un des garçons le saisit par l'oreille, ou le dirige d'une main, à l'aide d'une corde attachée au cou ; de l'autre main, il le saisit par la queue, qu'il enroule autour de son bras, puis il pousse la bête en avant. Quand elle est jeune et peu vigoureuse, elle n'oppose qu'une faible résistance. Vient-elle à tomber sur les dalles glissantes, l'homme cruel la force à se relever en lui frottant violemment la queue entre son sabot et le sol. Mais lorsqu'un veau turbulent a une force supérieure à celle de son conducteur, souvent il le jette par terre, et s'enfuit dans les cours. Alors, poursuivi, meurtri de coups sur la tête et sur les membres, il est ramené tout étourdi, boiteux, se traînant sur les genoux ou sur trois jambes. La cruauté de quelques garçons bouchers est telle qu'ils frappent encore la victime après l'avoir égorgée. L'un d'eux, à l'abattoir du Roule, non content d'avoir roué de coups le veau qui s'était échappé de ses mains, lui asséna, sur le museau, des coups de bâton, puis, quand il l'eut amené dans l'échaudoir, il le piqua au nez avec son couteau, après lui avoir coupé la gorge, sans lui enlever la partie cervicale de la moëlle, que les gens du métier nomment l'*amourette*, et cela dans le but avoué de le laisser souffrir plus longtemps.

Pour supprimer ces luttes et ces tortures, il suffirait d'avoir, dans chaque bouverie, deux ou trois petites voitures à bras très-basses, où l'animal serait placé debout et conduit jusqu'à la *tuerie* ou *lieu d'abat*, sans lutte et sans fatigue pour le garçon boucher.

Le passage des moutons de la bergerie à l'échaudoir, se fait de deux manières différentes, suivant le nombre qu'il s'agit de mettre à mort.

Chez les bouchers qui vendent *à la cheville*, à Paris,

et qui font le commerce presqu'exclusif de ces animaux, ainsi que des veaux et des bœufs, on s'y prend ainsi (1) :

Dans une enceinte formée avec des tables ou des brouettes, on établit une rangée d'étaux ou claies sur lesquels les victimes doivent être immolées; puis deux garçons vont à l'étable; l'un d'eux y pénètre, poussant des cris aigus pour effrayer les moutons; l'autre, resté à la porte, saisit par un membre de devant la première bête qui se présente, et l'entraîne brusquement au dehors. Les autres, chassées par l'homme qui frappe, et quelquefois harcelées par un chien, suivent, et traversent la cour; mais, arrivées à l'échaudoir, elles ont peur, elles hésitent, et ce n'est qu'en les touchant rudement du bâton, en les faisant mordre, qu'on les contraint à franchir ce seuil.

Là, parfois, elles attendent longtemps avant d'être abattues; malheur à celles qui viendraient à s'échapper! elles seraient ramenées à coups de pieds, de gourdin et quelquefois de couteau.

Le moyen très-simple de conduire où l'on veut le troupeau docile consiste à dresser quelques jeunes

(1) En 1864, avant l'anexion de la banlieue à la ville, sur les douze cents bouchers de Paris, cent trente-six, désignés sous le nom de *chevillards*, exerçaient le monopole de la vente de la viande sur pied. On reprochait à ces millionnaires de paralyser la liberté du commerce, et de maintenir à des prix exagérés une substance alimentaire de première nécessité. Qu'y a-t-il de changé dans ces abus aujourd'hui? Je n'en peux rien dire.

animaux, qu'on désigne sous le nom de *mignards*, à suivre le garçon boucher, et à guider toute la bande. En Allemagne, une peau bourrée et montée convenablement suffit au même usage. On la traîne devant les moutons qui suivent, comme ceux de Panurge. Pourquoi ne pas rendre obligatoire l'un de ces procédés ?

Les bouchers qui tuent pour leur compte, et qui n'ont à abattre que dix, douze ou quinze têtes, n'ont souvent à leur service qu'un seul garçon. Comme il lui serait difficile de faire arriver ses bêtes au lieu d'abat, il les saisit l'une après l'autre, les courmanche toutes, et en entasse autant qu'il peut sur une brouette. Il en emporte ainsi cinq ou six, va les saigner, les dépouiller, et les mettre à la cheville, puis il revient prendre les autres, qui restent courmanchées, quelquefois des heures entières.

Le courmanchage est un odieux procédé qui devrait être interdit, sous des peines sévères. La Société protectrice en a sollicité la suppression, et cependant il est loin d'être abandonné complètement. Lorsqu'un garçon boucher traite ainsi un animal de moyenne ou de petite taille, l'affaire est faite de suite ; mais il faut voir un jeune homme un peu faible aux prises avec un fort mouton ; il doit d'abord le renverser sur le dos, et lui ployer les membres. La bête se défend ; l'homme irrité la frappe avec le pied sur la tête, le ventre, les reins, et ne vient souvent à bout de sa triste besogne, qu'après de longs efforts. Qu'on juge de sa farouche humeur et de sa fatigue, quand ces actes se répètent sur douze ou quinze victimes.

Pour obtenir l'immobilité de l'animal sur la claie où il sera placé pour être abattu, le moindre appareil remplacerait aisément la torture du courmanchage. En outre, le transport des moutons deviendrait facile, en employant, au lieu de brouette, une des petites voitures proposées pour les veaux.

## § III.

Les dalles de l'échaudoir sont sillonnées par des canivaux peu profonds aboutissant à des auges creusées dans la pierre, où l'on brasse le sang des animaux égorgés. Sur les murs il y a des pièces de bois ou poutres solidement scellées, auxquelles on peut suspendre à la fois douze ou quinze bœufs pour l'*habillage* ou le dépècement, et des chevilles où l'on accroche leurs quartiers, ainsi que les veaux tout entiers et les moutons.

Dès le milieu de la nuit, quelle ardeur à la tuerie, quel bruit, quel mouvement, quels beuglements, quels cris ! Comme on travaille ! on assomme, on égorge, on enfle les bêtes au soufflet ; on bat la peau pour la détacher ; on écorche, on ouvre les corps, on tire dehors les entrailles, le foie, les poumons, le cœur, tous les viscères. On coupe les têtes, on scie les os, on *habille* à la fois des douzaines de moutons, de veaux, de bœufs.

Chacun accomplit sa tâche utile, nécessaire; il faut chaque matin de la viande fraîche à Paris affamé.

Mathieu Bonafous, dans les dernières années de sa bienfaisante existence, fondait un prix en faveur du meilleur procédé pour mettre à mort les animaux de boucherie. En 1847, la Société protectrice de Dresde mettait aussi cette question au concours, et proposait, pour sa solution, un prix de douze ducats. J'ignore quel a été le résultat de ces généreux encouragements.

Les différents procédés d'abattage usités dans nos tueries peuvent se réduire à trois : l'assommage immédiatement suivi de la saignée; l'énervation et la saignée ; enfin l'égorgement par le procédé juif.

Voici, dans leurs pénibles détails que j'abrège, la mise en scène et le mode opératoire que j'ai déjà décrits en 1855, étant rapporteur d'une commission nombreuse qui avait pour but d'examiner, avec les honorables délégués de la Société protectrice de Londres, si l'énervation n'était pas le mode d'immolation le meilleur, pour les bêtes bovines. Depuis, en décembre 1861, M. Ludovic Chareau a fait de ces procédés un tableau nettement tracé dans l'*Illustration*, dont un excellent dessin rend parfaitement chaque scène.

Pour l'assommage, la corde liée aux cornes de l'animal qu'on veut abattre est engagée dans un anneau de fer scellé dans la dalle. En tirant dessus, on force la victime à baisser la tête, et à présenter la base du crâne et le cou tendu au merlin qui doit la frapper. Le premier garçon boucher se place en face d'elle, tenant à deux mains le manche de ce lourd marteau de fer ; il mesure son coup, et l'assène vigoureusement sur l'occiput. Un choc sourd retentit : le bœuf tombe à genoux, s'affaisant sur lui-même. Aussitôt, pour éviter qu'il se relève ou qu'il puisse, en se débattant, devenir dangereux, on lui porte encore, avec la masse ferrée, quelques coups au-dessus de l'oreille et sur le front, jusqu'à ce qu'il ait *poussé le bon soupir* ou son dernier souffle. Puis l'exécuteur lui plongeant un large couteau dans la gorge, à la base de l'encolure, coupe transversalement les carotides, les jugulaires, et, fouillant dans la poitrine, avec la lame, tranche au-dessus du cœur les gros vaisseaux artériels et veineux. Le sang coule à flots, activé dans son cours par les mouvements spontanés, convulsifs de l'animal, et par les secousses qu'à l'aide d'une corde on imprime à ses membres, pendant qu'avec le pied on lui foule le flanc.

La mort survient vite : elle est moins, dans ce cas, le résultat de l'hémorrhagie que de la commotion violente du cerveau, du cervelet et de la moëlle allongée.

Dans le procédé de l'énervation, le boucher saisit de la main gauche la corne du bœuf, pour assurer l'immobilité; de la droite, il lui plonge dans la nuque, au-dessus de l'atlas, première vertèbre cervicale, un stylet à fer de lance, qui pénètre dans le canal vertébral, et blesse la moëlle épinière. A l'instant, la bête ploie les genoux, et tombe, comme foudroyée. Alors, par un mouvement de diduction rapide de la *lancette*, on achève la section du prolongement médullaire, et l'on pratique immédiatement la saignée, comme après l'assommage.

En Allemagne, en Suisse et dans quelques parties de l'Italie, en Espagne surtout et dans l'Amérique du Sud, l'énervation est le mode d'abattage le plus généralement employé. Dans les Pampas, les bœufs sauvages que l'on tue par milliers sont énervés aussitôt après avoir été saisis par le *lazzo* du chasseur. C'est tantôt par l'énervation, tantôt par l'égorgement, que le tauréador immole sa victime, dans ces tournois affreux où, sous les yeux d'une multitude avide d'émotions sanglantes, l'homme harcelle, blesse, et mutile le taureau avant de l'achever.

Dans les tueries de l'Angleterre, l'énervation, comme un progrès, se pratique sous le patronage de la Société royale instituée pour prévenir les mauvais traitements envers les animaux. Les honorables délégués de cette puissante association ont bien voulu nous apporter le modèle d'un appareil qui sert à fixer le bœuf, et qui paraît emprunté, quant à son but et à son mode d'action, à celui des Pampas de l'Amérique. Sa pièce principale est un poteau, percé dans son épaisseur d'un trou dans lequel on engage le bout libre d'une corde attachée aux cornes de l'animal, qu'on force, par une traction, à s'agenouiller, en venant appuyer contre la pièce de bois sa tête immobile et courbée. Il suffit d'assister à quelques immolations pour s'assurer que cet attirail gêne l'exécuteur, et peut être utilement remplacé par le simple anneau scellé dans la dalle, et dont le but principal est de prévenir des accidents, si le coup incertain n'opère pas immédiatement la chute de la victime.

L'énervation permet d'accomplir le sacrifice en supprimant la force brutale, la lutte, les coups retentissants sur le crâne ébranlé. C'est un procédé qu'on peut pratiquer au milieu d'une troupe de bœufs en marche, une façon de tuer fort expéditive, mais qui laisse subsister les signes les plus apparents de la souffrance, la convulsion des yeux, le frémissement de la face, l'agitation précipitée des flancs, le froncement de la peau quand on la pique, et les secousses répétées des membres postérieurs qui semblent s'efforcer de fuir. Les muscles du tronc et du cou sont dans un état tétaniforme, et l'animal ne peut se relever ; mais évidemment la vie persiste encore, et ne s'éteint qu'au bout de quelques minutes.

Pour en produire instantanément la cessation, il faudrait blesser la substance médullaire en un point précis, déterminé par M. Flourens, et désigné par ce savant professeur, sous le nom de *nœud vital ;* alors la respiration serait à l'instant abolie, et la mort serait subite ; mais ce point est placé sous le cervelet, au centre du V de la substance grise ; il est protégé par les parois de la base du crâne; la lame de l'énervateur ne saurait l'atteindre.

La science expérimentale affirme que l'animal, quoique vivant encore, n'est agité que par des mouvements automatiques, dépendant de l'action réflexe du cerveau. Et cependant l'ensemble des phénomènes qui suivent l'énervation présente un tel aspect d'angoisse, qu'il constitue un spectacle fâcheux et démoralisateur, même pour les exécutants.

M. Bizet qui fut, pendant de longues années, conservateur des abattoirs de Paris, et qui, le premier en France, a tenté de faire substituer la section de la moëlle à l'assommage, rapporte que la commission instituée pour procéder à des expérimentations, avec le syndicat de la boucherie, après avoir opéré sur cent bœufs, et sur un bien plus grand nombre de veaux et de moutons, resta convaincue que la souffrance persistait après l'opération, ce qui la fit abandonner. Un boucher, dont l'étal est des plus importants, la fait pourtant pratiquer, dans l'intérêt de sa marchandise. Voici son appréciation ; je la tiens de lui-même et de l'habile exécuteur qu'il emploie : « Je donne la préférence à ce procédé, *parce que la mort est plus lente,* et, par suite, le sang s'écoulant mieux, la viande est plus blanche et d'un meilleur aspect. »

Un boucher de Valenciennes, M. Deleporte-Bayart, emploie pour assommer les bestiaux, et les énerver du même coup, un instrument qu'il nomme *marteau stylet.* La masse en fer porte au centre de sa partie vulnérante, une pointe d'acier conique, et dont la base a trois centimètres de diamètre. C'est un sentiment très-louable de commisération pour l'animal et de prudence pour l'homme, qui a guidé M. Deleporte-Bayart dans cette innovation; mais le nœud vital offre trop peu d'étendue, pour qu'en frappant à la volée, on puisse, à travers des os épais, tomber juste. J'ajoute que l'ébranlement produit sur la masse cérébrale est moins grand avec ce marteau qu'avec le merlin ordinaire, parce que la pénétration du stylet amortit le choc, ce qui est une condition défavorable.

Cependant il est des circonstances où son emploi serait utile. Quelque habitude qu'on suppose au boucher, parfois le premier coup qu'il porte est insuffisant pour étendre le bœuf par terre, surtout s'il a les sinus frontaux très-développés, ou, comme disent les gens du métier, la *tête molle*. M. Bizet a vu l'un de ces animaux résister à cent coups des plus vigoureux. Dans ce cas la commotion est vivement ressentie, l'animal se débat, mugit, entre en fureur; il peut, brisant sa corde, attaquer ceux qui l'entourent, ou s'enfuir, blessant bêtes et gens dans sa course désespérée. Le marteau-stylet abrégerait cette torture; mais la simple énervation vaudrait mieux encore.

Le docteur Cerise, dont l'Institut a couronné les savantes recherches sur les maladies du système nerveux, et dont on apprécie les annotations à l'œuvre immortelle de Bichat, *la vie et la mort*, le docteur Cerise m'écrivait que la section de la moëlle cervicale ne peut frapper instantanément l'animal de mort ou d'insensibilité, puisqu'elle ne suspend pas subitement la circulation dans les vaisseaux capillaires du cerveau, tandis que la commotion violente imprimée aux centres nerveux, à la moëlle allongée, produit un ébranlement, une désorganisation, un épuisement subit de la nervosité, en même temps qu'une paralysie générale. La mort, sans doute, peut n'être pas soudaine ; mais la perte de la sensibilité n'en est pas moins absolue, immédiate. A l'appui de cette opinion sur les effets de la commotion cérébrale, je pourrais citer une foule de faits recueillis dans les hôpitaux et ailleurs sur des individus qui avaient, par suite d'une chute ou par toute autre cause vulnérante, éprouvé de graves contusions du cerveau. Chez tous, la perception de la douleur a été nulle, ou tellement obtuse, qu'ils n'en donnaient aucun témoignage au moment où l'accident venait de se produire, et ne gardaient, après l'événement, aucun souvenir d'une souffrance, même passagère. L'inhalation prolongée de l'éther ou le dangereux chloroforme, l'état léthargique ou la mort elle-même ne les aurait pas rendus plus insensibles.

Ce qu'il importe d'obtenir, c'est que le coup soit toujours vigoureusement frappé ; qu'il porte d'aplomb sur le point du crâne où la commotion est le plus efficace. Pour cela, l'emploi du merlin, mis en action par un appareil convenablement disposé, me semble un progrès désirable. Pour le provoquer, et sans croire que j'aie atteint le but, je montrerai, lors de l'Exposition universelle de 1867, le modèle d'un assommoir mécanique.

Des procédés divers ont été proposés pour tuer promptement et sans douleur les bestiaux à l'abattoir. En 1854, l'illustre inventeur de la mécanique à filer le lin, Philippe de Girard, demandait qu'on foudroyât les animaux par une décharge électrique; mais les difficultés matérielles de l'installation d'une forte pile, les dangers que son maniement pourrait entraîner, entre des mains peu exercées, feraient hésiter avant d'adopter ce moyen, qui ne pourrait pénétrer dans la pratique des bouchers isolés. Il aurait peut-être aussi l'inconvénient de hâter l'altération de la viande, ainsi que le prouvent les exemples nombreux pris sur les bêtes frappées par la foudre, et chez lesquelles se développent rapidement la putréfaction, l'infiltration gazeuse et la désorganisation des tissus. Pendant un orage, un troupeau de moutons appartenant à la comtesse de Montlosier, paissait aux Roches, commune de Saint-Ours. Le tonnerre éclata ; treize de ces animaux furent asphyxiés. « Leur laine, dit le *Moniteur du Puy-de-Dôme*, n'offrait aucune trace de brûlure, mais la chair était devenue noire, et présentait les traces d'une rapide décomposition. On a dû les enfouir sans délai. » La saignée immédiate suffirait-elle pour prévenir ces résultats? On pourrait essayer.

La batterie électrique a, du reste, été employée, il y a plus de cinquante ans, pour tuer les volailles destinées à sa table, par un physicien du nom de

Beyer, qui réunissait chez lui, chaque dimanche, rue de Clichy, n° 33, une société nombreuse pour assister à des expériences dont la découverte du docteur Franklin était la base.

Gourmand et savant, comme il attachait beaucoup d'importance à ce que la viande qui lui était servie fût très-tendre, et que cette qualité ne peut s'obtenir qu'après une attente plus ou moins longue, suivant l'état de la température et de l'atmosphère, il avait songé à produire cette mortification par l'effet instantané, foudroyant de la pile.

« Mis à mort de cette manière, dit le journal *la Salle à manger*, qui rappelle ces détails gastronomiques, l'animal a des chairs d'un *tendre admirable;* il faut même se hâter de le mettre tout de suite en œuvre, et de le faire passer de la machine électrique à la broche; car si on attendait plusieurs heures, le plus mortifié serait certainement l'amphytrion qui offrirait un pareil rôti. »

Les mêmes dangers, et de plus graves encore que ceux d'une forte batterie électrique, interdisent l'emploi du chloroforme et des autres anesthésiques, sur lesquels on a demandé plusieurs fois l'avis de la Société protectrice des animaux, en les présentant dans un but de compassion.

Un médecin distingué, le docteur Aubert, de Mâcon, s'appuyant sur divers faits observés sur l'homme et sur les animaux, proposait, en 1860, de faire une insufflation d'air dans les veines, pour supprimer d'un seul coup la lutte, la souffrance et l'agonie. Il rappelait qu'en 1853 ou 1854, on ne s'y prenait pas autrement pour abattre les chevaux condamnés, dans la première batterie du 10e régiment d'artillerie, casernée à Rome, au faubourg transtévérin, *via Longara*. Une ouverture était faite à la veine jugulaire, comme pour la saignée ; de l'air était insufflé, soit avec un tube, soit avec la bouche, à travers la plaie béante, et l'animal tombait immédiatement, sans donner aucun signe de douleur.

Ce procédé présente, au point de vue des exigences pratiques de la boucherie, un très-grand inconvénient : la syncope restreint l'écoulement du sang ; de plus, d'après M. J. Allibert, l'insufflation n'est un moyen un peu certain de déterminer la mort que lorsque la quantité d'air poussé dans le vaisseau s'élève, pour un bœuf, à plusieurs litres, et encore, la cessation de la vie peut ne survenir que précédée de grandes angoisses, et une ou deux heures après l'opération.

En Angleterre, on a tenté l'application de l'asphyxie par la vapeur du charbon de bois ou oxide de carbone, qu'on dégage abondamment dans une caisse ou boxe close, où l'on enferme les bêtes de boucherie. Les détails me manquent pour apprécier ces essais au point de vue de la suppression de la douleur, de l'effusion sanguine et de la conservation de la chair (1).

(1) Dans bien des cas, des individus qui ont été soumis accidentellement, ou dans un but de suicide, aux exhalations de

L'abattage suivant le rite juif a soulevé d'énergiques protestations. En Bavière, il est rangé, par une ordonnance royale du 24 décembre 1843, parmi les *actes de barbarie révoltante justiciables de la police correctionnelle.* A Londres, la Société royale contre les mauvais traitements envers les animaux déférait, le 15 octobre 1855, la question au lord-maire, et les conclusions, tendant à la suppression de cette coutume cruelle, étaient appuyées par des médecins et des bouchers. Mais le Consistoire israélite opposa une fin de non-recevoir tirée de la liberté des cultes, et la demande fut rejetée.

Chez nous, comme ailleurs, le garçon boucher juif, — *schochetin,* — a conservé, tout en l'aggravant, le mode douloureux d'immolation prescrit par le Talmud. Avant d'égorger le bœuf, il passe une corde autour de chaque pied de devant, et réunit cette double ligature par un troisième lac, à nœud coulant, qu'il

l'oxide de carbone, ont, avant de devenir insensibles, éprouvé des souffrances qu'ils ont exprimées par leurs gémissements ou par leurs efforts pour s'y soustraire.

Plusieurs fois, étant jeune, j'ai trouvé, dans une grotte, aux environs de Clermont-Ferrand, des oiseaux asphyxiés par le gaz acide carbonique, infiniment moins délétère, qui s'y produit spontanément : ils y avaient séjourné plusieurs jours, sans se putréfier. Avaient-ils subi quelque altération inappréciable pour mon inexpérience? Je l'ignore ; mais je sais, d'après les recherches de M. Claude Bernard, que la mort par asphyxie est une des morts qui font disparaître le plus vite les matières glycogènes qu'on rencontre dans tous les tissus des animaux bien portants, matières analogues à l'amidon végétal.

attache à l'extrémité libre d'un câble dont l'autre bout, passé dans une poulie fixée au plafond, s'enroule sur un treuil. Les liens graduellement serrés forçant les pieds de l'animal à se rapprocher, à se grouper sous lui, jusqu'à ce qu'il ne puisse plus garder l'équilibre, il est renversé sur le dos, puis soulevé les quatre jambes en l'air, et la tête pendante. Ou bien, par un triste perfectionnement, pour aller plus vite, après avoir attaché la bête par les cornes à l'anneau d'abattage, on place autour de son membre antérieur gauche, au-dessus du jarret, un nœud coulant qui termine la corde enroulée sur le treuil. Le câble se tend ; l'épaule s'écarte du corps ; elle est soulevée avec force. L'animal résiste autant qu'il peut, ayant son mufle contre le sol. Bientôt l'écartement du membre est porté à l'extrême : il va se luxer. La corde continue de tirer ; un craquement se fait entendre ; c'est la tête de l'os qui a quitté la cavité dans laquelle elle était emboîtée. Le pauvre animal, vaincu par la douleur, tombe lourdement, se relève, et retombe ; le treuil tourne encore, tirant toujours sur le membre écartelé, jusqu'à ce que le corps soit renversé sur le dos. La tête, qui n'a pu suivre ce mouvement de rotation, est tournée par un aide, de manière que la gorge tendue s'offre bien au long coutelas du garçon boucher, qui lui fait transversalement une entaille profonde, et divise, en même temps que la trachée, les artères carotides et les autres vaisseaux du cou. Bien qu'ils ne paraissent pas suffisamment ouverts, malgré l'étendue de la blessure, le sang s'échappe à flots, et bientôt l'animal s'agite, en proie à l'agonie affreuse et lente de la mort par hémorrhagie. Les muscles de la face se contractent; il bat des flancs; il aspire, et expulse bruyamment l'air par la plaie béante de sa trachée: l'écume afflue à sa bouche; la bile regorge par l'œsophage ouvert, et se mêle au sang; pendant douze à quinze minutes, un râle strident, un tremblement convulsif, le renversement des globes de l'œil et les efforts violents de la victime témoignent de ses douleurs.

La lividité de la langue et des lèvres, le collapsus général et le ralentissement des inspirations annoncent la fin de cette triste scène, qu'abrège heureusement parfois l'introduction accidentelle de l'air dans les veines béantes.

Deux actes cruels se commettent à la fois dans ce procédé d'abattage. Celui de la luxation, véritable écartellement d'un pauvre animal sans défense, est révoltant, et tombe, de plein droit, sous le coup de la loi Grammont, dont la pénalité n'est pas assez rigoureuse. Il doit être dénoncé, puni comme un délit prémédité, public, et par conséquent scandaleux, s'exerçant avec une incessante récidive (1).

(1) La Suisse devrait nous servir ici de modèle : Une ordonnance du Grand Conseil de Zurich, en date du 13 octobre 1844, range au nombre des actes qui seront punis d'nn emprisonnement de vingt jours et d'une amende (de 3 à 60 francs), celui de tuer un animal d'une manière *inusitée, en lui causant plus de douleur qu'il n'est nécessaire.*

Ne pourrait-on, sans contrevenir aux pratiques de la religion hébraïque, étourdir le bœuf immédiatement après l'avoir égorgé? M. Achille Ratisbonne, président du Consistoire israélite du Bas-Rhin, et membre correspondant très-zélé de la Société protectrice, a répondu, le 5 juillet 1860, à cette question:

« Il est impossible, écrivait-il, que les autorités juives laissent subsister des contraventions aussi graves à *la loi de Moïse;* car, s'il est une législation animée de sentiments de justice et de compassion, même envers les animaux, c'est bien celle des Hébreux.... ***La luxation du bœuf est défendue de la manière la plus formelle.*** La loi rabinique interdit même de manger de la viande d'un bœuf qu'on aurait fait souffrir ainsi. Il n'existe, dans la casuistique juive, aucune prescription qui défende d'étourdir l'animal après l'avoir égorgé. Je crois au contraire que ce serait agir selon l'esprit de la loi israélite, en abrégeant ainsi les souffrances du bœuf. »

Dans tous les abattoirs, les veaux sont mis à mort par deux procédés différents : quand il y a de la place dans la partie couverte de l'échaudoir, on les fait arriver près du treuil servant à suspendre les bœufs pour l'*habillage*. On leur passe autour des membres postérieurs une corde formant nœud coulant et terminée par un crochet; puis on les enlève, la tête en bas, à la hauteur d'un mètre environ au-dessus du sol. Le boucher saisit le mufle d'une main, faisant saillir le cou, dans lequel il plonge son couteau. Pendant que le sang s'échappe à flots, il prolonge la section jusqu'à la colonne vertébrale, à la base du crâne; puis, pour hâter la mort, il fait pénétrer la pointe de l'instrument entre deux vertèbres, derrière la nuque, et coupe la moëlle allongée. Ou bien, il luxe la colonne d'un coup de genou; puis il abandonne l'animal à lui-même, jusqu'à l'extinction complète de la vie.

On agit moins promptement en Angleterre, si l'on en croit une lettre insérée, en 1864, dans le ***Standart*** : pour rendre la viande des veaux plus belle, on les saigne à blanc plusieurs jours avant de les mettre définitivement à mort.

L'égorgement de l'animal s'opère dans la cour de travail, sur un des étaux. Deux garçons bouchers saisissant la bête par les jambes et les oreilles, la renversent sur le dos : l'un des pieds de devant, tiré par une corde, est ramené sous le ventre, tandis qu'un autre lien, passé sous le milieu du corps et fixé fortement aux deux côtés de la claie, sert à maintenir la victime. Le cou se présente ainsi tout entier et saillant au couteau qui doit le trancher.

Ce procédé, beaucoup moins expéditif que le précédent, est bien plus douloureux pour le malheureux veau, qu'on n'étend pas toujours facilement sur la claie, et dont l'épaule est fortement compromise par la traction à laquelle on le soumet. Égorgé de cette façon, il meurt douloureusement, comme le bœuf saigné par les juifs : il se débat avec effort. L'hémorragie est trop lente, et, bien qu'on divise immédiatement la moëlle allongée et qu'on sépare entièrement la tête du tronc, tout le corps est, pendant cinq à six minutes, agité de mouvements convulsifs, dont le spectacle est navrant.

En ma présence, on a, dans un but expérimental, suspendu par les pieds un veau de forte taille, auquel on a coupé le cou ; puis on a placé la tête à terre, appuyée sur la section faite par le couteau. Cette tête est restée vivante au moins pendant dix minutes. L'agonie agitait de tremblements saccadés les muscles de la langue et les joues, les lèvres qui s'ouvraient comme pour pousser des cris d'angoisse, et les naseaux qui se dilataient alternativement, et simulaient des efforts d'inspiration; les oreilles qui semblaient écouter, les yeux qui roulaient dans l'orbite, et se tournaient, comme suppliants, vers les assistants émus.

Ce spectacle étrange et saisissant réveillait le souvenir des malheureux suppliciés par la guillotine, et frappait tous les esprits.

En présence de cette manifestation de la douleur, on regrette que le procédé de l'assommage ne soit pas pratiqué pour les veaux, comme il l'est pour les bœufs. Les bouchers s'y refusent, pour ne point meurtrir, avec le marteau, la tête, qui a une valeur importante. Mais ne suffirait-il pas, avant d'égorger l'animal, de le frapper avec une masse moins résistante que le merlin, et dont la commotion produirait néanmoins l'étourdissement, et par conséquent l'insensibilité? En fixant au bout d'un manche de bois un sac de cuir contenant un demi-kilogramme de plombs en grains, on pourrait, ce me semble, atteindre ce but.

A la Saulsaie, département de l'Ain, une corde à nœud coulant est passée autour du cou du veau; on le hisse rapidement, à l'aide d'un treuil; la suspension l'étrangle, et l'asphyxie presque immédiatement. D'après un témoin oculaire, M. Maygrier, l'animal ne paraît que très-peu souffrir, et la saignée se fait ensuite dans de bonnes conditions.

Quand le nombre des moutons à égorger comporte la présence de deux ou plusieurs personnes, l'opération se fait vite : une d'elles maintient l'animal sur la claie par les pieds postérieurs, tandis qu'une autre lui plonge le couteau dans le cou, qu'il tranche jusqu'à la colonne vertébrale. Si l'on s'en tient là, le mouton éprouve toutes les angoisses de la mort par la perte du sang : aussi cherche-t-on généralement à intéresser la moëlle allongée. A cet effet, quelques bouchers, surtout en province, font opérer à la tête un mouvement de torsion, de manière à luxer la première vertèbre sur la seconde, comme le faisait le compatissant bourreau de Lyon, pour les condamnés qu'il était chargé de pendre. D'autres se bornent à blesser la moëlle avec la pointe d'un couteau : d'autres enfin, après avoir fait la section des chairs et de la colonne vertébrale, enfoncent dans le canal médullaire leur *fusil*, tige d'acier servant à aviver le tranchant des couteaux, et détruisent ainsi la substance même de la moëlle. Ces deux procédés sont bons.

Dans un mémoire émanant d'une personne attachée aux abattoirs, j'ai lu que certains *étaliers* (ce sont les premiers garçons), ont l'habitude de crever les yeux aux bêtes ovines avant de les mettre à mort. Un tel acte de cruauté n'a pas besoin de commentaire.

Lorsque les moutons doivent être vendus aux juifs, le garçon boucher se contente de faire au cou de l'animal une incision superficielle, que son aide prolonge immédiatement jusqu'à la colonne vertébrale.

Ayant remarqué que dans le même échaudoir la moëlle épinière est intéressée chez quelques animaux et non chez les autres par le même garçon boucher, et, en ayant demandé la cause sans obtenir une explication satisfaisante, je crois qu'il serait utile de la rechercher, puisque la lésion de la moëlle a une influence marquée sur la durée de la vie. Ne serait-il pas convenable aussi d'étourdir les moutons avant de les égorger, comme cela se pratique dans certaines contrées de la France, où les paysans abattent, assure-t-on, ces animaux, en leur assénant un violent coup de chapeau sur la tête?

Aux vaches grasses, conduites à l'abattoir, la cupidité, dit-on, réserve un genre de torture peu connu. Comme ces bêtes arrivent ordinairement le soir, les mamelles pleines, serait-il vrai que pour empêcher la perte de leur lait, dont certaines personnes de l'établissement tirent profit, on pratique sur elle l'action de l'*empissage*, si bien décrite par mon zélé collègue, M. Charlier, et qu'on laisse ainsi leurs pis gonflés et liés pendant un temps fort long?

## § IV

Tous ces faits d'indifférence coupable, de spéculation honteuse ou de cruauté révolante, n'exciteront-ils chez mes lecteurs qu'un sentiment de tristesse ou de stérile pitié? Le devoir de tout homme de cœur n'est-il pas de protester énergiquement, ouvertement? L'autorité ne peut laisser violer à chaque heure la loi protectrice des animaux, sous le prétexte que, pour la plupart, ces actes sont cachés aux yeux du public. Elle ne peut fermer les yeux sur leurs conséquences funestes au point de vue de la santé publique (1).

Non-seulement la privation de nourriture et de boisson qu'on fait subir aux bestiaux diminue leur rendement au moment de l'abattage, mais encore elle dispose la viande à se corrompre. Ce sont des bêtes affamées, épuisées, fiévreuses, qui sont trop souvent livrées à la consommation (2). Quel aliment répara-

(1) Le roi Jean, dans cette grande réforme qu'il fit de la police de Paris, par son édit du 30 janvier 1350, ordonna aux bouchers de ne vendre que des chairs bonnes et loyales, et leur défendit d'en livrer aucune surmenée, à peine de vingt sous d'amende.

(2) En 1860, d'après l'annuaire du bureau des longitudes, 125,558,268 kilogrammes de viande de boucherie ont été consommés à Paris.

teur fourniront celles qui auront de plus été surmenées, violemment battues, terrifiées ou blessées, longtemps avant d'être immolées ? Un éminent physiologiste, M. Brown-Séquart, a lu, le 16 mai 1861, devant la Société royale de Londres, un discours sur quelques-unes de ses recherches expérimentales. Il y démontre que toutes les circonstances propres à diminuer l'irritation musculaire, avant la mort, chez les animaux aussi bien que chez l'homme, accélèrent l'apparition de la rigidité cadavérique et de la putréfaction. « Les bouchers savent très-bien, dit-il, que la viande de bœuf ou de mouton excédés de fatigue se corrompt tellement vite, qu'elle est souvent fort difficile à garder. »

Depuis longtemps, M. Claude Bernard, le célèbre professeur de physiologie au collége de France, a constaté que chez tous les animaux en bonne santé et bien nourris, vertébrés ou invertébrés, il existe dans les chairs musculaires, et surtout dans le foie, une matière analogue à l'amidon végétal (*glycogène*), et d'autres matières « qui disparaissent des tissus par la souffrance prolongée et l'agonie lente, tandis que ces mêmes matières restent dans les chairs et les tissus, quand l'animal a été tué promptement, ou qu'il n'a eu qu'une agonie de peu de durée... Chez les animaux surmenés, ces principes disparaissent aussi ; et l'on a constaté que les muscles, fatigués par un exercice exagéré, avaient subi dans leurs tissus des modifications profondes, et qu'ils cédaient à l'eau beaucoup plus de principes solubles que les muscles d'animaux à l'état normal. »

Voici ce qu'écrivait, en **1846**, le secrétaire général de la Société protectrice, Hamon, le savant médecin-vétérinaire : « Un peu de fatigue, de mauvais traitements, une marche forcée pendant une température élevée, et voilà des bestiaux qui, sains dans ce moment, seront tout-à-l'heure frappés du charbon, maladie contagieuse des animaux à l'homme. »

Ces chairs imprégnées d'un poison invisible, insaisissable, mais dont les funestes effets se manifestent souvent sur ceux qui les dépècent, sont peut-être la cause méconnue de terribles affections. Mangerait-on sans dégoût et sans danger un animal affecté du typhus, de la gangrène, de la rage ? Pourquoi l'infection septique, le virus ou le principe inconnu qui les développent, vicieraient-ils plus funestement le sang et les tissus de cet animal, que les tortures prolongées qu'on impose aux victimes de l'abattoir ?

## § V.

Le moment est opportun. Portons nos plaintes légitimes au Préfet de police, pour obtenir une répression efficace, et nos vœux à l'administration municipale, pour qu'elle fasse distribuer le grand marché, les parcs, les étables et l'abattoir qu'elle est en train d'établir, de manière que le bétail y trouve toujours un espace suffisant, une nourriture assurée, une surveillance active et tutélaire.

Il conviendrait qu'il y eût, pour l'entrée des animaux à l'abattoir, des portes particulières, rapprochées des bouveries et des parcs à moutons, et non des portes communes pour l'entrée des bêtes sur pied et la sortie des viandes.

Pour les moutons, il serait à désirer qu'il y eût des couloirs mobiles, faciles à déplacer. Le premier animal qui passerait serait, sans difficulté, suivi par les autres. Le classement se ferait ensuite sans peine et sans violence.

Il devrait y avoir, dans les bouveries, assez d'anneaux munis de cordes, pour qu'on pût y attacher tous les bœufs.

Au-dessous des cordes devrait se trouver une auge, avec robinet, pour y faire arriver de l'eau ; cette eau pouvant être renouvelée facilement et rationnée pour chaque animal : une mangeoire serait placée au-dessus.

Le sol des bouveries devrait être légèrement incliné pour faciliter l'écoulement des urines; il faudrait aussi qu'il fût imperméable, très-dur, cannelé sur les passages, pour empêcher les bœufs de glisser.

Pour les veaux, des auges, destinées à recevoir les barbottages, devraient être placées contre les murs;

et de plus, il serait utile d'installer, au centre, une auge circulaire avec compartiments.

Il faudrait établir les échaudoirs de plain-pied avec le sol et les bouveries, afin que les animaux, qui arrivent blessés, ne soient pas forcés de gravir des marches.

Les animaux devraient être abattus dans un local *ad hoc*, d'où ils seraient ensuite, au moyen d'un traîneau et d'un rail-way, transportés dans l'échaudoir pour y être dépouillés; de cette manière ils ne seraient pas obligés de passer sur les débris de leurs compagnons égorgés et gisant à terre, ce qui les rend résistants, rétifs et dangereux.

Un lieu d'abattage spécial devrait être affecté pour les trois espèces, bœufs, veaux et moutons. Cette disposition rendrait plus facile l'entretien de la propreté dans les échaudoirs, et éviterait l'encombrement.

L'abattage, qui se fait aujourd'hui par les garçons bouchers, devrait être pratiqué réglementairement par des hommes spéciaux, attachés à l'abattoir et y résidant.

Choisis avec soin, exerçant toujours la même fonction, et pouvant s'entr'aider, ces *exécuteurs* acquierreraient une habileté qui rendrait l'immolation plus rapide. La surveillance exercée sur eux permettrait de renvoyer immédiatement ceux qui commettraient la moindre cruauté.

Dans la bergerie, des rateliers disposés le long de

chaque mur, complétés par un ratelier circulaire, au milieu de chaque case, permettraient à tous les moutons de se nourrir. Des auges sous les rateliers leur donneraient la facilité de boire.

Les moutons devraient être transportés de la bergerie au lieu de l'abattage, au moyen d'un charriot très-léger, pouvant en contenir dix ou douze et roulant sur un rail-way.

La même précaution pourrait être utilement prise pour les veaux. Le garçon boucher aurait moins de peine à voiturer son veau sur le rail-way, qu'il n'en a pour le conduire en le faisant marcher, surtout si l'animal est vigoureux, et s'il résiste.

L'établissement de ces petits chemins de fer dans l'abattoir économiserait beaucoup de temps, faciliterait et régulariserait le service, et enfin, ce qui est surtout désirable, il épargnerait beaucoup de souffrances aux animaux.

Le local servant à l'abattage devrait être garni d'un nombre de treuils suffisant non-seulement pour abattre les bœufs, mais aussi pour suspendre les veaux qu'on veut égorger.

Comme la viande de cheval est entrée enfin dans la consommation régulière, surveillée, au lieu du commerce clandestin et dangereux qui existait jusqu'ici, il conviendrait de disposer une tuerie spécialement destinée à l'abattage des chevaux. Pour éviter les fraudes et la substitution d'une viande à une autre, ce local ne devrait avoir aucune communication avec le grand abattoir.

Il est difficile de prévoir le nombre des chevaux qui seront mis à mort pour la boucherie ; mais d'après ce qui se passe à cet égard dans les principales villes d'Allemagne, Vienne, Berlin, par exemple, et dans plusieurs villes de France, Nancy, Mulhouse, Cambray, etc. ; d'après ce que nous voyons à Paris, on peut supposer que ce nombre sera de trente à quarante par jour.

Des écuries seraient disposées de manière que ces animaux pussent y être logés et nourris convenablement, en attendant l'heure de l'abattage.

C'est ainsi qu'on agit dans les tueries particulières que le Préfet de police a placées sous la surveillance immédiate de deux inspecteurs officiels. Ces vétérinaires visitent attentivement chaque animal avant qu'il soit mis à mort, et l'estampillent au sabot, pour garantie de la salubrité de la chair.

Avant de frapper la bête, on lui couvre les yeux, on la fait entrer à reculons dans l'abattoir, et d'un coup de marteau sur la nuque, on l'assomme, sans lutte et sans violence.

Le Comité pour la propagation de l'usage alimentaire de la viande de cheval, Comité dont j'ai l'honneur d'être le président, doit des remercîments à l'Autorité supérieure, qui a toujours accueilli nos démarches, et au Ministre de l'agriculture et du commerce, qui a bien voulu affranchir des droits d'octroi un aliment sain et réparateur, destiné surtout aux classes laborieuses. Réservés pour l'alimentation, les vieux chevaux seront moins maltraités (1).

(1) Il y a maintenant à Paris (mars 1867), dix-huit étaux, où l'on vend uniquement de la viande de cheval. La première boucherie a été ouverte le 9 juillet 1866, boulevard d'Italie, n° 3, — ancienne barrière de Fontainebleau. — Dans ce quartier pauvre, notre Comité, secondé par le digne supérieur de la maison de Sainte-Rosalie, M. l'abbé Bodin a fait, depuis 1851, distribuer gratuitement, chaque semaine, une grande quantité de viande de cheval.

Le Comité commence à étendre ses dons et sa propagande, avec l'assentiment du maire, aux indigents du bureau de bienfaisance de chaque arrondissement, heureux d'avoir, en continuant l'œuvre d'Isidore Geoffroy Saint-Hilaire, triomphé d'un obstacle souvent insurmontable, le préjugé. Les souscriptions de la Société protectrice des animaux, de la Société impériale d'acclimatation, et les dons d'un grand nombre de personnes animées d'un sentiment de charité envers les pauvres et de compassion envers les chevaux, ne pouvaient trouver un meilleur emploi.

## XVII.

### L'ENNEMI DES OISEAUX.

§ I. L'armée des dévorants et les insectivores. — § II. Le petit dénicheur.—La chasse aux flambeaux. — Le carillonneur. — § III. Un peu de pitié — Protection directe.— Nids artificiels.— § IV. La manie des oiseaux.—L'aveuglage des pinsons.

### § I.

La guerre d'extermination qui tend à faire disparaître plusieurs espèces d'oiseaux, jadis abondantes, est un fait des plus regrettables, au point de vue de l'ordre économique de la nature. C'est à cette destruction imprévoyante, aveugle, qu'est dû l'accroissement immense et funeste des insectes, dont les innombrables légions se succèdent et se relayent, dont chacune à son mois, à son jour, à son heure, ronge, et ravage, dans un travail sourd et irrésistible, détruisant toute espèce de végétaux, depuis le plus humble brin de mousse et d'herbe jusqu'aux arbres majestueux des forêts, s'attaquant aux produits agricoles de tout genre, à nos provisions de toute espèce, et n'épargnant ni nos édifices, ni nos animaux, ni nous-mêmes.

L'homme en vain fait la guerre à ces ennemis dont l'activité dévorante ne se repose ni jour, ni nuit; dont l'infinie petitesse échappe souvent à sa vue, qui souillent, et altèrent l'aliment réparateur, l'eau potable et l'air vivifiant.

Combien d'épidémies terribles et d'épizooties n'ont pas d'autre cause que la pullulation des insectes ou des animalcules?

On se ferait difficilement une idée de la prodigieuse fécondité de certaines espèces. Prenons pour exemple les termites de l'Inde, trop bien acclimatées dans nos ports, et qui sont en train de détruire des digues puissantes, et de miner des villes entières, en creusant de leurs galeries cachées tous les bois de construction. La mère ou reine d'une termitière pond jusqu'à vingt mille œufs par jour.

Ces papillons brillants et légers qui, fleurs vivantes, voltigent parmi les fleurs, sont, avant leur transformation, de vrais fléaux pour l'agriculture. Leurs chenilles, larves voraces, sont quelquefois en si grand nombre, que lorsqu'on passe, le soir, dans un bois envahi par elles, on entend le bruissement que font leurs mandibules en dépouillant les arbres de leur feuillage ou de leur écorce. Des forêts entières sont détruites par ces insectes.

Les criquets, les hannetons se sont élevés à l'état

d'ennemis publics, dont il faut mettre la tête à prix. Frappés par millions, ils renaissent par milliards.

Heureusement la pullulation et les ravages des insectes sont réprimés par d'autres êtres qui en font leur proie. Sans parler de leurs propres parasites, des ichneumons et des divers scarabés qui les attaquent, on sait quelle chasse incessante leur font la musaraigne, le hérisson, la taupe, le lézard, la grenouille, la chauve-souris, la tarente, le caméléon, etc.

Mais leurs plus actifs destructeurs sont les petits oiseaux.

Les uns sont habiles à les saisir sur les feuilles et les fleurs; d'autres les extraient des sillons de l'écorce, ou perforent le bois pour les en retirer.

Doués d'un grand appétit, ils absorbent des myriades de chenilles et de leurs œufs, de larves, de papillons, de mouches, de cousins, de pucerons, de sauterelles, de scarabés, de fourmis , de vers, d'escargots, etc.

Leur digestion est si rapide, qu'ils peuvent dévorer journellement une quantité d'insectes égale au poids de leur corps. Une seule mésange consomme plus de trois cent mille œufs de papillons dans le cours d'une année : il ne lui faut pas moins de quarante-cinq mille insectes pour élever une de ses couvées, et elle en fait deux, souvent trois par an.

Si les espèces granivores nous dérobent un peu de blé, de chènevis, de fruits, elles paient largement le dommage en détruisant les semences des mauvaises herbes, de la nielle, du coquelicot, de la rougeole, du raifort, du chardon, de l'épervière, de l'euphorbe vénéneuse, etc.

De plus, elles nourrissent d'insectes leurs petits, parce que les organes de la jeune famille ne pourraient pas digérer des graines. Deux moineaux apportent chaque jour à leur nid environ soixante hannetons auxquels ils enlèvent la tête, le corselet et les ailes. On peut bien supposer qu'ils en consomment quarante pour leur propre nourriture. Ils détruisent donc, pendant les douze jours qu'ils mettent à élever leur couvée, douze cents de ces maudits coléoptères, sans compter les mouches, les pucerons, les pyrales, qu'ils pourchassent activement.

D'autres oiseaux font la guerre aux souris, aux mulots, à la vipère; d'autres font l'office d'épurateurs, et font disparaître les corps morts, dont la putréfaction serait si funeste.

Tous sont pour l'homme, à divers titres, de précieux auxiliaires, des alliés fidèles.

## § II.

Comment reconnaît-on leurs services?

Dans son aveuglement et sa cupidité, le tyran de la création les traque, et les poursuit en tous lieux, le fusil, les glaux, les tendues, les quatre-de-chiffres; le drap de mort et cent autres engins de chasse déloyale, acharnée, incessante, il met tout en œuvre, jusqu'au poison, contre ces douces et utiles créatures. J'ai parlé déjà de ces massacres impitoyables, dans le chapitre de la *chasse à outrance*; j'en parle aussi dans celui de la *barbarie universelle;* mais je suis loin d'avoir tout dit sur le martyrologe des oiseaux.

A peine les nids sont-ils établis, que les enfants se mettent en quête pour les trouver. Ils ont l'instinct et la patience du sauvage; ils guettent leur proie; ils battent les bois et les plaines; ils fouillent les haies et les fourrés; ils grimpent à la cime des grands arbres; ils escaladent les murs, et rampent sur le faîtage des maisons. Pour ces déserteurs de la classe et de l'atelier, l'école buissonnière est une école de maraudage.

Si les petits ne sont pas éclos, on s'empare des œufs; on s'en sert pour but qu'on vise à coups de pierre; tantôt on les écrase en sautant à cloche-pied; tantôt on les vide pour les enfiler en chapelet. Et les parents de ces jeunes drôles, au lieu de les admonester vertement, et de les fustiger au besoin, suspendent au bahut ces trophées de l'adresse de leurs gars, contre « ces gredins d'oiseaux. »

Le dénicheur ne s'attaque pas seulement à l'individu, mais à la famille; il annule l'espoir des générations futures. D'après un calcul qui ne peut être évidemment qu'approximatif, on n'estime pas à moins de quatre-vingts ou cent millions le nombre des œufs détruits par la main des enfants ou la sape des faucheurs. C'est par mille milliards qu'il faut compter les insectes qu'auraient détruits les oiseaux produits par ces œufs.

Quand la couvée éclose tombe entre les mains des maraudeurs, elle ne tarde pas à périr misérablement de faim ou de tortures.

Et pourtant la loi du 3 mai 1844 interdit l'enlévement des nids, de même que la chasse aux oiseaux, par tout autre mode que le tir. Pourquoi ne l'affiche-t-on pas dans les écoles, en attendant qu'on atténue sa rigueur, car l'amende de 50 fr. est trop lourde pour ces « Attila en herbe. » Si le juge pouvait abaisser la peine à 1 fr., cette amende légère, augmentée des frais, constituerait un avertissement salutaire, applicable au moindre délinquant.

Le maximum, doublé de la prison, serait réservé pour certains actes de sauvagerie, tels que la chasse aux flambeaux, qui se pratique, en hiver, dans beaucoup de campagnes du nord de la France. Pendant les nuits sombres, une troupe d'individus, hommes et femmes, tenant d'une main une torche et de l'autre une palette, vont battre les buissons où les oiseaux se sont réfugiés. Eveillés par le bruit, engourdis par le froid, éblouis par la lumière, les pauvrets volent tumultueusement autour des flambeaux. C'est alors à qui les frappera de sa raquette. Ils tombent par douzaines; on les ramasse, morts et mourants, on les entasse dans un sac, et les *brilleux* continuent leur razzia jusqu'au point du jour.

La police de Beauvais condamnait, en janvier 1850, deux individus, le père et le fils, à 50 fr. d'amende chacun, pour avoir, en compagnie de douze ou quinze autres paysans qu'on n'a pu saisir, *brillé* dans un bois, pendant la nuit du 24 décembre. « De tout temps, disait le père, pour s'excuser, cela se fait chez nous, pour fêter la Noël. »

Les rapaces nocturnes empêcheraient les mulots et autres rongeurs pillards de pulluler, s'il n'y avait, dans tout clocher de village, en la personne du carillonneur, un dénicheur de petits chats-huants, dont les gros yeux et le cri plaintif, « qui prédit mort et malheur, » font peur, sans doute, à cet imbécile. Pour chaque nichée détruite, pour chaque volée de cloche en temps d'orage, est-ce qu'une amende sévère ne devrait pas atteindre le sonneur, ainsi que le curé, son complice ?

Qu'elle frappe aussi durement le sauvage, bourgeois ou manant, qui, non content d'exterminer les chouettes, les scops, les effraies, les chevêches, les engoulevents, les buses, etc., les crucifie, après leur mort, et même tout en vie, aux portes de sa grange ou de son grenier.

Que n'y cloue-t-il aussi ses chats ?

## § III.

Il y a des milliers de gens dont l'esprit et le cœur sont atrophiés : ils n'écoutent aucun conseil ; aucun raisonnement ne les convainct ; rien ne les émeut, sinon le chapeau du gendarme. Ce n'est pas pour eux que j'indiquerai ce qu'on a fait, en différents pays, pour la protection des oiseaux.

Le jour de Noël, les paysans suédois et norvégiens jettent, sur le toit de leurs maisons, quelques gerbes d'orge et d'avoine pour ces pauvrets privés d'asile et de nourriture. D'autres attachent des javelles à de longues perches qu'ils dressent au milieu de leurs cours. Le journalier, qui n'a pas de récolte en grange, n'est pas moins hospitalier : il demande au maître qui l'occupe, une gerbe non battue, et la suspend au dehors de sa cabane. Chez ce peuple humain et doux, la charité du jour de Noël, qui est passée en coutume, et qui s'exerce aussi sur les autres animaux, devrait nous servir d'exemple. Quelques poignées de grains données aux protecteurs de nos moissons, c'est un placement à gros intérêts.

En France même, je trouve à citer un acte public de compassion envers de pauvres oiseaux chassés par la famine des contrées méridionales, où l'hiver sévit rarement, et que la neige avait couvertes. Au mois de février 1864, autour de Clermont-Ferrand, des bandes nombreuses composées de grives, de pinsons, de fauvettes et de quelques corbeaux, s'étaient réunies, et prenaient leur vol pour essayer de gagner des régions tempérées ; mais la plupart, affaiblis, affamés, tombaient en route. De braves ouvriers eurent pitié de leur misère : ils balayèrent la neige sur une des places de la ville, et y répandirent des graines. On vit bientôt arriver au festin des centaines de convives emplumés. La provision s'épuisa vite ; on fit une souscription pour la renouveler ; chacun voulut apporter son obole pour le banquet des oiseaux.

La même année, à Vienne, le baron de Sina leur a fait ouvrir ses magnifiques serres, et leur a donné le vivre et le couvert jusqu'au retour du printemps.

Pendant cet hiver (1867), un savant, un bon cœur, M. Victor Chatel, a plaidé chaleureusement leur cause auprès des cultivateurs : « Au nom de l'intérêt agricole, leur a-t-il dit, nourrissez ces petits oiseaux créés par Dieu pour protéger vos moissons, vos légumes, vos arbres et vos fruits, contre les attaques et les ravages des insectes... Ces précieux auxiliaires vous demandent aujourd'hui, au moment de périr de froid et de faim, le petit salaire des services qu'ils vous ont rendus, et une petite avance de payement pour ceux qu'ils vous rendront encore. »

Il y a près d'un demi-siècle qu'on a interdit, sous des peines graves, toute capture d'oiseaux, dans le grand-duché de Hesse.

La cour suprême Tynwald prend des mesures efficaces pour empêcher la destruction des oiseaux de mer sur la côte de Manx.

Dans l'arrondissement de Montmédy, département de la Meuse, l'administration forestière interdit l'entrée des forêts, pendant le printemps et les premiers mois de l'été, afin d'éviter le dérangement des oiseaux, et de favoriser leur propagation.

Le grand-veneur a cessé de faire payer la prime qu'on accordait aux gardes pour la capture des hiboux, chats-huants et autres oiseaux de proie nocturnes, considérés, à tort, comme très-nuisibles au gibier, et dont, en une seule année, dans une seule forêt de l'État, aux environs de Paris, on a détruit 1,466 têtes.

En 1861, les arrêtés des préfets du Nord-Est portaient interdiction de la tendue et de la pipée, si chères aux populations de la Lorraine, de la Champagne, de la Franche-Comté.

Un arrêté du préfet de la Meurthe, pris en décembre 1861, porte, en substance, que la chasse aux oiseaux ne pourra se faire qu'à tir, et seulement pendant le temps où la chasse ordinaire est ouverte. Il est expressément interdit d'enlever, ou de détruire les œufs et les couvées, soit dans les forêts, soit sur terre, dans les haies, buissons, jardins et vergers, ainsi que sur les bords des marais, étangs, rivières, etc.

La chasse aux hirondelles est prohibée d'une manière absolue.

Pour conserver ces précieuses écumeuses de l'air, M. Alphonse Clapiers a pris un moyen digne d'être imité : c'est lui-même qui l'a fait connaître, en ces termes, à la Société protectrice des animaux :

« Lors de ma nomination à la place de maire, les bonnes femmes me disaient : « Empêchez donc ces méchants enfants d'abattre les nids d'hirondelles. »

Je fis compter les nids : il y en avait vingt-trois dans tout le village. Je réunis les petits garçons, et je leur dis : Si quelqu'un d'entre vous jette encore une pierre aux hirondelles, je le fais arrêter par les gendarmes, et conduire au pénitencier.

» Une heure après, on m'amenait le plus mauvais garnement de l'endroit. C'était le neveu du curé. Je fis appeler son oncle qui m'aida à réprimander le petit drôle, dont toutefois il me demanda la grâce. Les autres enfants, qui avaient suivi le mauvais garnement, me crièrent : « Monsieur le maire, nous ne le ferons plus. » Ils ont tenu parole. Aujourd'hui nous comptons dans le village plus de 400 nids d'hirondelles. On croirait qu'elles ont été dire à leurs voisines : Venez chez nous, vous y trouverez une bonne hospitalité. »

Dans diverses parties de l'Allemagne et de la Suisse, on voit un grand nombre de nids artificiels qui sont fixés aux arbres, et dans lesquels des oiseaux viennent, chaque année, établir leurs couvées.

Quelques personnes, en France, ont mis en pratique cet excellent moyen de propagation des espèces qui nichent *en creux*, comme la mésange, l'étourneau, le pic et beaucoup d'autres insectivores : depuis longtemps, un ancien juge de paix, M. Piton du Gault, qui est toujours ardent à propager le bien, a donné cet exemple, à Rennes, et s'en trouve à merveille.

Dans tous les lieux où existent ces nids, qu'ils soient creusés dans un tronc de bois, fabriqués avec des planchettes ou de la terre cuite, leur succès est assuré. S'ils sont en nombre suffisant, l'échenillage n'est pas nécessaire. Jamais les arbres ne sont ravagés par les insectes, comme ils le sont dans les propriétés voisines.

Dans les prairies artificielles, au moment de la récolte, un grand nombre de couvées sont détruites par la faulx, qui souvent décapite la mère sur son nid. Comme moyen de préservation, le docteur Pigeaux conseille de faire parcourir en tous sens ces prairies au moment de l'appariage. On fait ainsi *émerger* les cailles et les perdrix dans les céréales, d'où les petits ont le temps de déguerpir avant la moisson.

Les grands défrichements, la suppression des haies et des bois, l'exploitation des forêts à courte période, ont privé les oiseaux de leurs abris naturels. Pour les rappeler dans les lieux dont ils s'éloignent, il suffirait de grouper, partout où cela serait possible, quelques arbres entourés de buisson. Ces retraites seraient bientôt habitées et peuplées de nids.

Ce reboisement par îlots aurait, en outre, des résultats utiles au point de vue météorologique, et nos sources seraient moins fréquemment taries.

## § IV.

Dans beaucoup de villes, on pousse un peu loin la passion de l'oisellerie. A Paris on en raffole.

Comment ne pas aimer cette gentille et intelligente créature! ce petit virtuose enjoué qui charme nos yeux et nos oreilles, qui rend vivante et animée la triste et solitaire demeure, quand nous savons, dans sa captivité, lui donner la nourriture variée qu'il aime, l'eau pure et abondante dont il a besoin, l'ombre et le soleil à son gré, l'espace suffisant et le feuillage qui lui font oublier un peu sa prison? Mais, le plus souvent, le pauvre oiselet subit les hasards de la routine ou les caprices de nos fantaisies, ou la dureté de nos mains maladroites. Aussi, qu'arrive-t-il? Il languit, triste, infirme et maladif, et ne tarde pas à périr.

Mais combien de victimes, avant d'arriver en cage, où certainement elles ne pourraient vivre, meurent dès qu'on les a capturées pour les mettre en vente!

La plupart des oiseaux adultes qu'on prend au filet ou dans d'autres piéges, principalement les insectivores, refusent de manger : ils préfèrent la mort lente et cruelle de la faim à la captivité.

En Saxe, il est défendu, sous peine d'une forte amende, de prendre un rossignol; et il faut payer un impôt de cinq thalers — 18 fr. 75 c., — pour obtenir le droit d'en garder un captif. Nous avons, en France, à cet égard, toute liberté : nous en usons en vrais sauvages.

Voulez-vous des nids, des œufs, des oisillons qui n'ont pas encore de plumes? Voulez-vous des oiseaux *apprivoisés* et pas chers? En voici de pleines cages : roitelets, tarins, verdiers, rouges-gorges, fauvettes, rossignols, poulliots, allouettes, bruants, linots, hirondelles, chardonnerets, pics-verts, citelles, huppes, chouettes, grimpereaux, tout est là; toutes les variétés, tous les chasseurs d'insectes, tous les émigrants dont l'espèce ne vit pas en captivité; choisissez, prenez-les à la main ; pas un de ces oiseaux ne tentera de s'envoler; ils sont si bien appris! On les a capturés hier. — Tous demain seront morts. Le marchand leur a donné le coup de pouce, et leur a fracturé les ailes.

On ne sait pas assez quel genre de trafic se fait au marché aux oiseaux. On y vend publiquement, ainsi que chez beaucoup d'oiseliers, des pinsons, des bruants aveuglés. — Aveuglés, comment? — On leur a crevé les yeux, ou plutôt on les a brûlés, en passant sur les paupières un fer rougi au feu, ou le tuyau d'une pipe incandescente. Du temps de Buffon, qui a signalé cette odieuse pratique, on agissait de la même façon. Il en résulte une adhérence des bords palpébraux entre eux, et souvent aussi une inflammation du globe de l'œil, qui est détruit, et se vide.

Il y a des gens qui ont pour profession l'aveuglage. Parfois la police, éveillée par de pressantes réclamations, se fâche, et saisit la marchandise en cage. « Que vais-je devenir, s'écriait un vieux coquin, s'il n'est plus permis d'*arranger* les pinsons pour les vendre aux bourgeois, et gagner honnêtement sa pauvre vie? »

Et pourquoi cette cruelle mutilation? — Un amateur vous dira bêtement qu'étant privés de la vue, ils chantent pour se distraire; que leur voix devient plus vibrante et soutenue. Vous savez le proverbe : « Crier comme un aveugle. » Crier et chanter, c'est, pour certaines gens, à peu près la même chose. Le pauvre oiseau répète toujours le même *russon*, comme on dit en Lorraine, « refrain monotone et triste, ajoute le docteur Cordier, qui me permet de reconnaître si c'est un oiseau aveugle que j'entends quand même je ne le vois pas. »

Naguère encore, en Italie, des spéculateurs infâmes faisaient des *soprani* destinés aux chapelles et même au théâtre. Ces malheureux qui languissaient humiliés par le sentiment de leur nullité, conservaient, dans l'âge viril, le timbre clair, la note aiguë d'une voix juvénile. En les écoutant, on se demandait s'ils étaient des enfants ou des femmes.

Le Code pénal interdit cette mutilation ; cependant, je ne confierais pas sans crainte des petits garçons aux mains de ceux qui pratiquent l'aveuglage des oiseaux. L'aréopage d'Athènes, alors le tribunal le plus célèbre du monde entier, avait condamné à mort un enfant qui s'était amusé à crever les yeux à des cailles. La sentence était assurément beaucoup trop sévère ; mais, chez nous, on est indulgent à l'excès, et l'on n'inflige pas même une amende à ceux qui se rendent publiquement et habituellement coupables de brûler les yeux des oiseaux chanteurs.

Bien plus, dans différentes villes du nord, telles que Hasbrouck, Lille, etc., de même qu'en Belgique, des concours de pinsons aveuglés s'ouvrent périodiquement;

on les annonce longtemps à l'avance ; tous les amateurs de la contrée s'y donnent rendez-vous ; chacun apporte ses articles, en cage, et l'on donne des prix aux vainqueurs.

A Mons, dans un seul concours, il y avait bien cent cages. Un cercle d'experts écoutait gravement les ran-plan-plan biscouitte biscorian ou ran-plan-plan widiam, texte musical obligatoire, que les pinsons lauréats répètent, sans broncher, cinq cent cinquante ou six cents fois de suite. Après un temps de vocalises inouïes, les six huitièmes sont hors de concours ; un bon nombre meurt à la peine.

« Nul spectacle n'est plus pénible, dit M. Michelet. Il faut avoir une nature étrangère à toute harmonie, pour acheter, par une telle vue, le chant d'une victime. »

En Lorraine et dans quelques-unes de nos provinces méridionales, ces malheureux volatiles servent d'appelants pour certaines chasses aux cimaux. Un riche propriétaire en possède des centaines préalablement aveuglés pour les rendre propres à cet emploi.

La loi défend d'enlever les nids et les couvées : pourquoi donc sur nos marchés ces œufs et ces oisillons n'ayant que le duvet? Pourquoi, quand la chasse est fermée, laisser mettre en vente des milliers d'oiseaux, morts ou vivants, et pris au piége? Pourquoi vend-on ostensiblement ces engins destructeurs, et souffre-t-on qu'en pleine rue, de méchants gamins se fassent un jeu de prendre, avec ces engins, les moineaux, et de les martyriser?

Pourquoi n'imite-t-on pas, à Paris et ailleurs, l'acte louable du commissaire de police de Rouen, qui a fait mettre en liberté tous les oiseaux apportés en cage sur la place du marché?

Pourquoi tous les aveugleurs ne sont-ils pas traqués et punis? .

La loi défend, la police veille — un bandeau sur les yeux. — Mais, ni la loi ni la police ne peuvent tout faire à elles seules. D'ailleurs, la loi, malheureusement, ne protége que les animaux domestiques.

Tant qu'il se trouvera un homme capable d'acheter un oiseau aveuglé, il se trouvera un autre homme pour brûler les yeux de la pauvre bestiole. Quand l'opinion publique traitera ces deux individus de *misérables*, et en *misérables*, la vraie éducation morale aura fait un pas.

Les jeux cruels, les industries barbares se donnent la main, et couronnent la bêtise humaine, au nom de la *liberté*.

# XVIII

## LES VICTIMES DE NOTRE APPÉTIT.

§ I. Les veaux garrottés.—L'égorgement du porc.—§ II. L'écorchage à vif. — Autres atrocités.

### § I.

Il y a peu d'années encore, les veaux qu'on mettait en vente, à Paris, offraient un triste spectacle : on les amenait au marché Saint-Bernard, garrottés et couchés sur des charrettes où l'on en entassait le plus grand nombre possible. S'ils étaient debout, on en plaçait jusqu'à dix dans une voiture n'ayant que deux mètres cinquante centimètres de largeur, soit vingt-cinq centimètres pour chaque bête, dont la largeur moyenne est, on le sait, de trente-huit centimètres. Mais on comptait sur la compressibilité des corps.

A leur arrivée, les *débardeurs* s'en emparaient, et les lançaient sur le pavé nu. Parmi ces animaux, il en était peu qui n'eussent les pieds brûlants et fortement tuméfiés, l'œil injecté de sang, l'oreille chaude, la bouche sèche et le flanc haletant, indices d'un état fébrile. Plusieurs avaient la diarrhée ou la dyssenterie, et j'ai souvent observé sur eux la sortie d'une partie de l'intestin *rectum*.

Difficilement on se ferait une idée de la brutalité de ces débardeurs. C'était surtout pendant la nuit, vers trois heures, au moment où l'arrivage était dans toute son activité, qu'il fallait les voir agissant sur ces faibles animaux, comme sur des colis inertes et non fragiles. L'ouvrage pressait, et ils l'exécutaient à grands renforts de coups. Pour attendre l'heure de la vente, on poussait les veaux dégarrottés dans une cave, par un escalier étroit et raide. Ils ne descendaient pas, ils roulaient, se blessant aux arrêtes des marches, s'étouffant au passage d'une porte petite et facilement encombrée. J'ai vu ces hommes marcher sur les malheureuses bêtes, au risque de les écraser, accident qui n'était pas très-rare.

Le matin, on les retirait de la cave, pour les exposer sur le préau du marché, non pas debout, mais couchés et garrottés de nouveau. Pour les *courber*, on leur saisissait une jambe, on les renversait violemment à terre, on rapprochait les quatre membres, on serrait la corde; puis on les rangeait symétriquement sur une litière, à la disposition des acheteurs.

La fatigue du voyage, l'étreinte des ligatures avaient des conséquences faciles à prévoir. Les veaux, rapidement amaigris, perdaient notablement de leur poids; leur chair était flasque, et se conservait mal; leurs pieds présentaient souvent les traces de la gangrène.

Il a fallu bien des protestations et des démarches de la part de la Société protectrice des animaux, au nom de l'intérêt sanitaire et moral de la population, au nom même de l'intérêt pécuniaire des producteurs et des consommateurs, pour obtenir la cessation de ces abus. Les entrepreneurs de transport, et surtout la corporation de la boucherie, luttaient contre le progrès, d'accord avec l'indifférence d'une administration trop occupée ailleurs.

Un jour, une députation conduite par notre président, portait respectueusement une requête à l'un de nos édiles, que je nommerais, quoiqu'il fût mon compatriote, s'il était vivant encore. Il s'agissait d'obtenir, pour le marché, des améliorations qui dépendaient de l'administration municipale. M. le Préfet la lut, et répondit : « Qu'importe la façon dont on traite les veaux, pourvu qu'on les serve rôtis à point sur ma table ? »

Enfin, la préfecture de police, reconnaissant la nécessité de faire, conformément à nos vœux, cesser des abus révoltants, ordonna que ces animaux seraient transportés et vendus debout, les membres libres de ligatures.

Mais cette mesure, antérieure à la promulgation de la loi Grammont, ne dépassait pas les limites du département de la Seine. Presque partout ailleurs, on continue d'employer l'ancien mode de transport, quoi qu'il constitue évidemment une contravention flagrante à la loi. Les malheureuses bêtes qu'on entasse garrottées, et la tête pendante, sur des charrettes, servent parfois de siége aux conducteurs. « J'ai vu, nous écrivait le secrétaire-adjoint de la préfecture du Doubs, ces misérables se coucher sur des veaux comme sur une litière. » A Lunéville, on peut suivre à la trace les brouettes basses sur lesquelles moutons et veaux sont transportés par la ville, la tête traînant sur le pavé, les dents cassées et le museau tellement rabotté par le frottement, — fait attesté par M. Willaumez, — que le sang en jaillit.

A Vichy, le spectacle est différent. Tantôt les jeunes animaux sont suspendus par les pieds aux traverses des charrettes; tantôt on les force à marcher, en les piquant avec un clou bien aiguisé. On les livre à la boucherie si jeunes et si fatigués, que leur viande est gélatineuse, d'un aspect désagréable et d'une digestion difficile. Les médecins prudents en interdisent l'usage à leurs malades.

A Bruxelles, vingt-cinq maîtres bouchers demandaient, en 1864, l'appui de la Société royale protectrice des animaux, pour faire cesser « une coutume barbare qui existe depuis des siècles, » au sujet des veaux et des agneaux qu'on mène à l'abattoir.

« Ces malheureuses bêtes, dit la requête que j'ai sous les yeux, voyagent quelquefois toute une nuit, les unes sur les autres; beaucoup sont garrottées...... Plusieurs arrivent ayant les pieds brisés ou des os fracassés.... Quelquefois le conducteur est obligé de les tuer en route.

J'ai dit ailleurs de quelle manière cruelle on tue les veaux : on immole presque partout les porcs avec un raffinement de barbarie. Sans aucune pitié pour des animaux inoffensifs, et qui paient, mieux que tous autres, après leur mort, la nourriture qu'ils ont consommée, on leur fait subir les longues tortures de l'assassinat par hémorrhagie.

L'égorgement est une scène hideuse et démoralisatrice, qu'on offre à la population de tout âge, jusque dans les rues des villages et des villes. Les cris déchirants, presqu'humains de la victime, les convulsions de son agonie, le sang rutilant qui bouillonne, fume, et rejaillit sur son bourreau, voilà le spectacle que l'autorité tolère, et que l'exécuteur dramatise souvent en allumant un feu de paille sous la bête pour la flamber, avant qu'elle soit morte.

On cite plus d'une preuve du danger des impressions produites par ces scènes révoltantes : des femmes, des enfants ont éprouvé des convulsions, des attaques d'épilepsie souvent incurables.

Quel exemple pour des natures mauvaises ! Il n'en faut pas davantage pour développer chez elles des instincts sanguinaires : Un jeune garçon de quinze ans, Pierre Untersteller, fut, en 1846, condamné par le tribunal criminel de Zweibrucken, à vingt ans de travaux forcés, pour avoir voulu, — dit la sentence, — *se donner le plaisir de saigner une petite fille de quatre ans, à l'instar des bouchers qui tuent un porc.* Il l'avait suspendue au crochet d'une poulie, les yeux bandés, et, sans s'émouvoir ni des cris, ni des contractions convulsives de sa victime, il avait procédé, d'une main calme, à l'égorgement, qui fut suivi de mort.

Volney rapporte qu'au temps où la guillotine était en permanence, on a vu souvent des enfants s'amuser, avec des appareils en miniature, à décapiter des pigeons et d'autres petits animaux.

A Paris, dans les échaudoirs ou tueries spéciales qu'on a soin d'interdire au public, on pratique l'assommage des porcs, avant de les saigner. Un coup de masse, asséné sur le front, détermine l'étourdissement, et assure l'insensibilité. Le devoir des autorités serait de prescrire partout un procédé si simple, et d'obliger les exécuteurs à n'opérer qu'à huis-clos.

## § II.

Visitez, en observateurs, nos halles et marchés : vous verrez comment on y torture toute espèce d'animaux destinés à nos tables. A Belleville, à la petite Villette, à Batignolles, à la Vallée, ailleurs encore, on plumera sous vos yeux des volailles avant de les tuer; on écorchera des lapins vivants (1).

(1) Ce genre d'écorchage est encouragé, dit un journal anglais, par la prime immorale de certains fourreurs, la dépouille ainsi

Sur les tables et les dalles, vous verrez des poissons privés d'eau s'agiter, entr'ouvrant leurs branchies dans l'air, et mourant par asphyxie. Au lieu de leur donner la mort d'une manière rapide, comme on le pratique en Hollande, sur toute espèce de poissons, même les plus petits, en leur faisant sous la queue une légère incision longitudinale, ou bien en leur enfonçant dans la tête une aiguille d'acier, comme on le pratique à Audermale, sur le Rhin, — où l'on voit une pêcherie de saumons très-renommée, — chez nous, on livre aux acheteurs, souvent pour des malades ou des convalescents, des cadavres de poissons *crevés*, dont la substance malsaine est prompte à se putréfier.

Tous ceux qui s'occupent de pêche connaissent l'influence qu'exerce le genre de capture. Le poisson pris

obtenue conservant mieux, disent-ils, son poil et surtout son lustre.

Wilson, à Londres, était depuis longtemps signalé comme un des fournisseurs les plus actifs de ces honnêtes industriels. Un témoin le surprit un jour dans l'exercice de ses fonctions, tenant entre ses genoux la tête d'un chat qui se défendait énergiquement. Quand un policeman arriva, l'écorcheur achevait sa besogne. On trouva près de lui deux peaux, dont l'une chaude et sanglante était celle de l'animal encore palpitant, auquel il venait de l'arracher toute vive.

En Danemark, un homme cruel a passé six mois dans la prison d'Altona, pour avoir écorché de même une chèvre, avant de la mettre à mort.

Le 15 septembre 1865, M. Lamole, commissaire de police à Orléans, a dressé un procès-verbal contre le sieur Jean Sérondes, chiffonnier, surpris écorchant un chien vivant.

au chalut, disent la Chambre de commerce d'Abbeville et le comité de pêcheurs de Boulogne, est souvent meurtri et mutilé. La chair malade, pendant la vie, s'altère rapidement après la mort de l'animal, et devient malfaisante.

« Personne, disait le baron Baude, ancien conseiller d'Etat, ne mangerait d'un mouton ou d'un poulet morts de mort naturelle ou noyés ; pourquoi serions-nous moins délicats sur ce qui nage que sur ce qui marche, ou sur ce qui vole ? »

Je ne connais aucun animal qui laisse, avant de s'en repaître, crever lentement la proie qu'il a saisie. L'homme est-il donc plus stupide et plus féroce que les animaux ? Il se nourrit de chairs qu'il a volontairement altérées, viciées par la souffrance d'une lente agonie. Est-il déraisonnable d'admettre que, dans plus d'un cas, des accidents, des affections maladives dont la cause est restée méconnue, ont été déterminés par cette alimentation contre nature ?

Si l'on nous fait manger, le plus souvent, du poisson qui n'a pas été tué, on nous donne, en revanche, des cuisses de grenouilles dont les corps vivants et souffrants restent quelquefois, ainsi mutilés, huit jours, exposés au soleil, avant de mourir. Les pêcheurs les prennent par millions : lorsque leur râteau les a amenées sur le bord du fossé, ils les saisissent, et les coupent en deux, sans prendre la peine de les assommer d'abord.

On écaille, on dépèce, on étuve, on fait frire une

carpe, un brochet qui frétillent; on écorche des anguilles avant de leur ôter la vie; on met au court-bouillon les écrevisses, le crabe, le homard et d'autres crustacés qui grouillent, vivants, dans la bassine. Si du moins on les plongeait dans le liquide en ébullition, leur mort y serait rapide; mais non : l'eau s'échauffera graduellement, et prolongera la torture. Ce sont des êtres muets et froids. S'inquiète-t-on seulement si cela peut souffrir? Ils sont, il est vrai, peu sensibles; mais, le seraient-ils davantage, que cela n'y changerait rien. L'art culinaire a ses exigences. Qu'en pense le baron Brisse?

Le docteur A. Mayer m'écrivait, au mois d'août 1865 : « Dans une ville où beaucoup d'étrangers sont attirés par les soins de leur santé ou de leurs affaires, le hasard m'a fait surprendre un acte de cruauté qui se pratique, à ce que j'ai su depuis, dans d'autres localités. En traversant la cour de la maison, je fus frappé d'un bruit étrange venant d'un hangard placé sur mon chemin. J'eus la curiosité de regarder à travers les planches mal jointes du réduit. Ce que je vis était horrible!

» Cinq à six poulets ensanglantés se livraient à un vol vertigineux, désordonné, se frappant les ailes contre la clôture, retombant sur le sol, s'élevant encore, et se heurtant les uns contre les autres. Cela dura plus d'un quart d'heure, tant que les malheureuses bêtes n'eurent pas perdu tout leur sang, à travers une plaie légère qu'on leur avait faite au cou. Enfin, elles se raidirent dans les convulsions de l'agonie, et cessèrent de souffrir. »

Une pareille scène avait lieu chaque jour, et ce n'était pas l'acte isolé d'une servante paresseuse et voulant hâter sa besogne; cette barbare coutume a pour but, on me l'assure, d'épuiser complétement le sang des volatiles dont on veut *blanchir* la chair, en laissant la mort venir lentement?

A Marseille, on croit que pour faire un excellent bouillon de poulet, il faut que le malheureux volatile soit écorché vif. Madame la baronne de Pages, qui me l'affirme, ajoute qu'une pratique normande, horrible, et spéciale à la ville d'Evreux, s'exerce habituellement pour la confection des pâtés de lapin. Afin de conserver le sang pour lier la sauce, on arrache, avec un couteau pointu, l'œil de la bête, avant de la tuer, et c'est alors qu'elle ne saigne plus, qu'on lui donne le coup de grâce.

Les chevreaux, les agneaux qu'on apporte au marché, sont traités avec une brutalité que rien n'excuse. On leur lie les quatre pieds avec une corde; leurs membres forment de la sorte une anse qui sert à les suspendre, à les accrocher, soit au bras du porteur, soit à l'étal. Ces membres délicats quelquefois se brisent; toujours ils se tuméfient, et les animaux expriment leurs souffrances par des cris plaintifs, par un tremblement ou des efforts convulsifs pour se débarrasser de leurs ligatures.

M. de Asserta, témoin indigné de ces faits, les a

dénoncés avec chaleur à la Société protectrice. De sa fenêtre donnant sur la cour du marché de la Vallée, il voyait les facteurs jeter des lapins, des poulets, des dindons pêle-mêle dans des sacs, et les traiter comme une masse inanimée.

J'ai vu souvent, mais non sur le marché, des oies boiteuses; voici pourquoi : Dans quelques localités, pour empêcher ces bêtes de s'écarter de l'habitation, on les estropie : avec une ficelle, on leur lie la partie palmée de l'une des pattes, qu'on réduit à la grosseur du doigt. Le sang cesse de circuler, le membre se gonfle, se gangrène, et tombe mortifié. Le but est atteint : la mère boiteuse ne conduit plus ses petits qu'à une faible distance. M. Chauvin, ancien percepteur, écrivait de Plaineuf (Côtes-du-Nord) : « J'ai plusieurs fois coupé les fils qui lient les pattes de ces pauvres bêtes ; mais on m'a menacé de la justice, et je crois que la justice me condamnerait. »

Pour les fêtes de Noël 1866, un restaurateur de la rue de Tournon imagina de servir à sa clientèle des cotelettes d'ours. Il fit venir de Russie un de ces animaux, et pour le mettre à mort, il l'envoya chez le boucher, son voisin.

Là, d'abord on essaya vainement d'étrangler la bête dans un nœud coulant: l'ourson brisa la corde, et devint furieux.

Pour en finir avec lui, les exécuteurs ne virent d'autre moyen que de le larder, pendant une heure et demie, à coups de baïonnette, à travers les barreaux de sa cage.

Au bout de ce temps, on n'avait pu réussir à tuer ce pauvre animal, qui avait inondé de sang l'arrière-boutique du boucher. La foule était là : les amateurs avaient payé 20 centimes pour contempler ce moral spectacle.

Enfin le commissaire de police intervint ; l'ours fut, par ses ordres, envoyé à l'abattoir, où on l'acheva. Je n'ai pas appris que les auteurs et les complices de cet acte de barbarie aient été l'objet d'une poursuite judiciaire.

# XIX.

## BARBARIE UNIVERSELLE.

§ 1er. Les Romains de la décadence. — Les chats de la St-Jean. — La barrière du combat. — Nos plaisirs sauvages. — § II. Amusements de princes. — Les empiriques sanguinaires et l'anguille du curé. — § III. Tortionnaires en tout genre.

### § I.

On le voit surabondamment par tout ce qui précède : « Si, le plus ordinairement, l'homme est de tous les êtres le plus intelligent, il lui arrive encore assez souvent, a dit mon ami A. Sanson, d'en être le plus bête et le plus féroce. »

Sa sottise et sa cruauté se manifestent dans ses jeux et dans ses vengeances, dans ses croyances superstitieuses, dans ses spéculations, dans la satisfaction de ses besoins ou de ses caprices.

Et cela ne s'applique pas seulement à la classe inférieure de la société, à celle où l'ignorance est si compacte, que, d'après une statistique officielle des *Illétrés* de France, — concernant la période de 1555 à 1559, — dans certains départements, sur cent personnes qui se marient, il y en a soixante-dix à quatre-vingts qui ne savent pas signer leur nom; mais encore à la classe moyenne, à celle aussi qui s'épanouit, et brille à la surface.

L'homme a-t-il donc une mauvaise nature, d'exécrables instincts?

Il a besoin de se surveiller lui-même, pour n'être pas cruel envers les animaux. Il y a, à cet égard, une lâcheté universelle. « Non, il n'est pas besoin, a dit M. Pessart, de gratter longtemps un civilisé, pour trouver dessous un sauvage. » Notre langage s'est poli, notre esprit s'est orné, nos mœurs se sont adoucies; mais, au fond, Châteaubriand a raison: « la férocité des Gaulois nous est restée : elle est seulement cachée sous la soie de nos bas et de nos cravates. »

Chez les anciens, dans les fêtes de leurs conquérants, le massacre des animaux passionnait la foule: à l'inauguration du Colysée, cinq mille furent mis à mort : après le triomphe de Trajan sur les Druses, onze mille périrent dans le cirque. Des esclaves, des bestiaires de profession excitaient, et piquaient les bêtes qui ne voulaient pas s'attaquer, ou combattaient avec elles. Dans un de ces spectacles, cinq cents Gétules exterminèrent dix-huit éléphants. On raconte que ces malheureux animaux, effrayés par le nombre et par la mort de l'un d'eux, se précipitèrent à genoux devant le peuple, et n'obtinrent que des huées! Armés de simples pieux et de javelots, des hommes se ruaient sur des lions, des panthères, des rhinocéros. Cent Ethiopiens tuèrent ainsi cent ours de Numidie.

Aux gladiateurs, aux athlètes dressés pour ces luttes et vivant de leur périlleux métier, on vit souvent se mêler des sénateurs, des chevaliers animés de la passion de verser du sang, en montrant leur audace. Ce furent César et Auguste qui portèrent ce goût ignoble dans les hautes classes. Dans ces orgies cruelles d'un peuple dépravé qui s'amuse, le péril, la mort des hommes excitent des trépignements d'une joie féroce; les acteurs sont redemandés.

Ces atrocités s'expliquent, jusqu'à un certain point, chez un peuple en décadence, par l'ampleur, la pompe du spectacle, l'entassement, la fermentation moralement putride de la foule. L'abrutissement dans lequel, au moyen-âge, on maintenait le populaire, en France, explique aussi son goût pour les spectacles barbares; car, en matière d'humanité, il n'est pas possible de louer le temps passé, *le bon temps*, au détriment du temps actuel. Pour preuve, je ne veux citer qu'un seul fait :

Au XVIe siècle, à la fête de la St-Jean, chaque année, une cérémonie bizarre et cruelle avait lieu sur la place de l'Hôtel-de-Ville de Paris. Les magistrats faisaient entasser des fagots au milieu desquels s'élevait un arbre de trente mètres de hauteur, orné de bouquets et de guirlandes. On attachait à l'arbre un panier contenant deux douzaines de chats et un renard. Le Roi s'y rendait en grand cortége. Le prévôt des marchands et les échevins présentaient au monarque une torche, et Sa Majesté daignait allumer le feu. La cage à grillage permettait à nos pères de jouir du supplice des malheureux animaux ; de les voir sauter, se tordre, et mourir consumés. Puis, au milieu des grandes acclamations de la multitude, le Roi montait à l'hôtel-de-ville, où il trouvait une collation.

Dans un compte des dépenses occasionnées par cette cérémonie, à la date de 1573, on voit alloués « à Lucas Pommecreux, cent sous parisis, pour avoir fourni, durant trois années, tous les chats qu'il fallait au dit feu, comme de coutume, même pour avoir fourni, il y a un an, où le Roi assista, un renard, *pour donner plaisir à Sa Majesté*, et pour avoir fourni un grand sac de toile, où étaient les dits chats. »

Dans tout le midi de la France, et dans d'autres provinces, le bûcher s'allumait aussi pour la même fête, et, comme à Paris, c'étaient aussi des chats qu'on y brûlait vivants. A Metz, cet usage a subsisté jusque vers le milieu du siècle dernier, où l'épouse du maréchal d'Armentières, commandant de la ville, demanda grâce pour ces animaux.

Remontons moins haut dans l'histoire : Dans le siècle dernier, il y avait à Paris, et autour de Paris, une sorte de populace et une portion d'aristocratie dont la rencontre avait lieu, le dimanche et les jours de fête, à la barrière..., *à la barrière du Combat*. On venait, vagabonds, fainéants, tueurs de toute espèce, grands seigneurs, grandes dames ; on venait qui en petite charrette traînée par des chiens, qui en équipage, qui en haillons pleins de vermine, qui en falbalas, voir des boule-dogues, des ânes, des loups, des ours. On lâchait animal contre animal, ou deux, trois, quatre, cinq, six contre un.... C'était selon la bête et l'enjeu. L'affiche placardée sur tous les murs de la capitale donnait les détails du spectacle, qui se terminait d'ordinaire par l'enlèvement d'un boule-dogue acharné et fixé de sa gueule à une pièce de feu d'artifice.

C'était superbe, et les mœurs de la populace s'y formaient si bien, que les spectateurs susdits se retrouvèrent trop tôt, face à face, dans les mauvais jours de 93.

En 1786, une ordonnance avait bien eu l'intention de faire fermer ce repaire, ce charnier : mais il se rouvrit, comme une plaie morale qui n'avait pas encore donné tout son venin, et le spectacle de *la barrière du Combat* florissait encore en 1830 !

Osons le dire, le gouvernement de la Restauration n'était pas assez populaire pour interdire des amusements populaires.

On raconte que, pendant son séjour à Paris, l'infant don Miguel fréquentait assidûment la barrière du Combat. Un jour, il imagina de faire combattre pour lui deux animaux de race pure, deux boule-dogues princiers. Les combattants n'avaient eu affaire jusque-là qu'à leurs pareils, chiens de forte mais basse extraction, et qui n'y mettaient aucune science, aucun raffinement de cruauté. Déroutés sans doute, ils furent vaincus, égorgés, mis en morceaux par les nouveaux venus. — La canaille, — il faut savoir l'appeler par son nom, — la canaille alors se fâcha. Pourquoi, je vous le demande? C'était toujours du sang, des hurlements, de l'horreur. Elle en avait donc pour son plaisir habituel et pour son argent. Cependant elle se fâcha. L'infant eut affaire, lui aussi, à des ânes, à des loups, à des ours. Il fit une épreuve de l'influence du spectacle sur les spectateurs, et se retira couvert d'ordures. Il remporta ce prix bien dû à la valeur de ses malheureux chiens.

Ainsi devrait se terminer tout combat d'animaux.

M. Delessert, le dernier Préfet de police, sous le roi Louis-Philippe, a fait fermer définitivement cette arène « où venaient, dit l'*Opinion nationale,* se fortifier les plus mauvais instincts. »

Des amateurs regrettent ces passe-temps de bon goût, et les cultivent encore de nos jours, dans des lieux borgnes, aux dépens de la race canine.

« Dernièrement, dit M. Paulze d'Ivoy, quelques barques, couleur de muraille, se glissaient discrètement vers l'île Saint-Ouen. Il s'agissait de voir un spectacle sanglant et semi-clandestin que n'autorisent chez nous ni nos mœurs, ni la police.... Nous montons dans une chambre haute, au milieu de laquelle est l'arène. C'est une sorte de caisse en bois d'un mètre de hauteur, carrée et ayant environ trois mètres de largeur.... A un signal donné, on lâche deux chiens, qui se jettent l'un sur l'autre avec une rage inouïe.... Ils se mordent avec fureur dans le cou, dans la poitrine, dans la mâchoire. Ils luttent, ils se renversent ; leur sang coule, et rejaillit jusque sur les bords de la caisse. De temps en temps, pour les laisser respirer, leurs maîtres les séparent ; mais ces animaux furieux se tiennent avec tant d'acharnement, que pour leur faire lâcher prise, on est obligé de leur mordre le bout de la queue.

» J'étais honteux, ajoute-t-il, d'être venu. Je n'étais pourtant pas en mauvaise compagnie : il y avait autour de cette caisse des hommes du monde, des sportmen. »

En 1857, tous les dimanches, à Montmartre, dans l'établissement du Moulin de la Galette, des combats d'animaux avaient lieu. Le commissaire de police, accompagné de ses agents et de la brigade de gendarmerie, y fit une descente, et trouva établie, dans une salle du premier étage, une sorte d'arène au milieu de laquelle deux boule-dogues, excités par les vociférations de plus de trois cents spectateurs, se déchiraient avec furie.

D'autres chiens de la même espèce remplissaient les cours, le jardin et les écuries attenantes : plusieurs étaient sanglants, mutilés, couverts d'écume.

Le propriétaire du local recevait 1 fr. par personne pour montrer ce hideux spectacle.

Tous les chiens furent saisis et envoyés à la fourrière. Quatorze de ces malheureuses bêtes étaient si horriblement blessées, qu'on dût les faire abattre (1).

Que sont, après cela, les combats de coqs, qu'un arrêté du Préfet du Nord interdisait, dans tout son département, en 1858, « comme pouvant dépraver, par des habitudes de férocité, les mœurs de ses administrés ? »

C'était, en Angleterre, un plaisir naguère encore très-recherché ; mais les louables efforts de la Société protectrice des animaux l'ont fait abandonner, en exerçant d'actives poursuites contre les entrepreneurs de ces jeux cruels.

Dans l'Amérique du Sud, ces combats attirent constamment la foule. Le docteur Wedel rapporte qu'à la Paz, l'amphithéâtre de l'arène spéciale, — *Cancha de gallos,* — est ordinairement garni de spectateurs parmi lesquels les soldats occupent le premier rang. Les coqs, avant d'entrer en lice, subissent des mutilations : on leur coupe, avec un rasoir, la crête et les barbes ; on passe un fer rougi sur leurs plaies saignantes ; puis on leur arrache les ergots qu'on remplace par des éperons en acier, longs de quatre centimètres, affilés comme une forte aiguille.

C'est surtout chez les créoles que la passion pour ces divertissements est poussée à l'extrême. Des amateurs passent des journées entières à voir ces

(1) En Angleterre, le bill n° 2, relatif à la pénalité applicable en pareil cas, inflige une amende de 5 livres (125 fr.), ou trois mois de prison, aux gens qui font battre des taureaux ou des chiens.

volatiles s'entredéchirer avec une rage stupide. Les plumes voltigent sanglantes; les yeux sortent de leur orbite; les viscères pendent à travers la peau déchirée; les os brisés craquent, et se font jour au milieu des chairs.

Le *Courrier des Etats-Unis* nous a fait connaître que le gouverneur de Guadalajara, au Mexique, avait donné une bataille de coqs digne des plus beaux temps du cirque romain. Les oiseaux belliqueux ont fait merveille! Quatre mille huit cent quatre-vingt-dix-sept sont restés sur l'arène; plus de neuf cents ont été blessés d'une manière mortelle; deux cents ont été plus ou moins légèrement atteints; un seul est sorti sans blessure aucune de la lutte.

Pour la plupart des habitants de Cuba, les combats de coqs sont une grande préoccupation, un vif plaisir, et répondent au goût décidé des Cubanos et des Espagnols pour le jeu. Il y a quelques années, on risquait à la *galleria*, non-seulement son argent, mais encore sa maison, sa plantation, ses nègres, toutes ses propriétés; on entrait là millionnaire, on en sortait ruiné.

Dans nos départements du Nord et du Pas-de-Calais, des pères de familles, appartenant à la classe ouvrière, sacrifient le salaire d'une semaine de travail, soit pour l'achat d'un coq, soit pour les paris qui se produisent au milieu du combat. Les enfants, témoins de ces spectacles, y puisent des habitudes de cruauté.

Ces jeux, entretenus par les cabaretiers pour attirer en foule les consommateurs des deux sexes, provoquent presque toujours des rixes et des batailles, à la suite des paris fort élevés qui s'engagent, la bière et le genièvre aidant.

Tout récemment, la police a mis en fuite de nombreux spectateurs réunis dans un jardin de Vouzème, l'un des faubourgs de Lille, autour d'un étroit champ de bataille, où deux coqs, armés d'aiguillons d'acier, s'écharpaient. Les paris étaient animés : des pièces d'argent et d'or couvraient l'arène.

Le 8 février 1866, à huit heures du matin, un combat de coqs a eu lieu dans les bâtiments de la poissonnerie de St-Malo, où s'étaient réunis une vingtaine d'enfants, quelques hommes et des *demoiselles*. — De quelle catégorie ?

Le jeu du tir-à-l'oie faisait, il y a peu d'années encore, partie du programme obligé de toute fête nationale, dans un grand nombre de localités. En 1856, il existait aux portes de Paris, à Chenevières-sur-Marne. Tel que je l'ai vu, conduit par mon précepteur, à Cébazat, village des environs de Clermont-Ferrand, il devait se pratiquer encore, en 1864, dans l'Aisne, à Vimoutiers, dans le Loiret, de même qu'à Béhobie, dans les Basses-Pyrénées. Au son du fifre et du tambour, avec autorisation de M. le Maire, les jeunes gens, à cheval, passaient tour à tour, sous une corde tendue en travers du chemin. Il s'agissait de saisir, et d'arracher, à la force du poignet, la tête des oies, canards ou lapins qui s'agitaient suspendus là par les pattes.

Souvent, du premier coup, les plus adroits décapitaient la bête; d'autres la dépouillaient seulement de sa peau, disloquant le cou, tiraillant, écartelant la victime. Et ce jeu durait des heures. Quelle joie dans la foule ! quelle ovation parmi les belles filles de l'endroit, pour ces héros aux bras nus, couverts du sang de ces volailles !

Ailleurs on fait passer des têtes de canards, de coqs ou de pigeons à travers des trous percés dans une table de bois, et l'on tire, avec des boules ou des pierres, sur cette cible vivante. La bête appartient à celui qui la tue. Une tête à demi-écrasée ne compte pas : c'est à refaire, et l'on recommence jusqu'à l'extermination de toute la bande.

Aux Eaux-Bonnes, en 1856, presque tous les jours, on régalait de ce jeu, les étrangers, qui pouvaient admirer à la fois l'adresse des amateurs et la moralité de nos amusements nationaux.

Là, encore, comme aux environs de Dourdan, pour contenter tous les goûts, un entrepreneur de plaisirs publics attache une perche dans un arbre, une ficelle à la perche, un canard à la ficelle; d'autres fois il traverse la gorge de l'animal d'un clou, pour le fixer vivant à un poteau. Vous donnez cinq ou dix centimes; on vous bande les yeux, on vous met un sabre dans la main : c'est au cou qu'il faut viser. Si vous frappez juste, l'oie ou le canard est à vous; mais si la lame tombe sur les pattes, sur le dos, les flancs, vous avez perdu votre argent; c'est au tour d'un autre; ou bien, la bête inachevée resservira demain, et peut-être plus tard encore, jusqu'à ce que, tailladée, hâchée, elle reçoive enfin le coup de grâce.

A Bruxelles, le beau sexe aussi s'excrime à cet exploit, sabre en main, le bandeau sur les yeux. Il arrive même parfois que la lame tombe d'à-plomb sur une tête humaine. Un enfant de huit ans eut un jour le crâne fendu par une de ces dames, dans un lieu public, impasse de la Betterave.

Cela se nomme le *jeu du borgne*.

Le *Journal du Loiret* nous apprend qu'au mois de septembre 1866, à Neuville-sous-Bois, le sabre ayant manqué l'oie pantelante, s'est échappé des mains du *joueur*, et a balafré profondément trois figures. Ce n'est rien que la lèvre fendue du sieur X... ; mais la dame A. P..., de Paris, et la demoiselle N. L..., qui ont failli périr, dont le front et la joue coupés jusqu'à l'os, garderont les cicatrices de l'entaille, ne pourront se trouver en face d'un miroir, sans un amer souvenir de leur curiosité.

L'année précédente, à la fête de Pithiviers, le coup de sabre avait tué net un des spectateurs.

Cet amusement sauvage, hideux et cruel, pourquoi ne le supprime-t-on pas ? Pourquoi ? Taine vous répond, dans son *Voyage aux Pyrénées* : « Ceci est une tragédie, et très-régulière; comptez si elle n'a pas toutes les parties classiques : premièrement l'exposition ; les instruments du supplice qu'on étale ; la foule qui s'assemble; la distance qu'on marque ; l'animal qu'on attache...

» Secondement les péripéties : vous êtes dans l'attente, vous vous dressez sur vos pieds, votre cœur bat, vous vous intéressez au pendu comme à votre semblable. Direz-vous que la péripétie est toujours la même? La simplicité est la marque des grandes œuvres, et celle-ci est dans le goût indien.

» Quand aux passions, ce sont celles qu'exige Aristote; la terreur et la pitié. Où est la terreur? chez l'oie. Et la pitié? nulle part. Voyez comme la pauvre bête relève en frissonnant la tête. Quand elle sent le vent du sabre, de quel air lamentable et résigné elle attend le coup ! Le chœur des spectateurs prend parti pour l'action, blâme ou loue, comme celui de la tragédie antique. Le public a raison de s'amuser... »

Et il s'amuse..., en famille. Qu'en pense M. Charles Bataillard ? Il le dit un peu crûment dans sa spirituelle brochure : *L'oie réhabilitée* : « Bêtes féroces à face d'hommes, qui vous livrez à ce plaisir, avec vos enfants, poursuivez, et vous recueillerez ce que vous aurez semé. Ce bâton, teint du sang d'un pauvre animal, se lèvera peut-être un jour sur votre tête, et viendra figurer sur la table d'une Cour d'assises, parmi les pièces à conviction d'une accusation de parricide.... »

Malheureusement l'autorité, dans la plupart des départements, a troublé ces plaisirs. Déjà, en 1856, le comte de Preissac, Préfet du Puy-de-Dôme, et le sénateur Vaïsse, Préfet du Rhône, interdisaient le tir-à-l'oie, ainsi que tous les autres jeux publics, « qui peuvent avoir pour conséquence la mutilation ou la mort d'animaux quelconques. » Beaucoup d'autres Préfets, et entr'autres celui du Nord, l'honorable Vallon, ont imité ce bon exemple.

On paraît l'ignorer, dans le département de la Seine-Inférieure, et les habitants de Dieppe n'ont qu'à faire une promenade pour trouver à se récréer, en tuant des coqs à coups de pierre, sous la bienveillante protection de l'autorité.

Le 1er octobre 1865, c'était la fête de Hautot-sur-Mer, petit pays sur la côte, à quatre kilomètres de la ville. Le Maire avait permis d'afficher, à la ronde, le programme attrayant des réjouissances, mâts de cocagne, tir au pistolet, *à la pierre* et autres. Ecoutons Léon Gatayes qui raconte, dans le *Siècle*, le jeu le plus suivi :

« Le prix du tir à la pierre est un malheureux coq qu'une corde à la patte retient au piquet autour duquel il tourne en se débattant, voletant et criant, tandis qu'on le lapide ; à cet effet, il y a là un tas de gros cailloux. Pour deux sous on en donne cinq, avec lesquels les joueurs *quillent* le coq à tour de rôle, et celui qui l'abat en devient propriétaire. Mais il faut le tuer. Ainsi, dimanche, il y a eu contestation : une, deux, dix, vingt pierres avaient fait voler les plumes ou entamé la peau; une autre avait crevé un œil en entr'ouvrant la tête; puis une patte a été cassée.

» Alors, le pauvre volatile ne pouvant plus que ramper, en agitant ses ailes pendantes, un coup en plein corps a fini par l'étendre sur place; mais il respirait encore, et, aux termes du règlement, il a dû rester à l'état de but.

» A-t-il été tué plus tard? est-il mort de ses blessures? ou convenablement pansé, soigné, doit-il servir de nouveau, dimanche prochain? »

Monsieur le Maire du village, en laissant afficher de pareilles turpitudes, qu'on offre à la population comme un spectacle officiellement autorisé, en déshonore son écharpe !

On y va franchement et galamment à Combreuse: tir-à-l'oie, au canard, à la poule, il y en a pour tout le monde. Les femmes de la localité, et quelquefois le Maire lui-même, prennent part au divertissement.

Ne devrait-on pas supprimer du programme de certaines fêtes nautiques la *curée aux canards?* On jette à l'eau quelques douzaines de ces volatiles: aussitôt des joûteurs, en batelet ou à la nage, s'élancent à leur poursuite. La proie est au plus leste, au plus fort; on se l'arrache, on la déchire, et plus d'un, ne pouvant emporter la bête entière, a pour trophée des pattes, une aile ou la tête de quelque victime.

Plutarque n'a-t-il pas raison? « Ceulx, dit-il, qui ont enseigné à desmembrer, et tailler en pièces un oyson privé, un pigeon familier, un coq et une poule domestiques, et encore non pour se nourrir, et remédier à la nécessité de la faim,... mais seulement pour plaisir et pour délices, ceulx-là ont grandement fortifié ce qu'il y a de sanguinaire et de cruelle bestialité en notre nature, la rendant inflexible en la miséricorde.... »

Pour derniers exemples des jeux publics, où l'attrait du spectacle est dans le mal qu'on fait souffrir aux animaux, je citerai, d'après le voyageur hongrois Vanbary, les combats de béliers qui sont aussi populaires dans le Turkestan que les combats de taureaux en Espagne. Le plus souvent, la lutte acharnée ne cesse entre ces animaux, dressés à cet effet, que lorsque l'un des deux combattants a eu le crâne brisé.

J'emprunte au *Diario de Barcelonne* un épisode de l'ascension aérostatique de M^me^ Poitevin. Le dimanche, 19 août 1866, elle montait un âne suspendu sous la nacelle de son ballon. La descente s'est opérée en pleine mer, entre Moncot et Maniou. Heureusement une barque a sauvé la saltimbanque. Le pauvre âne a été noyé.

Déjà, vers 1850, un autre Poitevin s'était élevé de l'hippodrome de Paris, puis de celui de Rouen, *à cheval* sur un baudet. Dans ces deux villes, la police avait mis fin à cette double ânerie, bien digne d'être acclimatée dans la patrie des courses de taureaux.

## § II.

Souvent l'exemple d'actes regrettables et même odieux est venu d'en haut :

Le journal de Barbier, qui fut avocat au Parlement, et qui nous a laissé, sur le règne de Louis XV, de curieux Mémoires publiés par la ***Société de l'histoire de France***, rapporte l'anecdote suivante :

« Il est arrivé au Roi une vilaine aventure, il y a trois semaines. Il avait une biche blanche, qu'il avait nourrie et élevée, et qui l'aimait fort. Il l'a fait conduire à la Muette, et a dit qu'il voulait la tuer; a tiré dessus, et l'a blessée. La biche est accourue sur le Roi, et l'a carressé; mais il l'a fait éloigner de nouveau, l'a tirée une seconde fois, et l'a tuée. On a trouvé cela bien un peu dur. »

Dans ses Mémoires, Alexandre Dumas trace, avec une saisissante vérité, le portrait de cet héritier des Empereurs de toutes les Russies, qui fit acte de renonciation en faveur de son frère Alexandre; ce caractère inquiet, bizarre et mélancolique, traversé par des emportements terribles et des joies d'enfant, suivies d'une prostration complète. « Dans sa colère, il rugissait, frappait le soldat qui avait manqué à la manœuvre, le poussait lui-même du côté de la prison, criant, ou plutôt hurlant encore, après que l'objet de sa fureur avait disparu. »

Cette sévérité s'étendait à tout, aux animaux comme aux hommes. Un jour, il fit pendre un singe qui faisait trop de bruit; un cheval qui avait fait un faux pas, tandis que, dans un moment de confiance, il lui avait abandonné la bride, reçut mille coups de bâton; enfin, un chien qui, la nuit, l'avait réveillé en sursaut, fut fusillé le lendemain matin.

C'est dans l'enfance surtout qu'on fait l'apprentissage de la cruauté. « Voyez, a dit une dame, auteur anonyme, voyez le petit garçon qui s'amuse : il lui faut un sabre, une fronde, un fusil... Il n'y a pas autour de lui un mur qu'il n'escalade, ni ne dégrade; pas un nid qui puisse garantir de ses mains sa première couvée... » Il enlève à la mère ses petits encore couverts de duvet, et les étouffe, en les pressant dans ses mains encore inexpérimentées. « C'est lui, le docteur Fée l'affirme, qui a inventé la cage en jonc ou en osier, les trappes, les filets à papillons, et mille autres petits engins de destruction à son usage. Quoique vif et turbulent, il est patient comme le sauvage dans l'embuscade; il sait grimper, ramper, et deviner, aux indices les plus légers, le nid du pauvre oiseau... Il saisit l'insecte au vol, s'empare du lézard, lui brise la queue, et s'amuse ensuite à la voir remuer. Curieux à l'excès, il veut s'assurer si une mouche pourra marcher avec trois pattes, et il la mutile; si un moineau pourra voler avec une aile, et il la coupe... Il craint les chiens et les chats dont il n'ose approcher; mais il leur jette des pierres. »

J'ai vu d'ingénieux vauriens jouer au *volant* avec de petits cobaïs qu'ils se renvoyaient gaiement de l'un à l'autre, à coups de raquettes, et leurs père et mère, mes proches parents, les applaudissaient.

Ce n'est pas, on pourrait s'y tromper, que l'enfant apporte, d'ordinaire, en naissant, des instincts mauvais. Tourmenté par un besoin incessant de mouvement et d'activité, par une sorte d'agitation fébrile, il s'égarera pour y satisfaire, s'il est mal dirigé. « Cette âme, toute neuve et blanche, tendre et molle, reçoit, dit Charron, fort aisément le *ply* et l'impression qu'on lui veut donner, et puis elle ne le perd pas aisément. »

Créez donc pour l'enfant des exercices gymnastiques; occupez à propos ses mains impatientes, en même temps que son esprit inquiet. En Angleterre, on entend mieux que chez nous l'éducation physique de l'enfance. Ce que j'ai vu dans l'une des salles retirées de l'exposition universelle, à Londres, en 1862, salle où se trouvaient réunis tous les moyens d'amusement, d'enseignement pratique et de travail manuel ou corporel applicables au développement de l'intelligence, de l'adresse et de la force chez les enfants, m'a vivement frappé.

L'âge et l'éducation atténuent, et même effacent d'ordinaire la sauvagerie naturelle des jeunes années : mais combien de célèbres et tristes exemples prouvent que la méchanceté persiste, quand elle n'a pas été promptement et sévèrement réprimée.

Les protestants disaient de Charles IX : « On l'a exercé de bonne heure à verser le sang des animaux, pour l'accoutumer à verser sans pitié celui des hommes. »

Henri IV fouetta deux fois, de sa propre main, son fils, qui fut plus tard Louis XIII ; — la première fois, pour avoir conçu une telle antipathie contre un gentilhomme de la cour, que ses lâches flatteurs ne purent l'apaiser, qu'en feignant de tuer d'un coup de pistolet (sans balle) l'objet de son aversion ; — la seconde fois, pour avoir écrasé lentement, entre deux pierres, la tête d'un moineau vivant. Quoique le châtiment infligé au méchant petit prince fût léger, relativement au mal qu'il avait fait, sa mère, Marie de Médicis, fit quelques représentations sur l'application de cette discipline au futur roi de France. « Dieu veuille me laisser vivre, madame, répondit Henri, car lorsque je n'y serai plus, votre fils maltraitera sa mère. »

Ces paroles étaient prophétiques.

Un seul exemple suffira pour prouver que le jeune prince n'avait pas été assez fouetté par son père : lors du siége de Montauban, un grand nombre de blessés protestants furent déposés dans les fossés à sec du château où le roi avait établi ses quartiers. Dévorés par les mouches, en proie aux tortures de la soif et aux souffrances causées par leurs blessures, ils périssaient misérablement, « et Louis XIII, dit un chroniqueur, au lieu de les faire secourir, épiait curieusement leur agonie, et trouvait plaisant de contrefaire leurs contorsions, amusement partagé par le comte de La Rocheguyon. »

Le prince Don Carlos, qui fut accusé d'une tentative d'assassinat sur la personne de son père, Philippe II, et qui maltraita tant de monde, avec une cruauté indigne, y avait préludé en mutilant des animaux. Tout enfant, il écartelait, et massacrait impitoyablement de jeunes lapins, et plus longtemps ils souffraient, plus sa joie était grande.

Les tortures infligées aux animaux par certains guérisseurs datent de loin : tantôt c'est l'ignorance et la superstition, tantôt c'est la jonglerie cupide qui les prescrit, ou les applique.

Depuis la mansarde enfumée du pauvre jusqu'au palais doré des rois, on voit cet outrage à la nature s'exercer clandestinement et même au grand jour : médecin, je regrette d'avoir à compter quelquefois des médecins au nombre des coupables. Je me borne au fait suivant comme exemple :

Parmi les cruelles et ridicules coutumes dont le siècle brillant de Louis XIV n'avait pu s'affranchir, on peut citer l'application, à titre de remède, de la peau d'un animal écorché vivant, tantôt pour envelopper un corps humain fortement contusionné, tantôt pour prévenir ou modérer l'inflammation de quelque organe important.

A la naissance du duc de Bourgogne, premier enfant du grand Roi et de la Dauphine, Clément, le célèbre accoucheur, trouvant que le ventre du jeune prince était un peu sensible, fit appliquer la peau encore chaude d'un *mouton noir* et vivant, auquel on venait de l'arracher.

Le fait est relaté, d'après des notes authentiques, dans un intéressant feuilleton de *l'Union médicale,* ayant pour titre : *Un Accouchement royal,* et pour auteur, le docteur Leroy, conservateur érudit de la bibliothèque de Versailles.

« Pour cela, dit-il, on avait fait venir un boucher, qui écorcha le mouton dans la pièce voisine. Le boucher, voulant ne pas laisser refroidir cette peau, s'empressa d'entrer dans la chambre de la princesse : ayant pris et ployé cette peau dans son tablier, il laissa la porte ouverte, de sorte que le mouton, tout écorché et tout sanglant, le suivit, et entra jusqu'au pied du lit ; ce qui fit une peur effroyable à toutes les dames présentes à ce spectacle. »

Dans une *esquisse* sur la médecine populaire, dans le Morbihan, M. de Claumadeuc a recueilli beaucoup de recettes locales, où l'absurdité le dispute à la barbarie.

« Les commères qui se croient obligées, pour le bien de l'humanité, ou pour tout autre motif, de cultiver quelques branches de l'art de guérir, sont, dit-il, répandues partout.... La plupart de ces dames châtelaines ou autres, qui se mêlent de faire de la médecine en même temps que leurs confitures, au moyen de recettes infaillibles, ne sont que des héritières de l'*illustre et dévote* madame Fouquet, qui, dans un livre unique en son genre, a légué aux douairières guérisseuses et aux commères à venir, la précieuse recette d'une foule de remèdes merveilleux. J'en extrais quelques-unes, pour l'édification des fidèles :

« *Pour les chutes particulières des lieux hauts :*

» Prenez un gros coq, qui ait une grande crête; coupez-lui, avec des ciseaux, un morceau de la crête. Recevez le sang qui en sortira avec une cuillière, et le faites boire tout chaud au blessé, qui reprendra un peu de sentiment. Recoupez un autre morceau de la dite crête, et lui faites encore boire le sang qui en proviendra. Continuez toujours de même, jusqu'à ce que vous ayez coupé toute la crête du coq. Ce sang donnera tant de vigueur et de force au blessé, qu'il sera en état de se confesser, et de se faire panser.

» *Pleurésie.* Il y a, pour cette fièvre, un sudorifique infaillible et miraculeux, qui est le sang du bouc que l'on fait mourir de langueur, en lui coupant les parties naturelles, et le laissant mourir suspendu. La pesanteur d'un écu d'or de ce sang séché, bu dans du bouillon, fait merveille. »

« Je me dispense, ajoute M. de Claumadeuc, de faire d'autres citations de cet ouvrage qui a eu les honneurs de plusieurs éditions : celle que je possède est de 1739, Paris, et a appartenu à une vieille dame guérisseuse, dont le nom aristocratique est gravé sur la couverture. »

Voici le titre de ce livre :

*Recueil des remèdes faciles et domestiques, choisis et experimentez et très-approuvez pour toutes sortes de maladies internes et externes et difficiles à guérir.*

*Recueillis par les ordres charitables de l'illustre et pieuse madame Fouquet, pour soulager les pauvres malades.*

La langue du renard vivant est un puissant spécifique contre les rhumatismes. Il faut la lui arracher d'un seul coup. C'est ce qu'on ne manque pas de faire, dans certains villages des bords de la Loire, quand *le voleur de poules* s'est pris au piège, sans avoir eu le bonheur d'y périr. On le bâillonne, on le promène, on le traîne, au bout d'une corde, épuisé par la fatigue, la soif et la faim, de commune en commune, où l'heureux chasseur récolte des gros sous. Quand l'agonie approche, on procède à l'arrachement.

Quelquefois la police éveillée intervient : dans le cas suivant, elle a troublé le sommeil d'une habile commère :

La femme Dablin, piqueuse de bottines, appliquait ses facultés magnétiques à l'exercice de l'art de guérir. Voici ses secrets médicaux : La peau d'un lapin écorché vif et des pigeons fendus en deux, tout vivants, doivent être appliqués sur le siége du mal.... Le remède est un peu sauvage ; mais, s'il ne fait pas de bien aux pigeons et aux lapins, il ne fait pas de mal aux malades. La femme Guichard n'a pas vu son état empirer sous les peaux de lapins, non plus que sous les entrailles palpitantes des volatiles.

Le tribunal correctionnel, sans respect pour cette adepte de Mesmer, a condamné la délinquante à un an de prison; en outre, à payer 50 francs d'amende pour escroquerie, et 25 francs pour exercice illégal de la médecine.

Les juges auraient pu, ce me semble, ajouter quelque chose encore pour délit à l'endroit de la loi Grammont.

Mais le livre précieux de madame Fouquet est devenu rare; les formules de la piqueuse de bottines n'ont qu'une publicité tout accidentelle. Heureusement un éditeur, M. Allard, rue d'Enghien, a recueilli, dans une brochure in-8°, publiée en 1860, sous ce titre : *Cent Procédés*, des trésors qui nous dédommagent.

« L'emploi comme l'usage de ces procédés, dit l'auteur, dont je dois respecter le style, est pour servir tant personnellement à Messieurs les curés, que pour en appliquer l'usage aux habitants de leurs communes..... Toutes ces bonnes recettes proviennent d'ecclésiastiques qui en certifient l'excellence cent fois éprouvée.

» *Jaunisse.* — Recette de M. l'abbé P...., curé, à N.... (Manche), de qui nous tenons déjà les recettes pour guérir les verrues, le saignement du nez, les panaris. L'abbé P.... écrit, en l'envoyant : « Je puis vous la donner avec d'autant plus de confiance, que j'en ai fait l'application à une de mes sœurs : elle avait la peau aussi jaune qu'un citron; je lui mis autour du cou une *anguille vivante*, que j'avais fait coudre aux deux bouts, afin qu'elle enveloppât bien le cou. Au bout de 24 heures, l'anguille avait puisé toutes les humeurs, et était devenue toute jaune; la guérison était complète. »

Je prends la liberté de recommander l'auteur de cet honnête ouvrage à l'Institut pour le prix Monthyon, et j'offre à M. Allard, pour sa prochaine édition, un remède souverain, quoique secret encore. Il enlève le haut-mal, comme avec la main, attendu qu'il se prépare avec l'*os* du pied d'un lama. Il faut arracher le dit os à l'animal vivant. La recette appartient à une mégère de la rue Mouffetard. Il ne lui manque absolument que l'os et le lama : ses économies ne lui permettant pas, pour le moment, d'en acheter un au Jardin d'acclimatation. C'est bien plus cher que l'anguille de Monsieur le curé.

Il n'est pas jusqu'à l'amour, ce doux égoïsme à deux, qui n'ait ses cruautés : *le Siècle* nous apprend qu'une jeune Anglaise, une miss romanesque, a été condamnée à l'amende, pour avoir rôti un crapaud vivant, afin de le faire manger par son amant, sous prétexte de filtre amoureux. — *Shoking!*

## § III.

La spéculation est ingénieuse pour inventer, en manière de divertissement, à l'usage des oisifs et des imbéciles blasés, d'odieuses tortures, même pour l'animal le plus dévoué :

De malheureuses femmes, aux approches de la cataracte de Coo, près de Spa, guettent l'arrivée des voyageurs, pour leur offrir, moyennant cinq centimes, le spectacle de quelques chiens qu'elles jettent dans les flots écumants de la cascade. Plus d'un, ballotté de roche en roche, avant d'atteindre le plan inférieur, trouve la mort dans cet exercice douloureux. Il est inutile d'ajouter que ces mendiantes volent les chiens pour entretenir leur petit commerce.

Un autre genre de spéculation, plus cruelle et plus répréhensible, puisqu'elle n'a pas la misère pour excuse, c'est la mutilation des truies, que signale l'*Echo commercial de Turbes :* « Les marchands de bestiaux qui viennent de Bordeaux et de Toulouse acheter des porcs sur le marché de Tarbes, refusent de comprendre dans leur choix les femelles qui ont porté. Pour tromper les acheteurs, des paysans ont inventé un expédient affreux : ils coupent les mamelles de ces pauvres animaux. »

L'administration publique est quelquefois complice d'odieux actes de cruauté :

Dans un des numéros de l'*Illustration*, — avril 1856, — on voit un dessin avec cette légende : *Douanier coupant la patte d'un chien contrebandier, pour obtenir la prime.* « Eh ! quoi ! le pauvre animal qui serait battu par son maître s'il ne faisait pas son devoir, sera mutilé s'il est docile ! »

Des rustres désœuvrés ont souvent été barbares à l'égard des bêtes, par simple passe-temps, ou par suite d'absurdes paris :

Dans l'archipel des îles Galapagos, de l'océan Pacifique, les marins désœuvrés trouvent un odieux plaisir à reconnaître la confiance d'une race qui ignore encore la sauvagerie de l'homme, en abattant les oiseaux qui se laissent approcher sans défiance, à coups de bâton sur la tête, et les laissent pourrir.

A Toulouse, un chien de chasse entre chez un maréchal ferrant : les ouvriers, en l'absence de leur maître, le saisissent, l'inondent d'essence de térébenthine, qu'ils enflamment ; puis ils lâchent, en cet état, la victime qui brûle vive, et périt dans d'atroces douleurs.

Deux mariniers, près de Decise, s'ennuyaient sur leur bateau : un chat survient ; ils s'en emparent, le clouent par les pattes sur une planche, et le grillent à demi, sur un feu de paille, à la grande joie des assistants.

Dans l'arrondissement de Lille, à Marq-en-Bareuil, devant le poste de la douane, deux hommes désœuvrés achètent pour cinquante centimes un jeune chien, l'attachent par une corde, et lancent sur lui deux molosses, qu'ils excitent à le déchirer. Bientôt les entrailles du pauvre animal lui sortent du corps ; il paraît mort ; les dogues, fatigués, assouvis, lâchent leur proie : on les relance sur la victime sanglante, en provoquant de nouvelles morsures. Enfin le cadavre est en lambeaux. La foule a joui tranquillement de ce spectacle, pendant environ dix minutes !

A Liverpool, un boucher facétieux arrache triomphalement la queue d'un mouton. Il cesse de rire, en s'entendant condamner à vingt shillings d'amende, ou à trois mois de prison, par un magistrat indulgent.

Deux individus, possesseurs chacun d'un vieux cheval, abandonnent ces animaux dans un enclos, sans nourriture, pour voir lequel mourra d'inanition le premier. Au bout de sept jours, on trouve ces pauvres bêtes exténuées, ne pouvant se tenir sur leurs jambes. La police municipale en a pitié, et ordonne qu'on les abatte.

Aux assises de Ventbridge-Petti, tenues en 1865, un homme a été condamné à deux livres sterling d'amende, pour avoir fait mourir de faim un chien, par méchanceté.

L'accusation portée devant la Cour d'assises du Puy-de-Dôme, au mois de mars 1865, a constaté que le parricide Pélissier, boulanger à Maringues, se plaisait, entr'autres cruautés, à mutiler les chiens dont il pouvait s'emparer, et à les tenir captifs et hurlant de douleur, dans son four encore chaud.

Souvent les actes de la plus révoltante cruauté, dont les êtres les plus inoffensifs sont les victimes, ont pour but de couvrir un méfait, ou d'assouvir, contre le propriétaire des animaux, une basse vengeance. Il suffit d'ouvrir les journaux judiciaires, pour en trouver des exemples.

Près d'Aix-la-Chapelle, un berger, pour dissimuler un vol de moutons, a fait brûler une partie considérable du troupeau confié à ses soins. La *Gazette des Tribunaux* rapporte que, dans la nuit du 6 au 7 août 1859, un incendie réduisit en cendres tous les principaux bâtiments d'une ferme, possédant cent quatre-vingt-quatre moutons ou brebis. On ne retrouva aucun de ces animaux. Le berger déclara que tous avaient péri dans les flammes. Des recherches furent faites, et parmi les décombres de la bergerie, on ne découvrit que trente et un crânes. En même temps, on apprit que, la veille du sinistre, Kilst avait vendu, à vil prix, cent cinquante moutons vivants à des bouchers du voisinage. Ce misérable finit par avouer qu'il avait enfermé dans l'étable, et fait brûler trente et une de ces pauvres bêtes, afin de pouvoir alléguer que toutes avaient été consumées par le feu.

Dans la commune de Marquise (Pas-de-Calais), un garçon âgé de treize ans, et que de justes reproches avaient irrité, se rue sur quatre vaches, dans un herbage : il coupe à l'une un trayon; il mutile, à coups de couteau, le pis des trois autres.

Un domestique, déclaré coupable de vol par le tribunal de Saint-Omer, exhale sa colère en éventrant la jument de son maître.

Dans un cas analogue, aux environs de Dieppe, un berger tue méchamment quatre béliers confiés à ses soins.

Au village de Bilhières (Hautes-Pyrénées), des malfaiteurs vindicatifs pénètrent, pendant la nuit, dans une étable, et coupent une jambe à chacune des vingt-cinq brebis qui s'y trouvent.

A Crèvecœur, près d'Antoing, dix chevaux, appartenant au comte Robert Duchastel, étaient enfermés dans les écuries de M. Dumont. On a coupé la langue à neuf de ces pauvres animaux. Le dixième a échappé à cette horrible amputation, grâce à sa nature vicieuse. Les scélérats, craignant sans doute ses dents et ses sabots, n'ont pas osé l'approcher. Le *Courrier de l'Escault* (juillet 1865), qui rapporte cet acte de brigandage, ne nous a pas appris comment il a été puni par la justice.

Le tribunal correctionnel de Paris jugeait, au mois de juin 1866, et condamnait à la prison Bittel, garçon d'écurie, pour un fait moins grave. Il était occupé, à la forge, à tenir les pieds des chevaux qu'on ferrait, lorsqu'un cheval, en tendant la jambe, le fait glisser, et tomber : il se relève furieux, saisit à deux mains un brancard de voiture qui était à sa portée, et en assène un tel coup sur la tête de l'animal, qu'il le renverse mort à ses pieds. Là-dessus il se sauve, et disparaît pendant deux jours. Dans la nuit du 29 au 30 juin, il se glisse dans l'écurie, et fait à une jument blanche qu'il avait l'habitude de soigner, deux larges blessures au front.

Ce misérable était allé, sans autre raison qu'un motif de vengeance, abimer cette malheureuse bête. Antérieurement, il avait été au service d'un vétérinaire, qui l'avait renvoyé, parce qu'il maltraitait les chevaux malades. Il est gratifié justement de trois mois de prison pour le cheval tué, et cinq jours pour les blessures faites à la jument.

D'autres fois, c'est une fureur stupide qui tout-à-coup arme le bras des misérables bourreaux.

En plein marché de bestiaux, à Tarbes, un garçon boucher introduit un fer chauffé au rouge dans les naseaux d'une vache qui, s'échappant furieuse, renverse plusieurs personnes, et les foule aux pieds.

Un valet de l'équarrisseur d'Alger traînait derrière une charrette un mulet trop lent à marcher, et que la traction d'une corde étranglait à demi. L'homme saisit un des ranchets de la voiture, et frappe l'animal à la tête. Du premier coup, un œil est arraché. Le mulet tombe, se débat, et *renacle*, dit l'*Akhbar*, d'une manière lamentable, tandis que l'homme le saigne, avec son couteau, devant cent cinquante témoins.

Les charretiers commettent, chaque jour, des atrocités révoltantes envers les animaux qu'ils conduisent. Ils vont jusqu'à les assommer, les éventrer, les brûler vivants. J'allongerais trop ce chapitre en rappelant ici toutes les indignités commises sur les martyrs du travail. J'en veux pourtant citer deux récents exemples :

Un mulet exténué de fatigue et de mauvais traitements, tombe sur la place publique de Nice. On allume sous son ventre des fascines de paille ; on le flambe, sans que les nombreux spectateurs protestent contre cet acte d'odieuse férocité !

Martin Guépin, cultivateur de la commune de Chavigne, près de Vernon, avait commencé par porter à son cheval des coups de pied qui lui avaient déchiré la chair. S'animant dans sa fureur, il le frappe de onze coups de couteau, dont trois pénètrent dans le cœur. Enfin il assouvit sa rage en coupant la gorge à l'animal.

Pratiqués sur des êtres muets qui n'ont, pour exprimer leur angoisse, que des mouvements convulsifs, les actes de barbarie semblent moins odieux ; cependant il en est d'atroces :

A New-Yorck, le président de la Société protectrice a porté plainte contre un capitaine de vaisseau, qui est arrivé de la côte de la Floride dans ce port, avec un chargement de tortues, en grand nombre et vivantes. On les avait renversées sur le dos, dans la cale, et pour les bien assurer, on les avait transpercées, en faisant passer des cordes dans leur chair. L'avocat du prévenu veut prouver que ce cas n'a point été prévu par l'acte en vertu duquel la Société protectrice est constituée, « car une tortue n'est point un *animal ;* ce n'est qu'une espèce de poisson. »

En Mongolie, en Tartarie, quand on s'est emparé d'un loup, on l'écorche vivant, puis on le met en liberté. Pendant l'été, la malheureuse bête vit encore plusieurs jours après ce supplice; en hiver, exposée sans fourrure aux rigueurs de la saison, elle meurt vite, saisie par le froid et gelée.

J'ai choisi ces faits entre mille. Ils suffisent pour montrer quel immense tribut de douleurs imméritées l'homme impose partout aux espèces animales les plus diverses, par sauvagerie, sans motifs, sans intérêt, contre son intérêt même.

Les générations qui viendront après la nôtre comprendront difficilement que, dans un siècle où le progrès social s'est affirmé par tant de manifestations éclatantes, nous soyons, en ce qui concerne nos rapports avec les animaux, restés encore à l'état de barbarie.

Le temps civilisateur marche, et modifie les mœurs, les coutumes, les lois. Espérons qu'il changera toutes celles qui sont mauvaises.

Il fut un temps où la société croyait se rendre les Dieux favorables, et trouver des remèdes à ses maux, par des sacrifices humains ; où les augures interrogeaient l'avenir dans les entrailles palpitantes des animaux ; où l'esclavage était regardé comme une chose naturelle, et d'intérêt humanitaire ; où l'on cherchait la justice et la vérité dans les tortures et dans les épreuves judiciaires. Ces outrages à la nature, à la raison, à la pitié, ne se commettent plus aujourd'hui : Quoique chronique et profonde, la plaie morale que nous venons de sonder, n'est pas plus incurable.

# XX

## RÉVISION DE LA LOI GRAMMONT.

§ I. Son insuffisance. — § II. Projet de loi nouvelle, en quatre chapitres.

### § I.

Jusqu'à la promulgation de la loi du 2 juillet 1850, il n'existait, dans notre législation française, aucune pénalité contre les cruautés commises envers les animaux, tant qu'elles ne portaient point atteinte à la propriété d'autrui. Tout homme avait le droit d'user, et d'abuser de son animal, de le torturer, comme il avait le droit de briser son meuble. Cette loi ne contient qu'une disposition ainsi conçue :

« Article unique. — Sont punis d'une amende de
» cinq à quinze francs, et pourront l'être d'un à cinq
» jours de prison, ceux qui auront exercé publique-
» ment et abusivement des mauvais traitements envers
» les animaux domestiques. La peine de la prison sera
» toujours appliquée en cas de récidive. — L'article
» 463 du Code pénal sera toujours applicable. »

La loi Grammont a consacré un principe éminemment civilisateur; elle a flétri la cruauté, en constatant que l'immoralité, la culpabilité de l'acte se doivent apprécier en dehors de la considération du dommage et de la possession.

Mais cela suffit-il ?

Non : d'une part, la loi, trop laconique, n'a pas établi de classification pour les délits, qu'elle désigne simplement sous le nom de *contraventions ;* elle ne les a pas définis, de sorte que les magistrats sont souvent embarrassés par la difficulté de savoir dans quels cas ils doivent sévir.

D'autre part, la pénalité n'est certainement pas assez sévère pour des actes révoltants, qui démontrent chez les auteurs une profonde perversité.

Enfin, la loi ne protége que les animaux domestiques, c'est-à-dire ceux qui vivent, s'élèvent, sont nourris, naissent ou se reproduisent sous le toit de l'homme, et par ses soins; comme si les tortures imposées à tout autre animal n'étaient pas aussi des atteintes à la morale, des actes de sauvagerie, différant peu du crime ?

## § II.

Des pétitions nombreuses ont appelé l'attention du Sénat sur la nécessité de réviser la loi, dans le but de la rendre plus efficace.

De son côté, la Société protectrice des animaux a

signalé, dans un remarquable mémoire rédigé par M. Dehais, et remis entre les mains de Son Excellence le ministre de l'Intérieur, les modifications qu'après une expérience de seize années elle réclame, dans l'intérêt public, modifications comprenant à la fois la définition, la classification des faits punissables et les pénalités.

Et d'abord, la Société demande, en principe :

## CHAPITRE I.

1° L'interdiction des traitements cruels, de toute nature, envers les animaux, de quelque espèce qu'ils soient;

2° L'obligation, pour les maîtres ou entrepreneurs, d'entretenir, dans un état de viabilité convenable, les chemins intérieurs et les abords des usines, carrières, chantiers de matériaux, de construction ou de terrassement;

3° L'interdiction formelle de l'exercice salarié de la médecine vétérinaire par les empiriques;

4° L'interdiction de détruire ou enlever les œufs et les petits des oiseaux utiles, et particulièrement des oiseaux insectivores. Serait également interdite la capture et la destruction de ces oiseaux adultes, tels que mésanges, hirondelles, fauvettes, linots, pinsons, loriots, rossignols, chardonnerets, pics-verts, rouges-gorges, roitelets, bergeronnettes, merles, sansonnets, etc., ainsi que la vente des dits oiseaux, morts ou vivants, de leurs petits et de leurs œufs;

5° Seraient prohibées aussi la pose et la mise en vente des piéges, appeaux et engins quelconques servant à prendre les oiseaux;

6° Il serait interdit de tuer des animaux de boucherie, ou d'équarrissage, dans des lieux accessibles aux regards du public;

7° Les bouchers et les équarrisseurs ne pourraient employer des enfants âgés de moins de quatorze ans, comme aides pour l'abattage, ni tolérer leur présence;

8° Les équarrisseurs devraient abattre les animaux dans le délai de 72 heures, et les pourvoir, pendant ce délai, de la nourriture suffisante;

9° Il leur serait interdit de faire travailler, d'une manière quelconque, les animaux destinés à être abattus, et de faire sortir ces animaux vivants de leur établissement; de les vendre, louer ou prêter, et généralement de faire le commerce ou la location des chevaux, ânes ou mulets;

10° Ils devraient donner aux commissaires de police de leurs quartiers le signalement des chevaux dont ils se servent pour l'exercice de leur industrie;

11° Les opérations de vivisection ne seraient permises qu'à des docteurs en médecine et à des vétérinaires, et dans l'intérêt sérieux de la science;

12° L'organisation des spectacles dits courses de taureaux à l'espagnole, ainsi que de tous combats d'animaux les uns contre les autres, et des jeux où un animal est torturé ou blessé, serait interdite.

## CHAPITRE II.

13° Il y aurait lieu de conserver les pénalités édictées par la loi Grammont pour les contraventions aux articles 1, 2, 3, 4, 5, 6, 7 et 8 ci-dessus;

14° Ainsi que pour la charge excessive imposée aux animaux;

15° Les coups abusifs avec le fouet, la cravache ou l'aiguillon;

16° L'emploi abusif d'animaux malades, exténués ou blessés;

17° L'abandon sans secours d'animaux malades, exténués ou blessés, et la négligence à les pourvoir d'une nourriture suffisante;

18° La ligature en faisceau des membres d'un animal, et généralement l'emploi de tout mode douloureux pour les animaux, de les assujétir, et de les transporter;

19° L'emploi des moyens plus douloureux qu'il n'est nécessaire pour mettre les animaux à mort.

## CHAPITRE III.

Seraient passibles d'une amende de 16 à 200 francs, et d'un emprisonnement de six jours à deux mois, les personnes reconnues coupables de l'un des faits suivants :

20° Contravention aux articles 9, 10, 11 et 12 ci-dessus ;

21° Récidive dans l'un des cas prévus au chapitre II ;

22° Fait de frapper un animal avec un objet aigu, tranchant ou contondant, de nature à le blesser ;

23° Enfin tous les actes ayant pour effet de faire subir à un animal des tortures gratuites non définies par les dispositions précédentes, comme de le brûler, de le plumer, de l'écorcher vivant, de l'aveugler, ou de le mutiler d'une manière quelconque.

24° Dans tous les cas prévus par les articles du précédent chapitre, et lorsqu'il y aurait eu peine d'emprisonnement, le tribunal pourrait ordonner l'affichage du jugement.

## CHAPITRE IV.

25° Les agents-voyers, les gardes-champêtres, les préposés aux douanes et aux octrois pourraient, indépendamment des agents de la force publique, aujourd'hui investis de ce droit, dresser des procès-verbaux pour contravention à la présente loi ;

26° Les chantiers de construction, les chantiers de terrassement et les carrières à ciel ouvert, quand même on n'y aurait accès que par une porte, seraient considérés comme non clos par les agents de la force publique, qui pourraient y entrer pour constater les contraventions ;

Les gendarmes, agents de police, appariteurs, officiers de paix et sergents de ville pourraient égalementment entrer dans les tueries des bouchers et dans les écuries et tueries des équarrisseurs, qui devraient, en tout temps, leur en permettre l'accès ;

27° Les Préfets et les Maires pourraient prendre des arrêtés pour assurer l'exécution de la présente loi.

Sages mesures préventives, répression plus active et plus étendue des délits envers les animaux, voilà ce qui caractérise le projet de révision étudié par la Société protectrice. La pénalité française resterait encore bien au-dessous de celle qu'on applique en Angleterre aux délits de même nature. Là, pour ne citer qu'un exemple, l'amende, pour la *surcharge*, peut être portée à 125 francs (5 livres).

La crainte salutaire du châtiment, le progrès de l'instruction, l'action persuasive de la Société protectrice des animaux finiront par adoucir nos mœurs, par nous rendre miséricordieux envers toutes les créatures, reconnaissants et justes surtout envers ces serviteurs sans gage et sans salaire, qui nous aiment, et veillent à notre sécurité, qui nous donnent leurs produits et leur travail, qui nous nourrissent de leur chair, et nous vêtissent de leurs dépouilles.

Si la lecture de mon livre hâte un peu le jour où notre pays sera cité comme le plus humain, le plus compatissant pour toutes les souffrances, j'aurai fait une œuvre utile.

## TABLE DES MATIÈRES.

### PRÉFACE.

## CHAPITRE VI.

LES MISÈRES DU CHIEN.



## CHAPITRE VII.

LES COURSES DE TAUREAUX DANS LE MIDI DE LA FRANCE.



## CHAPITRE VIII.

LA CHASSE A OUTRANCE.



## CHAPITRE IX.

L'EXTERMINATION A LA MER.



## CHAPITRE X.

DES ABUS DE LA VIVISECTION.

Riom, imp. G. Leboyer.

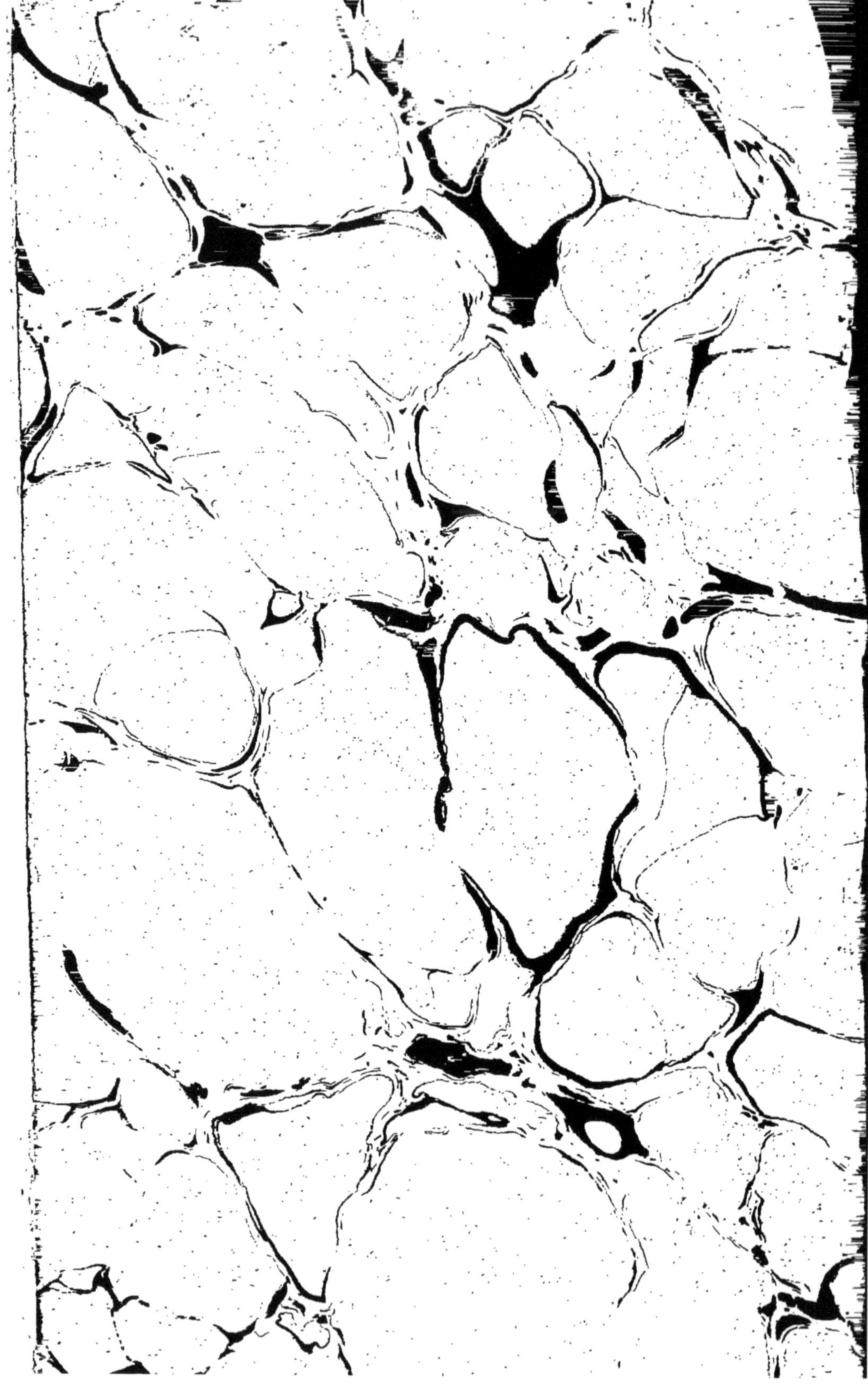

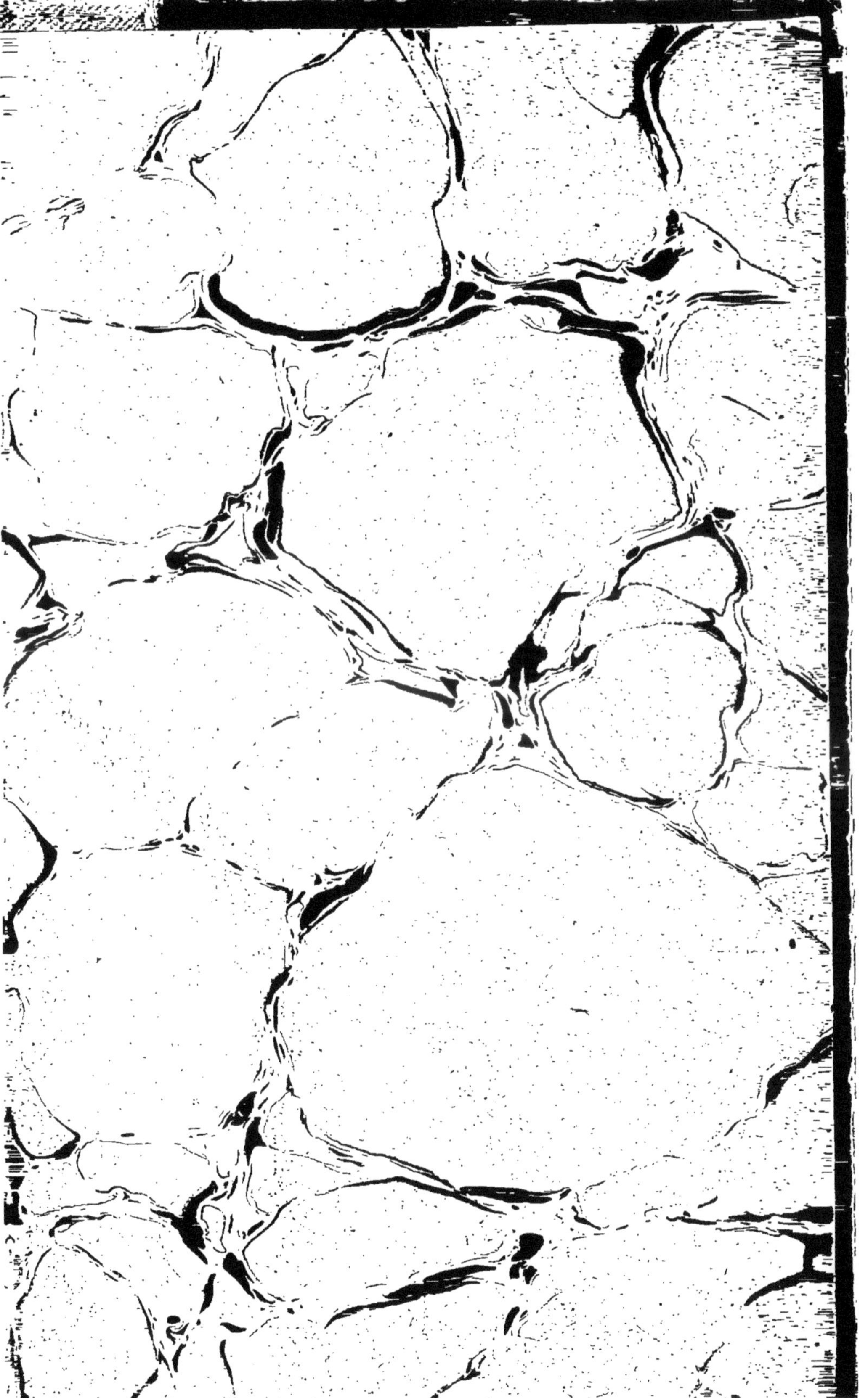

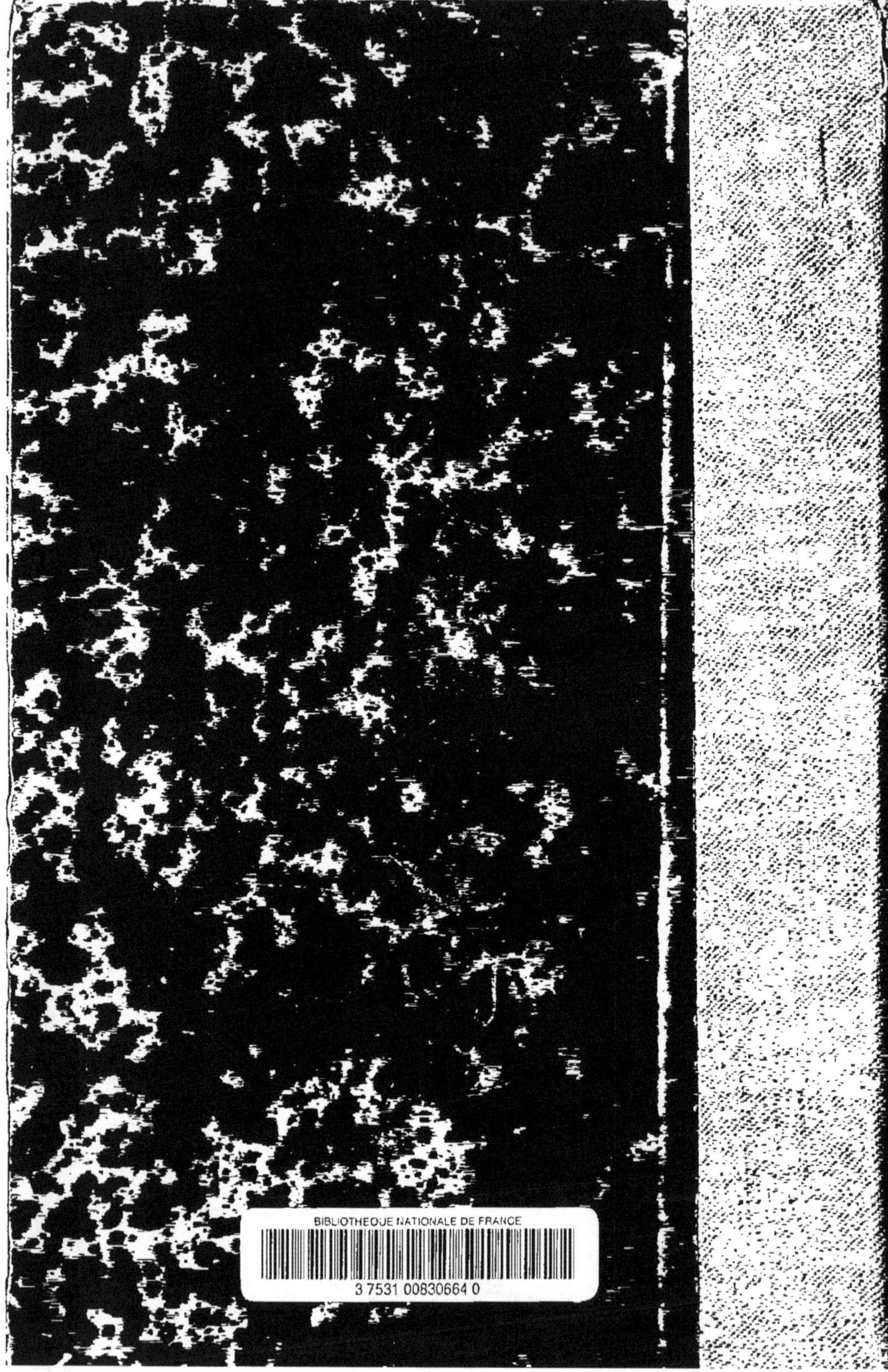
BIBLIOTHEQUE NATIONALE DE FRANCE
3 7531 00830664 0

www.ingramcontent.com/pod-product-compliance
Ingram Content Group UK Ltd.
Pitfield, Milton Keynes, MK11 3LW, UK
UKHW021841190726
13855UKWH00001B/91

9 782012 862708